自動車用エンジン半世紀の記録

国産乗用車用ガソリンエンジンの系譜　1946-2000

GP企画センター 編

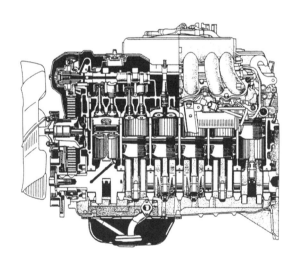

グランプリ出版

■読者の皆様へ■

　本書は『自動車用エンジンの半世紀の記録』(2000年9月23日初版発行)から、20世紀後半の半世紀に登場した、ハイブリッド用を除いた主要な国産乗用車用ガソリンエンジンの変遷に的を絞った第1章から第15章を抜粋して刊行する改訂版です。

　改訂版の刊行に際しては、内容の再確認や図版の変更などを実施して、内容のさらなる充実に努めました。本書をご覧いただき、内容および数値などに関してお気づきの点がございましたら該当する資料を添付の上、ご指摘いただけましたら幸いです。今後の増補・改訂の際に反映させていただきます。

グランプリ出版　編集部　山田国光

はじめに

　以前から国産エンジンの歴史的な記録をまとめる計画を持っていたが、ようやく陽の目を見ることになった。こつこつとため込んだ資料をもとに、足りないところをメーカーの資料や月刊誌で補ったものである。

　開発に携わった多くの技術者の方々の長年にわたる研鑽と情熱と切羽詰まった要求に応えようとする努力が、ひとつひとつのエンジンに例外なく込められていると思うと、大した知識もなく記述することに後ろめたさを覚えざるを得なかったが、技術者の方を対象としたものではなく、クルマの好きな方々にエンジンの変遷やそのときどきのエンジン技術について振り返って楽しんでもらえるものにしようとまとめたものである。また、メーカーごとのエンジン開発の思想や姿勢について考える材料になればとも思っている。

　言うまでもないことだが、優秀なエンジンであるためには総合的なバランスがとれていて、開発の狙いがユーザーに直接的にフィーリングとして伝わるものであり、必ずしも最高出力が高いことではない。しかし、エンジン性能の目安として大切な数値であり、排気量との関係で技術レベルの基準でもある。とはいえ、最高出力を高くするために中低速域の性能を犠牲にしたものは、特別な場合を除いて優れたエンジンとはいえない。

　また、エンジンの軽量コンパクト化についてもなんども触れているが、その目安となるエンジン重量は計測する際の条件の違いでかなり変化するもので、単純に比較できない場合が多い。記述されている数値を参考にして、評価は総合的にくだすことになるが、エンジンは車両に搭載されて初めて機能するものであるから、評価そのものもかなりむずかしさを含んでいる。

　エンジンの半世紀を振り返ってみれば、日本のメーカーがどのように半世紀を歩んできたかのいったんを窺うことができるが、その流れを追うのはたいへんなので、国産乗用車用ガソリンエンジンを中心にたどり、軽自動車やトラック用エンジンなどには触れていないことをお断りしておきたい。また、我々の理解の浅さにより、重要な技術やエンジンが抜けているかもしれないが、ご容赦願うとともにご指摘いただければ幸いである。

　最後になったが、各メーカーで開発に関係した技術者の方々を始め、メーカーのエンジン関係者や広報関係の方々にお世話になったことを感謝したい。また、お忙しい中を当方の疑問に対してお答えいただき、多くの知識を授けていただいた林義正先生に感謝する次第です。もちろん、内容についての責任はいっさいGP企画センターにあることは言うまでもありません。

桂木　洋二

目 次

第1章

世界水準の日本の自動車エンジン

1-1. 環境の変化と日本の自動車産業の発展

　国際的な提携や合併などにより、自動車メーカーのグローバルな競争が一段と激しくなってきている。同時に、自動車の動力のあり方が将来に向けて大きな課題になっている。

　今なお主流となっているガソリンエンジンの進化を図るだけでなく、ハイブリッドエンジンや燃料電池などという新しい動力の技術開発が重要になってきている。しかし、次の世代の自動車用動力のひとつとして有力視されている燃料電池車の開発を見てもその実用化は生やさしいものではなく、そのことが世界的な提携や連合を促す要因の一つとなったといえる。

　ガソリンエンジンが自動車用動力として主流の地位についてから随分経っているが、その間に膨大な数のエンジンが多くのメーカーによって開発・生産され、技術者たちの絶え間ない研究や実験により進化をとげている。

　自動車の販売は景気の波に左右されるところがあるが、エンジンの開発や性能に関しても、環境の変化や時代の社会的な要求の変化に大きな影響を受けている。

　ガソリンエンジン車が主流になってから一世紀以上がたつが、最初の50年ほどは、エンジンの性能を上げることが主要な課題だった。排気をまき散らし、多少燃費が悪くなっても、壊れずによく走ることを保証する動力であることが技術追求の中心だった。

　エンジンの出力を上げること、エネルギー効率をよくすることが自動車の技術進化の原動力だった。エンジン性能が向上することでボディスタイルも変化し、クル

マの最高速も次第に上がっていった。昨日のスポーツカーのスピードが、今日の一般的な乗用車のものとなり普及した。

　自動車用エンジンは、技術の進化による性能向上につれて機構が複雑になっている。近年のDOHC4バルブエンジンは、電子制御され各種の可変システムが導入され、かつて前のサイドバルブエンジンに比べると、部品点数は大幅に増えている。

　当然、エンジンの生産コストがかかるものになるが、車両の価格は比較的低く抑えられているのは、生産部門でも技術進化が顕著なこともあるが、量産効果によるところが大きい。性能向上とともに生産コストをいかに抑えることができるかがメーカーにとって重要な課題である。車両の多様化に対応してエンジンのバリエーションを豊富にする要求に応えようと、従来からある生産設備を活用して効率を高める努力が続けられてきた。

　実用性を優先した車両とスポーツタイプの車両ではエンジンに対する要求が違ってくるが、まったく異なるエンジンにしたのでは開発から生産までコストがかかりすぎてしまう。共通の部品を多くすることでコストを抑えるのが常套手段で、そのうえで多様な要求に応えるようにバリエーションを増やすのもエンジン開発の技術である。先輩であるアメリカのメーカーから日本のメーカーは多くを学んだが、時代の要求に応えながら各メーカーがどのように開発し実用化してきたかを検証することも、なかなか興味のあるところだ。

1-2. 日本メーカーのエンジン開発の変遷

　日本は欧米に遅れて自動車産業が成立し、戦後の混乱を経て経済が立ち直り、所得水準が上がることで自動車の需要が活発になり、メーカーがそれによって成長し、

欧米のメーカーと肩を並べるに至った。日本の乗用車用エンジンについて振り返ってみる場合、その進化は、初めはゆっくりとしたものだったが、モータリゼーションの発展とともに1960年代に入って急激に技術進化が促進されていった。

　戦後すぐの年間1000台から数千

1953年当時のトヨタＲ型エンジンの組立ライン。

1970年代後半の日産のL型エンジンの組立（左）とカムシャフト研削ロボットによる作業。

台程度の生産台数の時代では、性能的に低いことは承知していても、信頼性や採算を考慮してシンプルな機構のエンジンで我慢せざるを得なかった。生産性が悪かったから機構的に古めかしくても、その改良で凌いでいった。

　1950年代に入ってから、ある程度販売台数が見込めるようになり、進化したエンジンが開発されるようになった。トヨタや日産が複数の乗用車用エンジンを持つようになるのは戦後8年経過した1953年のことである。

　その数年後に、同一の車両に異なる排気量のエンジンが搭載されるようになったのは、輸出するために動力性能を上げる必要に迫られたからだ。これを契機にして、エンジン開発は従来と異なる多様化が図られる。

　モータリゼーションが予想以上に発展し、時代が進むにつれて積極的に排気量の異なるエンジンがつくられた。メーカー同士の競争が意識され、技術的に進んでいることをアピールするために先進技術が導入され、次々と新型エンジンが誕生、進化が促進された。

　1960年代の中盤から後半にかけては、スポーティカーに対する要求が強まり、広範囲にわたる高性能車の開発が実施された。これによって、さらに出力競争が盛んになった。

1-3. 大きな曲がり角となった排気規制とオイルショック

　石油を含めて資源の比較的豊富なアメリカでは、性能向上の手段としてエンジン排気量の拡大を選択し、クルマそのものも大きくなっていった。1950年代、60年代に豊かさを謳歌していたアメリカではガソリンの価格が安く、燃費性能が悪くても

クルマの普及の障害にはならなかった。企業間の競争が激しく、それに打ち勝った少数のメーカーが、大量生産大量販売システムを確立し、アメリカ車の大型化に一層拍車がかけられた。

　自動車先進国だったヨーロッパでは、事情が違っていた。国土の割に人口が多く、資源も輸入に頼る率が高いから、燃費を良くすることは、クルマの大衆化に欠かせない条件だった。道路も馬車時代から使用された狭いところが多いという事情もあり、小型車が主流で、エンジンの開発も限られた排気量の中で性能を向上させることに重点が置かれた。

　技術進化を単純に謳歌するわけには行かない兆候が最初に現れたのは、アメリカのカリフォルニアだった。比較的新しい都市として建設されたロサンゼルスは、自動車の街の典型で、自動車がなくては不便きわまりない街になり、交通渋滞は日常茶飯になっていた。自動車の排気による大気汚染が人体に悪影響を与える兆候は、1950年代の後半から指摘され、60年代に入って対策が講じられるようになった。

　1960年代の後半からカリフォルニアで排気規制が敷かれ、それが全米に及び、1970年代に入って非常に厳しいものになった。自動車メーカーは、この問題を解決しなくては企業の存続を脅かされかねない事態となった。

　これに追い打ちをかけたのが、1973年秋に発生したオイルショックである。アラブ諸国とイスラエルの対立が原因で起こった中東戦争で、石油の産油国であるアラブ側は、石油の輸出を武器とする戦略を立て、先進国の経済に多大な影響を及ぼした。この頃には、アメリカは石油の輸入国になっていたから、ガソリンの価格が高騰し、いくらでも手に入るという神話が崩れ去った。ガソリンスタンドに行列ができ、自動車がなくては生活ができない地域を中心にパニックに近い事態が生じた。

　排気をクリーンにすること、ガソリンをがぶ飲みするようなクルマではないことが重要になった。大きな転換を余儀なくされたことになる。アメリカのメーカーは燃費の良い小型車の開発を進めなくてはならなかったが、小型車の開発は順調にはいかなかった。この遅れでアメリカのメーカーは、ヨーロッパや日本のクルマにシェアを奪わ

トヨタの1990年代のエンジン組立ライン

れた。

　排気問題がなおざりにできなくなってからは、出力性能の向上と排気のクリーン化及び燃費をよくするという、それまでの技術では、矛盾する条件だったものの両立が求められることになった。

　この頃の日本のメーカーは、欧米の技術に追いつこうと懸命な時期だった。

トヨタではオーストラリアでバイオの研究とともに植林事業も実行している。

大量生産方式を確立し、輸出も盛んになりつつあったから、アメリカの排気規制には進んで取り組み、世界的な競争の渦の中に入っていかざるを得なかった。この転換期をうまく乗り切ったことが、日本車のその後の発展につながり、国際競争を有利に戦うことが可能になった。

　エンジンに要求される出力性能、燃費性能、軽量コンパクト化、信頼性、コスト削減、排気性能などの様々な条件は、もともと相反する要件であり、それらをバランスよく全体の水準を引き上げることが重要である。こうした要求を満たすことに大きく貢献したのが電子制御技術である。エレクトロニクス技術を採り入れることによって、従来は不可能だったきめ細かいエンジンコントロールを可能にした。

　厳しい排気規制をクリアするために技術進化が促進され、1970年代の後半から、エンジン技術は新しい段階に入った。日本のエンジンはこの転換期以降、欧米に遅れを取ることが少なくなった。キャッチアップを目指した時代から、日本の技術者は絶えざる改良を心がけ進化を目指し、競争力を身につけるようになった。

1-4. エンジンの進化を 1000cc エンジンで見る

　戦後日本で最初に開発された乗用車用の量産エンジンは、次章で触れるトヨタS型エンジンである。サイドバルブ式であるものの、性能的には一定の水準に達しており、1000ccで27psだった。エンジン重量は115kgと、シンプルな機構だから比較的軽量である。その後の代表的な1000ccエンジンと比較してみよう。

　同じ1000ccエンジンで約20年後の1966年に開発されたサニー用のA10型エンジンは56ps、エンジン重量は92.5kgである。トヨタS型の倍以上の出力になり、確実に進化を遂げていることがわかる。さらにそれから十数年後の1982年のマーチ用の

直列4気筒1000ccエンジンの50年における変遷

年　月	エンジン名	型式	ボア×ストローク (mm)	排気量 (cc)	圧縮比	最高出力 (ps/rpm)	重量 (kg)	重量／馬力 (kg/ps)
1949年12月	トヨタS型	SV	65.0×75.0	995	6.5	27/4000	115	4.259
1966年4月	ニッサンA10型	OHV	73.0×59.0	988	8.5	56/6000	92.5	1.652
1982年10月	ニッサンMA10型	OHC	68.0×68.0	987	9.5	57/6000	71	1.245
1999年1月	トヨタ1SZ-FE型	DOHC	69.0×66.7	997	10.0	70/6000	68	0.971

　日産MA10型は57psであるが、シリンダーブロックまでアルミ合金製となりエンジン重量71kgと大幅に軽くなっている。

　それから20年近く後に登場したトヨタのヴィッツ用1000cc1SZ-FEエンジンは70psである。エンジン重量は鋳鉄製シリンダーブロックにもかかわらず68kgと軽量に仕上げられている。1980年代の半ばごろを境にして出力の計り方がそれまでのエンジン単体で行うグロス値から車両に取り付けた状態で計るネット値表示となり、1SZ-FEエンジンの場合は従来の出力表示より10～15%低い数値になっていて、単純には比較できない。日産MA10型はOHCでキャブレター付きであり、トヨタ1SZ-FEエンジンはDOHC4バルブで総合的に電子制御されている。日産MA10型にしても、トヨタ1SZ-FE型にしても、実用車に搭載しているので、出力を上げることよりも使いやすいエンジンにするために最高出力の数字にこだわっていないものである。

　エンジン重量に関しては、計量の基準が異なり、表にあるエンジン重量当たりの出力の数字も単純に比較できない面があり、必ずしも正確なものではない。しかし、ある程度は進化の目安になりうるだろう。出力当たりのエンジン重量で見れば、その数値は確実に小さくなっており、エンジンの進化をみごとに表現している。

　ここでは今日まで日本の主要メーカーが、どのようにエンジン開発をしてきたかを振り返ってみたい。とくに戦後の混乱期から現在に至るまでの、国産メーカーの主要な乗用車用ガソリンエンジンを中心に考えてみよう。

第2章
戦後のサイドバルブエンジンの時代

2-1. 民需転換で苦労するメーカー

　1945年8月の敗戦から7年間、日本の自動車メーカーは、小型車部門ではあまり性能向上を望めないサイドバルブエンジンしか持たなかった。この時代に生産体制を整えて乗用車を生産したのはトヨタと日産とオオタの3社だけである。いずれも小型車用エンジンは1種類しかなく、トラックと乗用車は共通のシャシーを使用したもので、新しい機構のエンジンをつくりたくてもできない雌伏の時代だった。

　戦後の再出発が切られた時点の自動車メーカーの規模は、今日とは比較にならないほど小さく、終戦直後のトヨタ自動車と日産自動車（この時点では日産重工業）の従業員数はどちらも3000人ほどしかいなかった。

　戦前から日本独自のカテゴリーとして発展してきた自動三輪車メーカーの東洋工業（現マツダ）、ダイハツ、さらにはくろがねなども生産を再開した。自動三輪車も戦前の小型車の規定に準拠していたから、排気量は日産やオオタの小型車と同じような排気量のエンジンを搭載、コスト的に抑える必要のある自動三輪では空冷エンジンが主流であり、シリンダーも単気筒か2気筒だった。これに対して、四輪車の方はいずれも水冷直列4気筒エンジンだった。四輪車のほうは高級感が重要視され、異なるジャンルのクルマとして住み分けられていた。

　ところが、戦後になると小型四輪部門や自動三輪部門に、戦時中航空機などの兵器を生産していたメーカーが、民需転換を図って進出する動きを見せた。動力付きの陸上交通機関としては、手っ取り早いのは二輪部門への進出で、ついで三輪車部門、そして四輪部門と次第にむずかしくなる。その理由はエンジンの機構が複雑

になり、それにつれて技術的に高度なものが要求され、生産するための設備投資も大きくなるからである。したがって、戦後すぐの時期には新規に参入するメーカーの数は、二輪部門が圧倒的に多かった。航空機部門のトップメーカーであった三菱にしても、二輪部門のスクーターおよび自動三輪車の製造販売からのスタートだった。

戦勝国と敗戦国を問わず、戦争中の自動車メーカーは兵器の生産に追われて、乗用車の生産はストップし、技術進化もほとんど見られない状態が続いた。1930年代から自動車用エンジンはサイドバルブからオーバーヘッドバルブエンジンに移行する時期を迎えたが、戦争による進化の凍結期間があったために、移行期は戦後にまでもつれ込んできていた。

日本の自動車メーカーは工場施設の老朽化や生産のための物資の不足、電気などのエネルギー供給の不安定さなど、生産を軌道に乗せるには多くの障害があった。入手する原材料の不足や品質の不安定さなどで均一に仕上げることができず、燃料となるガソリンの入手も困難で質もよくなかった。さらに、自動車の生産は占領軍の許可を得なくてはならず、乗用車の生産も当面は禁止された。このため、戦後すぐの段階では、戦争中につくられた3000ccから4000ccほどの中型クラスの軍用トラックを民間用として生産することしか方法がなかった。

乗用車の生産が許可されたのは1947年であるが、すぐに多くのクルマがつくられたわけではなく、戦後の混乱の中で乗用車の生産は後回しにされた。

今日の小型車の規定に近い車両規格が新しく施行されたのは1947年3月、これによって、戦後の我が国の自動車の方向が決定した。戦前の小型車は無免許で乗れる特典があったが、全長は2.8m、全幅1.2m、エンジン排気量750cc以下という制限があった。これに対して戦後の小型車は全長4.3m、全幅1.6m、と車両寸法が大きくなり、エンジン排気量は1500cc以下となっている。この規定は後に改定されるが、基本的にはこのときの規定の延長線上にあるもので、小型車の規定に沿ったクルマが、日本の乗用車の主流になっていく。

2-2. トヨタの小型車用S型エンジンの開発

新しい小型車の規定に沿ったエンジンとしては、我が国で最初に開発された量産タイプのエンジンがトヨタS型エンジンである。トヨタの普通車の戦前のエンジンはすでにオーバーヘッドバルブ（OHV）式のガソリンエンジンだったが、戦後に新

しく開発されたトヨタのエンジンは、構造がシンプルなサイドバルブ式だった。

　トヨタが戦後の混乱の中で新エンジンの開発に踏み切ったのは、日産やオオタと違って手持ちの小型車用のエンジンがなかったからである。自動車の主流となる小型車部門への進出は、大衆車を量産することを企業の大きな目標に掲げるトヨタにとっては、戦後の最初の大きなプロジェクトだった。

　企画の検討では、1200ccという案もあったが、きりのいい1000ccに決定、ベビーフォードを参考にしながら仕様が決められた。トヨタでも戦前に2ストロークエンジンのドイツのDKWを参考にしてダットサンに対抗する小型車の開発を進めた時期もあったが、戦争が激しくなり中断したままになっていた。

　1945年の終わりに設計が開始されたが、この時点では乗用車の生産は許可されておらず、将来に備えたものとして、発売の予定がない状態で始められている。資材不足の中での開発であったが、1946年の秋には試作エンジンが完成、テストが開始された。ボア65mm・ストローク75mmの水冷直列4気筒955ccである。

　性能的に限界のあるサイドバルブ式であっても、新しく設計されるトヨタS型エンジンは、戦前に設計された日産やオオタのエンジンよりも機構的に進化したものになっている。

　日産やオオタのエンジンの冷却方式はウォーターポンプがない自然循環方式だった。機構をシンプルにすることが優先され、出力的にもあまり高くなかったから、それで問題がなかった時代の設計である。トヨタS型は、ウォーターポンプを備えた強制循環式、オイルも全圧送式を採用している。また、クランクケース内のガスをベンチレーターにより外部に吸い出してロスの軽減が図られている。クランクシャフトの回転を支えるメインベアリングも、日産やオオタではクランクシャフトの両端の2ベアリングであったが、トヨタS型では3ベアリングである。

　トヨタS型エンジンは、最高出力27ps/4000rpm、最

1946年に完成したトヨタS型エンジン。スモールエンジンという意味でS型と命名されたという。

大トルク 5.9kgm/2400rpm という性能
だった。戦前のエンジンはリッターあ
たりの出力はせいぜい20ps程度であっ
たし、最高出力時のエンジン回転も
3000rpm を多少上回る程度であったか
ら、トヨタS型はこの時代の国際的な
水準に達しているとPRされた。圧縮比
も高めの6.5である。圧縮比7を目指し
たが、この時代のガソリンのオクタン
価があまり高くないことから、ノッキ
ングを起こさないように6.5に抑えら
れた。

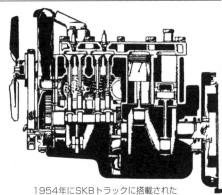

1954年にSKBトラックに搭載された
時点のサイドバルブ式のS型エンジン。

　当初は先進的な乗用車であるトヨタ SA 型及
びその改良型である AC 型に搭載されたが、理
想を追求したこれらの乗用車は、当時の日本の
悪路走行ではトラブルが続出、あまり多く販売
されなかった。この後、トヨタではこのS型エ
ンジンを搭載した小型トラックSB型を開発、こ
れがトヨタの小型車の主力商品となった。この
トラックのフレームをベースにして乗用車のボ
ディを載せたSD型乗用車がつくられ、これがタ
クシーなどに使用された。

1957年にコロナ ST10 型に搭載された S 型エンジン。

　トヨタS型エンジンは、その後トヨタの業績向上に貢献した小型トラックのトヨ
エースに搭載され、さらに 1957 年にデビューした初代コロナに搭載されている。

S型エンジン主要公称性能の変遷

年　月	搭載車種	圧縮比	最高平均有効圧力 (kg/cm²)	最高出力 (ps/rpm)	最大トルク (kgm/rpm)	最小燃費率 (g/ps·h)
1949年12月	SA, SB, SD	6.5	6.1	27/4000	5.9/2400	250
1953年9月	SH, SK	6.5	7.6	28/4000	6.0/2400	253
1954年6月	SKB	6.7	7.84	30/4000	6.2/2400	244
1957年4月	ST10	7.0	8.21	33/4500	6.5/2800	240

ダットサンのライバルとなるトヨタの小型車への搭載ということで、S型エンジンは大幅な改良が加えられている。サイドバルブエンジンは時代遅れになりつつあったが、この改良にはトヨタの技術の粋が盛り込まれている。

　出力を上げるために圧縮比を6.7に、さらに7.0に上げ、ピストンの頭部を高くすることで燃焼室形状を変更している。エンジン回転が上げられ、補機類のフリクションロスの低減も図られている。S型エンジンは最終的には、最高出力は33ps/4500rpm、最大トルクは6.5kgm/2800rpmになっている。860ccのダットサンD10型エンジンはリッター当たり約29psであるのに対し33psに達している。

2-3. ダットサンエンジンの特徴と改良

　終戦直後の日産の主力商品は普通トラックで、戦前の日産を有名にしたダットサンの生産はしばらく省みられなかった。トヨタに比較すると小型車への取り組みは遅れたものの、すぐにそのハンディキャップを埋めることができたのは、戦前からの小型車を復活させたからである。新しい小型車の規定が作られた機会に、日産ではエンジンも車体も新規にする開発計画が検討されたが、戦後の混乱した経済状況がそれを許さず、戦前からの小型車の生産再開が精一杯だった。

　戦前のダットサン乗用車は日本を代表する小型車として数多く生産されたが、戦時色が強まるにつれてぜいたく品として生産が制限されるようになり、1940年以降は生産されなくなっていた。車体関係のプレス型などはつぶされて兵器になってしまったが、エンジン関係の設備は残されていたので、それを修復して旧来のエンジンがつくられた。

　ダットサン用エンジンは1930年に設計されたもので古典的な機構だった。小型車用エンジンの規定がそれまでの350ccから500cc以下に引き上げられるときに開発が始められたが、小型車は無免許で乗れる代わりに一人乗りという制限があった。この時代の普通車は日本国内で組み立てられたフォードやシボレーが中心で、小型車はニッチ商品だった。

1933年型ダットサンと747ccエンジン。

ダットサンは500cc
にもかかわらず、
水冷直列4気筒に
したのは、乗用車
用エンジンとして
一人前のものにし
ようという意図が
あったからだ。シ
リンダーブロック
にはかなり余裕が
あり、排気量の拡
大が容易であっ

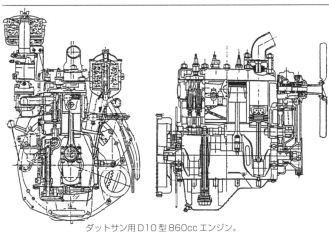

ダットサン用D10型860ccエンジン。

た。結果として、このことが長寿なエンジンにした。

　サイドバルブ方式で、ピストンがアルミ合金製、コンロッドはジュラルミンでつ
くられていた。コンロッドメタルがなく、コンロッド大端部の内側の面にオイル用
の穴が開けられている。ジュラルミンによる自己潤滑方式である。コンロッド大端
部の下方にシャベルのようにオイルをすくうジッパーと呼ばれる突起が付いていて、
これですくったオイルがクランクシャフトの回転によりエンジン内部のあちこちに
オイルをはね飛ばすことで潤滑する仕組みである。オイルパンの上の方にオイルの
流れる樋がつくられていてオイルをすくう、いわゆる飛沫式潤滑だった。

　クランクシャフトのベアリングはボールベアリングである。メタル式では問題が
あったからだろうが、クランクシャフトの前後端支持の2ベアリングとしたためク
ランクシャフトを組立式にせずに4シリンダーを実現している。クランクシャフト
も単純な形状をしており、加工も簡単であるが、戦後になってから、クランクシャ
フトは剛性が不足し、曲げ振動を起
こしてフライホイールの面振れによ
る振動や騒音が大きいことが問題に
なった。

　冷却水は自然循環式。シリンダー
内で熱せられた冷却水をラジエター
に導き、冷やされた冷却水はラジエ

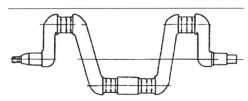

ダットサンエンジン用のクランクシャフト。ボールベアリ
ングを挿入するためテーパー状でフライホイールと締結。

ターの下の方からシリンダーに入るように
なっている。この循環をスムーズにす
るためにラジエーターの位置は、エンジン
よりも高いところにレイアウトされてい
た。冷却用のファンはカムシャフトなど
と同様にクランクシャフトからギアで駆
動されている。

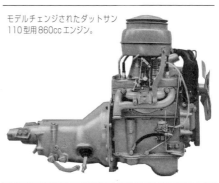

モデルチェンジされたダットサン
110型用860ccエンジン。

当初はスターターモーターはなく、ク
ランクシャフトを直接クルマの前方から
ジャッキと共用のハンドルを差し込んで外から回して始動させるようになっていた。
もちろん、戦後はスターターモーターがつけられた。

最初のダットサンの500ccエンジンは、ボア54mm・ストローク54mmのスクウェ
アで、494cc、最高出力は10ps/3700rpmだった。1933年に小型自動車の車両規定が改
定されて4人乗りとなり、排気量は750cc以下になった。

これに伴って、ダットサンはボア56mm・ストローク76mmの748ccに拡大された。
最高出力は12ps/3000rpmとなったが、これでは一度ボーリングすると小型車の上限
である750ccをオーバーするので、1937年にはボア55mm・ストローク76mmの722cc
に改められている。このときに吸排気系の改良や冷却ファンの駆動を一般的なベル
ト式にするなど設計変更されている。最高出力は16psに向上、このエンジンが戦後
もしばらく使用されている。

小型車の規定が1947年に1500cc以下と大幅に引き上げられ、エンジン排気量の拡
大要求は強くなった。しかし、戦後の経済復興が思うに任せない時期で、新しいエ
ンジンの開発の見通しが立たなかったから、できる範囲でボアを拡大することに決

ダットサン用直列4気筒SVエンジンの変遷

年	車 名	ボア×ストローク (mm)	排気量 (cc)	圧縮比	最高出力 (ps/rpm)	最大トルク (kgm/rpm)
1932年	ダットサン500	54.0×54.0	494	–	10/3700	–
1934年	ダットサン750	56.0×76.0	748	5.0	12/3000	–
1937年	ダットサン725	55.0×76.0	722.3	5.4	16/3600	–
1952年	ダットサンDB4	60.0×76.0	860	6.5	21/3600	4.9/2000
1955年	ダットサン110	60.0×76.0	860	6.5	25/4000	5.1/2400

定した。ボアは55mmから60mmにアップ、排気量は860ccになった。このときにクランクシャフトやコンロッドが補強され、自然循環式からウォーターポンプやサーモスタットを備えた冷却方式に改良された。ボアは目一杯拡大したために、各気筒のシリンダー壁は連続した冷却水の流れにならず、シリンダーにより冷却の不均等が起こる恐れがあったが、テストの結果では冷却不足による不具合が発生しなかった。圧縮比は従来の5.8から6.5に向上、最高出力は19psとなった。

この後、ダットサンエンジンは改良が加えられ続けた。1950年の朝鮮戦争による特需で日本経済は急速に回復し、それにつれて自動車の販売も伸びていったから、出力の向上を中心とする性能アップの要求も大きかった。

主としてキャブレターの改良や吸排気系の見直しなどによる性能向上、及び冷却系や潤滑系を中心とする信頼性や耐久性の向上である。1952年には、最高出力は21psとなり、1954年の改良により、25ps、最大トルク5.1kgmとなり、このD10型エンジンが1955年にモデルチェンジされたダットサン110型に搭載されている。キャブレターはダウンドラフトタイプとなり、吸気マニホールドも新しくなった。さらに、シリンダー壁の近くまで冷却水を通すようにドリルで通路を設けている。ボアを目一杯大きくした上に、出力アップが図られたことにより、冷却不足によるオーバーヒートの心配があったからである。オイルの汚れを防ぐためにオイルフィルターも採用された。ジュラルミン製だったコンロッドもスチールの鍛造品に代えられ、このときからホワイトメタルが採用された。

2-4. オオタの小型車用エンジン

1935年に三井系の資本が導入されて高速機関工業となるまでのオオタは、創業者の太田祐雄の個人企業的色彩が強く、小型乗用車とトラックの生産が中心だった。戦後も一貫して小型車の生産を続けた。

オオタにとっての戦後の生産再開はトヨタや日産よりも早く、1946、1947年の小型車の生産量は両メーカーを凌ぐまでになっている。しかし、その後は生産台数が伸びずにトヨタや日産には差を付けられていった。企業規模の違いが大きく、設備投資に限界があったからである。

初めは戦前タイプの小型トラックの生産から始められたが、ボディを大きくすることによりエンジンの性能向上の必要に迫られた。高速機関では小型車規定の改定に合わせて、1200ccエンジンの設計を開始、しかし図面ができあがったところで資

金などの調達が困難と判断して中断、ダットサン同様に戦前からあるエンジンが使用された。

　ボア60.5mm・ストローク64mmの736ccのサイドバルブ式直列4気筒、クランクシャフトは2ベアリング式であった。最高出力は16ps/3400rpm、圧縮比は5.5である。

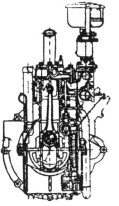
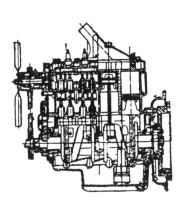

オオタE型エンジンは改良されて24psまで引き上げられている。

　戦後すぐに改良が進められ、1947年にはボアを61mmにして排気量750ccのエンジンが登場。クランクシャフトを3ベアリング、潤滑も飛沫式からオイルポンプを備えて圧送式と飛沫式の併用とし、カムシャフトの形状も変更されている。圧縮比も6.5に高められ、20ps/4000rpmと性能向上が図られた。

　1952年に社名が高速機関から太田自動車工業に改められ、大幅な車両の改良が実施されている。

　ボア61.5mm・ストローク76mmに拡大して排気量903ccとしている。キャブレターはダウンドラフトタイプにし吸気系を改善、ディストリビューターの自動進角の角度の検討などが実施された。最高出力24ps/4000rpm、最大トルク5.0kgm/2200rpmとなり、2000〜3000rpmのトルクの向上により、使いやすいエンジンになったという。

オオタE-9型903ccエンジン。

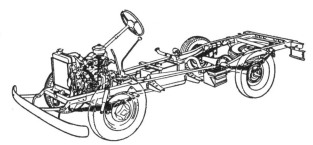

オオタ小型車用のエンジン付きシャシー。トラックと共用だった。

ボディも4人乗り4ドアでヨーロッパ調の高級感を打ち出して、トヨタや日産車との差別化を図ったが、思うように販売が伸びず経営は次第に厳しくなっていった。需要が増加するにつれて、量産効果を上げて車両価格を引き下げていくトヨタや日産に対抗することがむずかしくなったからである。

2-5. エンジンの改良と性能向上

1950年の朝鮮戦争による特需で日本経済の回復が図られてからは、エンジンの改良は従来より積極的に進められたが、とりあえず使用に耐えられるものであることが先決だった。この時代は、シリンダーブロックの鋳造に関しても歩止まりが良くなかった。冷却水通路や潤滑経路などを持つシリンダーブロックは、複雑な形状の鋳物で、戦前からどのメーカーも苦労してきたところである。

トヨタは織機部門時代から、日産も前身に戸畑鋳物を持っていて、鋳物に関するノウハウを蓄積していたが、1950年代の前半まで巣のいったものができることで悩んでいた。日産では、比較的軽度の巣のあるものには、シリンダーライナーを圧入したりしたものの、新品時からボーリングしたような感じのものになると、評判がよくなく取りやめている。

この時代の乗用車の多くはハイヤーやタクシーなどの営業用が大半で走行距離が長く酷使されたが、営業に直接的な影響が出るトラブルの発生は避けなくてはならないことだった。

オイル漏れやオーバーヒートはよくあるトラブルだったが、メーカーをもっとも悩ませたのはシリンダーやピストンリングの摩耗だった。パワーが落ちるだけでなく、オイルの消費量が大幅に増え、ひどくなると走行不能に陥るトラブルである。現在のエンジンではシリンダー壁はホーニングされてオイルが保持されるようになっていて、ピストンリングの形状や表面処理が進んでいるので、こうしたトラブルは解決されているが、当時はひどいものでは15000kmほどでエンジンボーリングの必要があった。シリンダー壁とリングの相性も良くなかったから、シリンダーを傷つけたり、リングが摩耗して圧縮漏れを起こした。そのたびにシリンダーをボーリングしてボアを大きくしたり、シリンダーライナーを挿入し、ピストンリングを交換しなくてはならず、このための費用と時間はばかにならなかった。

解決のためには、ピストンリングの改良とエンジン内に異物の混入を防ぐことが必要だった。

　ピストンリングの摩耗では、圧縮行程でのガスもれをくい止める働きをするトップリングが特にひどかった。エンジンの燃焼のたびに大きな圧力を受け、高温にさらされる上に、燃焼の腐食成分により化学作用を受けるためである。これにオイルなどの汚れが加わる。

　リングの摩耗問題解決には欧米でも早くから取り組まれており、リングの表面にクロームメッキを施すことが有効で、航空機用エンジンから次第に自動車用エンジンにも広がった。クロームメッキしたリングの摩耗の減少データなども文献で紹介されるようになり、まずトヨタで日本ピストンリングと共同で取り組み、トヨタS型に採用された。この効果は抜群で、従来の半分まで摩耗を減らすことができた。1951年のことでこの後、他のメーカーのエンジンにも採用された。

　もうひとつの課題は、吸入空気の清浄化とオイルの汚れ防止である。未舗装路を走る機会の多い当時は、エアクリーナーの果たす役目が非常に重要で、ほこりを燃焼室まで入らないようにする必要があった。クリーナーが目詰まりを起こせばパワーダウンは免れず、細かいほこりの侵入を防ぐためには、濾紙式クリーナーの出現まで待たなくてはならなかった。特殊なペーパーにオイルを浸透させた濾紙の効果は高く、それまでの油浴式のクリーナーに比較して10μ程度の砂粒の濾過率88%に対して99%に達したというデータがある。オイルの濾過に関しても、それまでの繭や糸くずを使用したクリーナーから濾紙フィルターに変更することで、効果を上げている。

　ピストンリングのクロームメッキ、さらにエアクリーナー及びオイルクリーナーの改良などでシリンダーの摩耗は大幅に減少した。ボーリングの間隔も、15000kmから60000〜70000kmと4倍以上に改善された。これらはあまり時期的な遅れはなく、各メーカーのエンジンにも採用されている。

　エンジンの基本設計そのものは変わらなくても、周辺技術の進歩があり、オイルやガソリンの性状の改良があって、エンジンの性能は着実に向上していった。それに、道路の舗装が進むことで振動やほこりの侵入も減るから、時代が進むとともにエンジンにとっては有利な環境になった。

　エンジン性能の向上に寄与したものには、キャブレターの進歩も挙げられる。吸入空気の量に見合った燃料をシリンダーに供給することは、内燃機関がつくられたときから現在に至るまで、最も重要な課題であり続けている。1970年代までの燃料供給装置はキャブレターが主流であり、燃料消費量や出力性能を決定づける重要な

働きをしていた。吸入空気の通過量がベンチュリー部の圧力差に変化をもたらすことを利用して燃料の量を調節し、機械的に供給するのがキャブレターの働きであるが、気圧の変化やエアクリーナーのつまりによる抵抗の増大などが燃料供給の基準となる圧力に影響し、適正な量より多めの燃料が供給され燃費が悪化する。これを防ぐためにフロートチャンバーを大気圧に開放しない方式にした、いわゆるエアベント付き気化器の採用や下向きのベンチュリー部にしたダウンドラフト式気化器が採用されるようになった。

　この時代のエンジンは加工精度がよいとはいえず、個々のエンジンによる性能のバラツキがみられた。公表されるエンジン性能がカタログに記された数値と実際の性能とでは10%以上も低いこともあり、当たりはずれがあった。

　なお、1950年ころまでは燃料の供給が思うに任せなかった影響で、木炭などの代替燃料が使われていた。このための改良が施されたものの、出力の低下はまぬがれず、坂の上りは苦しくなり、途中で止まらざるを得ないこともしばしばだった。1948年のトヨタSB型トラックでは、ガソリンエンジンを使用した場合の最高速は70.2km/hだったが、代替燃料を使用すると41.7km/hとなり、約60%にダウンしている。もちろん加速性能も落ちた。

　こうした事情を考慮して、この時代は電気自動車も盛んにつくられた。鉛バッテリーをフロアに敷き詰めたもので、重量が嵩んでスピードが出せず、走行距離も限られたものだった。それでも、ガソリンの入手が困難なこともあって、一定の需要があった。1947年に改定された自動車の分類では、電動機が1.2kW以下が軽自動車、これ以上で7.5kW以下が小型自動車と決められていた。

第3章
国民車構想の影響と1000cc級エンジンの開発

3-1. クルマの普及を目指した国民車構想の影響

　1000ccエンジンがサイドバルブ式からOHV式エンジンに取って代わるのは1950年後半に入ってからのことで、日産が1957年ダットサン210型に、トヨタが1959年にコロナに搭載している。その後、日産はこのエンジンを改良したものをしばらく使用し続けるのに対して、トヨタはコロナのイメージアップのために途中で排気量の大きいエンジンに変えている。

　1950年代になって、トヨタも日産も経営的に安定して成長が期待できるようになって、新しいエンジンに切り替える余裕ができた。時期的には、この章で述べる1000ccクラスエンジンよりもひとクラス上の1500ccエンジンの開発や出現のほうが先であるが、前章との関連で先に小排気量エンジンについて見ることにする。

　当時話題になったのが1955年に通産省自動車局で作成された国民車構想で、自動車を個人で所有する夢の実現に一歩近づけるものとして大きな影響を与えた。

　具体的な車両価格や性能を決めて、それを実現するクルマを開発したメーカーを資金的に援助しようという計画だったから、実現すれば遠からず富裕でない人たちもユーザーになれそうな印象があった。500ccほどのエンジンを搭載して100km/hの性能のクルマを25万円の価格にするというもので、当時の100万円もした国産乗用車とは大きな隔たりがあった。

　メーカー側は実現不可能な構想として、公式には通産省の案に協力できないという見解を示して一件落着となった。しかし、メーカーの中でもこの構想に近い車両の開発をするところが現れ、新型車両の開発に少なからず影響が見られた。

トヨタは国民車構想に近いクルマの開発に熱心だったが、日産の経営者は一貫して大衆車クラスのクルマの開発に消極的だった。

　トヨタでは、コロナとは別に、国民車構想に近いクルマとして1960年に誕生したのがパブリカである。個人ユーザーをターゲットにした乗用車で、コストを徹底的に抑え車両価格を安くしようとした野心作だった。パブリカの誕生によってトヨタはコロナを高級な印象のクルマにする方向を打ち出し、エンジン排気量は1500ccとなり、トヨタと日産の車両開発の仕方に違いが出てきた。

3-2. トヨタの新しい 1000ccOHV の P 型エンジン

　1957年にデビューした初代コロナはサイドバルブ式のS型エンジンを搭載し、車体もトヨペットマスターのドアをそのまま流用し、サスペンションもクラウンと共通とするなど間に合わせ的なクルマという印象が強かった。そのため、好評のダットサンに対抗するには荷が重く、早めにモデルチェンジされた。1960年3月、スタイルを初め機構も一新、エンジンは初代の末期頃からS型にかわる新型が搭載された。

　新エンジンはOHV型、排気量は同じ1000ccだった。S型、R型に次いでトヨタの戦後3番目の新型で、水冷直列4気筒、ボアはS型の65mmから69.9mmと大きくなり、ストロークは65mmとオーバースクウェアになっている。ボアピッチに余裕を持たせ、エンジン全長はS型の580mmから630mmと長くなっている。

　バルブ配置がOHV型になるのに伴って燃焼室はウエッジに近いバスタブ型で、吸気ポートが各気筒で独立したものになり、ポートの中子はシェルモールド工法で表面の粗さを小さくしている。吸排気マニホールドは上下に隣接して取り付けられることで、排気の熱で吸気を暖め霧化を促進させている。バルブの材質も吟味され、スプリングも高回転に対応して（といってもこの時代でのことだが）ダブルになっている。ピストンリングは4本、ピストンはそれまでのY合金からローエックスになり、スカート部はスリッパー型になっている。クランクシャフトは球状黒鉛鋳鉄を使った中空の鋳物でつくられた。点火プラグは、S型は10mmという特殊なサイズ

2代目コロナに搭載されたトヨタP型エンジン。

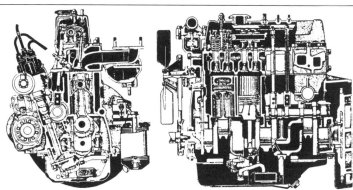

トヨタP型エンジン。S型、R型に次ぐ戦後トヨタの3番目のエンジンとして登場。

緩いウエッジ状のバスタブ型燃焼室を持つ鋳鉄製のシリンダーヘッド（これは2P型）。

カムシャフトは鋳鉄製でポリノミアルカム。

だったが、14mmのワイドレンジのものに置き換えられた。キャブレターも2バレルのダウンドラフトタイプである。

　圧縮比はS型の最終仕様では7.0だったが、7.5になった。最高出力45ps/5000rpm、最大トルク7.0kgm/3200rpm、エンジン重量はS型の115kgに対して129kgと重くなっている。

　トヨタP型エンジンは1959年10月からマイナーチェンジのタイミングで初代コロナに搭載されたが、この頃には2代目となるコロナPT20型の開発が佳境に入っており、これへの搭載が本命だった。リッター当たり45ps近い出力性能であった。

　P型は、1961年に改良されて2P型に発展している。排気量が1200ccに拡大、P型の部品を引き続いて使用することに留意された。ボアが69.9mmから76.6mmに拡大されたが、シリンダーヘッドはP型と共通である。燃焼室はピストンの頭面の上死点における位置やシリンダーガスケットの厚さの変更で圧縮比が7.8に設定されている。コンロッドやクランクシャフト、さらに吸排気マニホールドはP型の流用である。最高出力は55ps/5000rpm、最大トルクは

球状黒鉛鋳鉄製のクランクシャフトは中空で軽量化されている。

8.8kgm/2800rpm、エンジン重量は130kgである。

　2P型は乗用車のコロナに搭載されず、トヨエースやコロナバンに搭載されている。ダットサンと競合するコロナに搭載されなかったのは、コロナのイメージアップを図るために排気量の大きいR型エンジンを搭載する戦略をとったからだが、P型がこのクラスとしては重いエンジンになっていたことも原因だったようだ。

3-3. 日産の主流となったストーンエンジン

　1955年にモデルチェンジされた新型ダットサン110型のエンジンは、旧型と同じ戦前に開発されたエンジンを拡大した860ccだったから、性能向上要求に応えるために新型エンジンを開発する必要に迫られていた。新型も1000ccエンジンにする予定だったのは小型タクシーの排気量制限以内（クラウンは中型区分で初乗り料金も高かった）にする必要があり、税金でも1000ccが一つの壁になっていたからだ。

　新しいエンジンの開発にあたって、日産ではアメリカの経験豊富な技術者を招聘して指導を受けた。コンサルタントとして1955年に来日したのは、ウィリスオーバーランド社を引退したエンジニアのドナルド・ストーンで、ジープ用エンジンの開発などを担当した経験を有していた。欧米に技術的に後れをとっているという認識があった日産の技術者たちは、エンジンの耐久試験の方法や重要部品の設計法などについてもこのときに学んでいる。

　このころ、日産では提携に基づいてノックダウン生産されるオースチンのエンジン用のトランスファーマシンなどの据え付けが進行していた。初めは多くの部品をイギリスから運んで日産の工場で組立だけが行われたが、次第に部品を国産化してすべてを日本で生産する契約だった。最初に組み立てられたオースチンA40サマーセットのエンジンはボア65.5mm、ストローク88.9mmの1197cc（42ps/4500rpm、8.6kgm/2200rpm）、1953年4月から発売された。その後、イギリスでオースチンがモデルチェンジされたのに伴って、日本でも1500ccにボアアップされたエンジンを搭載したA50ケンブリッジが1955年1月から販売された。ボア73mmとなり、排気量1488cc、最高出力50ps/4400rpm、最大トルク10.2kgm/2100rpmと実用性を重視したエンジンだった。シリンダーブロックの機械加工用のトランスファーマシンはこのエンジンの量産化のために導入され、1956年9月から稼働した。

　日産ではダットサン用エンジンとして、これとは別に独自にボア・ストロークとも68mmの直列4気筒スクウェアエンジンを計画し設計図ができていた。しかし、ス

トーンは新しいエンジンを最初からつくることに異議を唱え、オースチン用エンジンの改良で1000ccエンジンを開発するよう提案した。

　その理由は、オースチン用エンジンの生産設備が導入されるので、この設備を利用すれば生産コストが大幅に抑えられること、長年にわたって改良を加えられてきたエンジンなので信頼性が高いこと、エンジンの素性がよく排気量を変えても一定の性能が保証されること、オースチンの部品を流用できるので開発が短期間でできることなどだった。量産を前提に開発が進められるアメリカでは、生産コストを抑えることが重要視された。その中で育ったストーンの意見としては当然のものだったが、日産にとっては新鮮な提案であり、同時に不安もあったようだ。

　日産で計画していたエンジンは、重量もサイズもオースチンエンジンをベースにしたものより軽くてコンパクトなものになるはずだった。1500ccを3分の2にした1000ccではストロークが88.9mmから59mmとなり、ショートストロークエンジンが

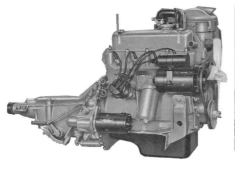

モデルチェンジされたダットサン310型は初代ブルーバードとなり、1000ccストーンエンジンが搭載された。ダットサンスポーツにも搭載、34psで出足の良さを強調していた。

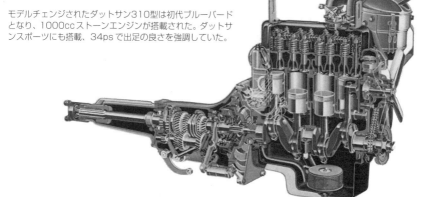

増える傾向にあるとはいえ、ショートすぎるのではないかという懸念があった。

　オースチンをベースにした1000ccエンジンは、日産が独自に計画したエンジンより、全長で35mm、全高で25mm大きくなり、重量で28kg重くなる計算だった。大きなハンディキャップであると思われたが、信頼性の確保とコスト削減によるメリットと比較すれば取るに足りないマイナス面であるというのがストーンの主張だった。また、ショートストロークすぎる点に関しても、アメリカのV8エンジンにはこれに近いものがあり、技術的な努力でカバーできるという意見だった。

　こうして誕生したのがストーンエンジンと称されたボア73mm・ストローク59mm、988ccのC型エンジンである。ボアが大きいので高速回転では問題なかったが、低速時における実用性能の確保に苦労した。燃焼室の形状を工夫し、点火時期を早めるなどの対策がとられた。日本では低速でもトップギアで走る傾向があるので、ファイナルギアを含めたギア比も調整されている。

　トランスファーマシンの据え付けに際しては、シリンダーのストロークを小さくしたブロックも加工できるように修正が加えられた。

　シリンダーブロックの全高はストロークを縮めた比率に近い寸法まで短縮するのは無理で、その分コンロッドが長くなったものの、これはピストンのスラスト抵抗を低減するのに役立った。

鋳鉄製シリンダーヘッド、燃焼室はバスタブ型。

　オースチンエンジンは、吸入ポートがサイアミーズタイプになっているなど設計としては古めかしい点があるものの、イギリスの伝統を忠実に反映した手堅いエンジンになっていた。シリンダーブロックはクランクケースと一体の特殊鋳鉄製で、クランクシャフトは3ベアリング式、カムシャフトはローラーチェーンで駆動されている。

　これをベースにしたオーバーヘッドバルブ（OHV）式のダットサン用C型エン

3ベアリングのクランクシャフトを持つシリンダーブロック。

ジンの燃焼室はバスタブ型、圧縮比
7.0、最高出力34ps/4400rpm、最大トル
ク6.6kgm/2400rpmだった。

　1957年11月にダットサンに搭載され
て発売された。エンジン重量が大きく
なり、サスペンションのスプリングを
強化しボディをわずかに改良したもの
の、スタイルなどは110型と変わらな
かったが、ダットサン210型という名称
になった。この名称の変更はモデル
チェンジに相当するもので、当時は新
エンジンの搭載は、それだけ重要な変
更だった。

　旧型エンジンは振動や騒音が大き
かったから、この変更は大いに歓迎さ
れた。低速でのトルクは旧型エンジン
と比較すると数値的にはそれほど改善
されていなかったが、加速時のエンジ
ン音の高まりのフィーリングがいいこ

特殊鋼の鍛造製のカムシャフト。3ベアリング式。

ショートストロークに対応した主運
動部品。ピストンは3本リング。

ともあって、実際よりもエンジン性能が向上した印象を与えることになり、新エン
ジンは好評だった。

　販売を増やしたダットサンは、トヨタのクラウンと同じようにアメリカへの輸出
を計画。ここで問題となったのが、アメリカでは高速走行が当たり前だったために、
シャシー性能もさることながら、1000ccエンジンではパワー不足だったことだ。悪
路走行が多い日本では低速での加速性能は重要視されても、高速での伸びはあまり
要求されていなかったから、ダットサンは1000ccで充分と考えられていたが、アメ
リカでは通用しなかった。

　輸出するにはエンジンの排気量を大きくする必要があり、1000ccのC型エンジン
のストロークを71mmに伸ばした1189ccのE型エンジンが、多くの部品をC型と共
用して開発された。最高出力43ps/4800rpm、最大トルク8.4kgm/2400rpm、圧縮比7.5
である。

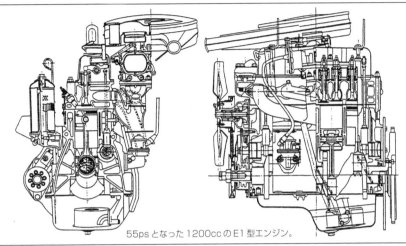

55psとなった1200ccのE1型エンジン。

E型エンジンは、1959
年7月にダットサンがモ
デルチェンジされて310
型ブルーバードになった
際に1000ccC型とともに
搭載された。日本国内で
も車両の速度向上要求が
強まり、エンジン性能の
向上が求められたことへ
の対応である。車両価格

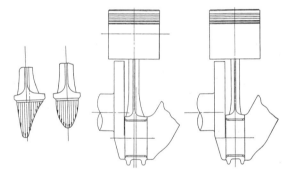

旧来のエンジンではコンロッド軸線とメタル中心線が2.8mmオフセットしていた
が（左側の図）、ベアリングの負荷を軽減するためにオフセットレスに変更した。

は高くなるものの、1200ccエンジンを搭載したクルマのほうが売れ行きがよかった。

　ブルーバードは走るベストセラーと呼ばれ、国産乗用車のなかでは圧倒的な販売
台数を誇り、1963年にモデルチェンジされて410型になる際にも、改良が加えられ
て同じ1000ccと1200ccエンジンが搭載された。

　圧縮比は1000ccC型が7.0、1200ccE型が7.5だったが、ともにこの機に8.0まで上
げられ、燃焼室を改良しシリンダーガスケットを共用している。2バレルキャブレ
ターの採用、それに伴う吸排気マニホールドの改良、バルブタイミングの変更など
で吸入効率を向上させている。シリンダーブロック側では、従来のエンジンの泣き
所だった、コンロッド軸線とメタル中心線とがオフセットしていることによるガタ

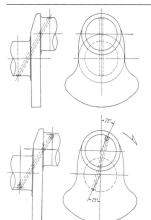

改良が加えられた1200ccのE1型は55psと
なり、ブルーバード410型では主流となった。

コンロッドメタルへの潤滑用オイルの供給をスムーズ
にするために上図の旧型から下図のように変更された。

の発生をなくすためにオフセットレスにしている。コンロッド、クランクシャフト、シリンダーブロックと主要部分を変更、コンロッドのキャップは斜め割りから水平カットになり、軽量化が図られている。

　F500という耐荷重の大きい材料のメタルに変更したのに伴って潤滑オイルはバイパス式の濾過式からフルフロー式に変更され、メタルに供給するためのクランクシャフトのオイル穴通路の開け方も変更された。冷却系ではサーモスタットをベローズ式からペレット式に変更、開き始めは73度から76.5度に、全開温度を88度から80度に変えている。

　これにより、C型はC1型になり、最高出力45ps/4800rpm、最大トルク7.4kgm/4000rpmに、E型はE1型になり、最高出力55ps/4800rpm、最大トルク8.8kgm/3600rpmになった。

　ブルーバード410型は、そのデザインをピニン・ファリナに依頼したもので"華奢"なイメージがあって、コロナRT40型に販売で差を付けられたが、それを挽回する手段としてスポーティセダンであるSSモデルが追加された。E1型エンジンのストロークを77.6mmに伸ばして1299ccにしたJ型エンジンで、高速性能を優先した仕様になり、最高出力62ps/5000rpm、最大トルク10.0kgm/2800rpm、圧縮比8.2である。

ブルーバード410SS型に搭載さ
れた1300ccJ型62psエンジン。

なお、これらのエンジンとは別に、トラック用エンジンでも、ストーンの提案で改良が実施されている。戦前にグラハムページ社からライセンスを購入し、改良されて使われていたエンジンをサイドバルブ型からOHV型にしている。もともとディーゼルエンジンにも使用する計画があって、直列6気筒のシリンダーブロックは7ベアリングの頑丈なもので、この特性を生かしてOHV化することで高性能なエンジンに生まれ変わるというのがストーンの考えだった。1959年に誕生したこのP型はボア85.7mm、ストローク114.3mmの3957cc、圧縮比7.0、最高出力125ps/3400rpm、最大トルク29.0kgm/1600rpmとなり、中型トラックやニッサンパトロールなどに搭載されて30年以上にわたって生産され続けた。

3-4. トヨタの大衆車パブリカ用空冷2気筒エンジン

　1955年に話題となった国民車構想を忠実に守ることは無理にしても、この構想に近づけた仕様のクルマの開発がいくつかのメーカーで進められた。トヨタのパブリカもそのひとつで、トヨタのクラウン、コロナに続く乗用車として1960年に発売された。企画そのものは1955年の終わりから開発が始まり、コロナより早くスタートしているが、後から計画されたコロナの開発が優先された。パブリカのデビューまでに時間がかかったのは、当初はFF車として企画され、途中で開発が中断、その後FR車として陽の目を見ているからでもある。

　コストを抑えて車両原価をそれまでの乗用車の半分以下にすることが目標で、シンプルなエンジンにする計画が立てられた。排気量700ccは、必要な走行性能を確

パブリカ用空冷2気筒U型エンジン。

U型エンジンのハイドロ
リックバルブリフター。

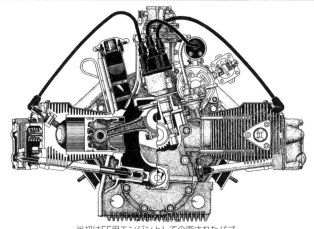

当初はFF用エンジンとして企画されたパブ
リカ用水平対向2気筒空冷のU型エンジン。

保できる最小限の大きさとして選択
された。車両サイズを小さく抑えて
4人乗りの居住空間を確保するには、
コンパクトなエンジンにする必要が
あり、空冷の水平対向2気筒になっ
た。

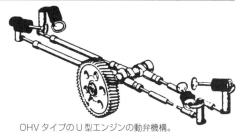

OHVタイプのU型エンジンの動弁機構。

　しかし、安定した性能を発揮させ
ることは容易でなかった。FF機構の採用や空冷エンジ
ンという新しい試みをしたことで、開発はむずかしい
ものとなった。自動三輪車用エンジンもほとんど空冷
だったが、トヨタでは乗用車用エンジンとして、高速
性能がすぐれたうえに低速トルクもあり、燃費もよく
信頼性のあるものにする必要性を感じていた。

　空冷エンジンの場合、オートバイやエンジンをむき
だしにしたものとは異なり、走行風があまり当たらな

空冷エンジンの冷却用フィン
の付いたU型のシリンダー。

いこともあって、熱による歪みやオイルの潤滑、オイル消費といった問題に悩まさ
れた。OHV型で燃焼室は半球型、バルブリフターにはバルブとのクリアランスの変
化をなくす油圧式ラッシュアジャスターが採用されている。空冷エンジンでは熱膨

張によりクリアランスの変化が大きく、バルブタイミングの狂いをなくしたうえにリフター（タペット）を打つ騒音を小さくすることが目的の採用である。

　エンジンの試作も数次にわたり、車両搭載に当たっては、熱的に厳しい排気バルブ側を車両の前方に配置して走行風が当たることで冷却が促進されるようにしている。

　ボア78mm・ストローク73mmのショートストロークエンジンで、重量は76.4kgと軽量に仕上がっている。最高出力28ps/4300rpm、最大トルク5.4kgm/2800rpm、圧縮比7.2、リッターあたりのパワーは40.2psと水準に達している。

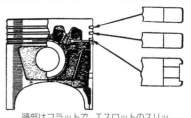

頭部はフラットで、Tスロットのスリッパー形状のU型エンジンのピストン。

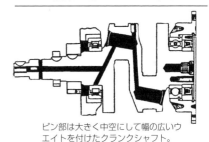

ピン部は大きく中空にして幅の広いウエイトを付けたクランクシャフト。

　車両価格は40万円を切って軽自動車並に設定された。燃費性能も良く、最高速度も110km/hと走行性能は悪くなく、キャビンスペースも狭くなかったにもかかわらず、予想より下回る売れ行きしか示さなかった。

　コストを抑えるために贅沢な装備をしなかったせいか、乗用車として物足りない感じがあったことが原因だった。コストを抑えた合理的な機構にするやり方は、当時の日本では受け入れられない傾向が見られた。

　その後、このU型エンジンは改良されて圧縮比8.0、最高出力32ps/4600rpm、最大トルク5.6kgm/3000rpmになっている。さらに、軽量ボディに空力性能の向上を徹底的に追求したスタイルにしたトヨタの最初のスポーツカーであるトヨタS800に搭載されるに当たって性能向上が図られた。

　空冷2気筒という限界の中で、ボアを83mmに拡大して排気量を790ccにし、圧縮比9.0、ベンチュリー径を24mmから28mmに拡大してツインキャブとしている。高回転化に伴ってバルブやカムシャフトやクランクシャフトを強化、オイル消費を少なくするためにピストンリングも見直されている。

　最高出力60ps/5400rpm、最大トルク6.8kgm/3800rpm、エンジン重量80kg、高速性能を優先した仕様にしている。スポーツカーとしては非力であるが、車両重量580kgと超軽量で空気抵抗が小さいスタイルになっていることで、ライトウエイトスポー

ツカーとしての総合性能ではまずまずのものになっていた。

3-5. 三菱500用500ccエンジン

1960年に発売された三菱500が、内容的にもっとも国民車構想に近いクルマといえる。スクーターや自動三輪車を生産していた新三菱重工業は、乗用車部門への参入の機会をうかがっており、国民車構想が打ち出されたことが、行動を起こす引き金になった。1957年早々から開発のための調査が開始され、国民車構想に沿った計画が立てられた。エンジンは500cc、コストを抑えるために空冷2気筒に決められた。パブリカと違うのは水平対向ではなく直列である。

パブリカは大人4人が余裕を持って乗れることを前提に開発し、車両サイズはある程度大きくしたが、三菱ではリアシートを犠牲にして小さいサイズにすることで、車両重量を抑えコストの軽減を図った。当初は軽自動車の枠内での開発も検討されたが、実用性と経済性を両立させようと、大衆小型乗用車とする計画になった。

小さいサイズで室内空間を比較的広くするために、エンジンはリアに配置、リアドライブにして、エンジンと変速機、差動機はアルミ合金の一体の鋳物ケースに納められている。いわゆるRR式にしたのは、FF式より機構的に問題が少ないと判断したからである。

ボア70mm・ストローク64mmの493cc、バルブ機構はOHV型、燃焼室は半球型に近いもので、吸気バルブは直立、排気バルブは外側に傾斜している。冷却をよくするためにシリンダーヘッドはアルミ合金製となり、ファンによる強制空冷式である。シリンダー配置は後方に30度傾斜して搭載されている。最高出力21ps/5000rpm、最大トルク3.4kgm/3800rpm、圧縮比7.0、最高速は90km/hだった。

パブリカ同様、車両価格が40万円を切り、前評判が高い割には、発売してからの販売は伸びなかった。この時代の40万円というのは、まだ普通のサラリーマンには手が出ない価格だったせいもあるの

三菱500用2気筒エンジン。

だろう。

ボア 72mm・ストローク 73mm の 594cc、圧縮比 7.2 にして、最高出力 25ps/4800rpm、最大トルク 4.2kgm/3400rpm のエンジンにしたスーパーデラックスをすぐに追加した。

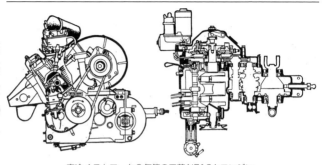

空冷 4 ストローク 2 気筒の三菱 NE19A エンジン。

500cc では非力だったことによる改良であったが、三菱 500・600 は比較的短命に終わり、1963 年夏にはワンランク上のクルマとして常識的な水冷直列 4 気筒エンジンを搭載したコルト 1000 が代わって登場する。

3-6. 日野コンテッサ 900 エンジン

　1953 年にフランスのルノー公団との技術提携により、日野自動車工業では 750cc エンジンのルノー 4CV を国産化した。ヨーロッパの大衆車としての特徴を備えた、軽量コンパクトで合理性を追求した RR 式の乗用車だった。エンジンは水冷直列 4 気筒、アルミ合金製のシリンダーヘッドにウエットライナー式、21ps/4000rpm ながら実用性のある優れたエンジンだった。

　小型乗用車を生産することで総合自動車メーカーになろうとした日野自動車は、ルノーの国産化を通じて獲得した技術を生かして 1961 年にコンテッサ 900 を発売した。RR 式を踏襲し、馬力競争が強まりつつあるなかで、ルノーと同じように実用性を優先している。900cc を選択したのは、性能的に 1000cc と同等にしながら、燃費性能などとの両立を図るのにバランスの良い排気量だからという理由である。

　ボア 60mm・ストローク 79mm とヨーロッパ車に見られるようなロングストロークで、ルノーエンジンの性格を受け継いでいる。893cc 直列 4 気筒、燃焼室はウエッジタイプ、キャブ

日野自動車が提携して生産したルノー 4CV 用エンジン。

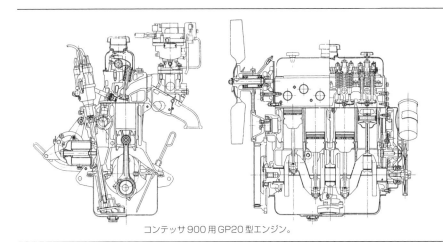

コンテッサ900用GP20型エンジン。

レターはシングルバレルである。バルブタイミングや吸排気のセッティングでは最高出力を上げることを意識せずに、中低速のトルクを重視、使いやすいエンジンにしている。

　試作の段階では40psを記録する仕様もあったというが、中低速トルクをふくらませて最高出力を下げた仕様にして、市販している。最高出力35ps/5000rpm、最大トルク6.5kgm/3200rpm、圧縮比は8.0とやや高めである。

　1965年のモデルチェンジでは、ユーザーの要望に応えようと、排気量を1300ccにして車体も大きくしたコンテッサ1300になっている。

リアに搭載されたコンテッサ900用エンジン。

3-7. サイドバルブエンジンからOHV型エンジンへの移行

　この章で見たエンジンはすべて吸排気バルブがシリンダーヘッドにある頭上弁式エンジン、つまりOHV型である。次章で触れる1952年と53年に登場したプリンスFG4A型やトヨタR型もOHV型になっている。1950年代の前半に日本の乗用車用エンジンは、サイドバルブ式からOHV式に切り替わっているが、アメリカでもこの時期に新しいエンジンとして登場したものはOHVが多い。オクタン価の高いガソリン

が出回るようになり、それに合わせて圧縮比を上げるにはサイドバルブエンジンでは無理があり、姿を消していった。

この章で触れた1000cc及びそれ以下の排気量エンジンは、いずれも乗用車用エンジンとしては比較的短命だったものが多い。戦後の貧しい時代には排気量を大きくすることがむずかしかったが、混乱期を終え、多少なりとも余裕ができてくると、パワーがあるエンジンが求められ、性能向上は至上命令になった。

一方で、車両価格を抑えるためにコストのかからないシンプルな機構のエンジンにしたトヨタU型や三菱500・600は、パワー不足というよりも、ユーザーが求める乗用車としての高級感への訴求が主題ではなかったことで、マイナーな存在に終始した。これはエンジン技術レベルの問題ではなく、この時代のユーザーの好みに合うかどうかの問題である。排気量が小さくても、水冷直列4気筒であることが小型乗用車の必要条件であるかのような傾向が強く、こうした状況を反映して、日本ではエンジンの機構でも時代に先駆けた技術やシステムを導入することにメーカー側も熱心になっていく。

第4章
新1500ccエンジンの登場とその改良

4-1. 乗用車生産の増大と新型エンジンの登場

　日本の自動車産業の保護育成を図るために、通産省は輸入車の規制と外国メーカーの日本への進出を禁止した。タクシー業界などから輸入車を増やすよう要望が出されたが、外貨の使用は厳しく制限されていた。貿易の自由化が実施されれば、技術的に劣った上に車両価格の高い日本車はたちまちのうちに売れなくなると見られていた。

　こうした保護政策の中で、1950年代に入ってからは経済活動も活発になり、続々と新しいエンジンが登場し、新規参入するメーカーも現れるようになる。資材やエネルギーの不足も次第に解消され、自動車メーカーも生産の拡大のために設備投資を積極的に図り、メーカー間の競争も激しくなる気配を見せた。

　国産車の質的向上を図る方法として、技術提携による外国車の国産化が図られたのはすでに前章の日産や日野のエンジンの開発のところで見たとおりである。この提携は通産省が後押ししたもので、最初はパーツ類も輸入して組み立てるが、部品を順次国産化することで生産台数が多くなっても、外貨がそれにつれて増えない契約内容にしたものだった。技術提携したのは、日産（オースチン）、いすゞ（ヒルマン）、日野（ルノー）である。

　日産は、この提携により1500ccクラスの乗用車をもつことになり、トヨタも対抗して1500ccエンジンを開発、乗用車専用の車種を海外の技術に頼らず自主開発することになった。クラウンが誕生するのは1955年のことで、これに搭載された1500ccエンジンはその2年前に開発されている。

オースチンA50型ケンブリッジ用1500ccエンジン。　　　　　いすゞヒルマン用1500ccエンジン。

　この章では1950年代前半から1960年にかけて開発されたプリンス、トヨタ、日産の1500cc級エンジンとその改良について見ていくことにする。

　プリンスやトヨタの1500ccエンジンは、前章で見たトヨタP型や日産C型エンジンより時期的に早く登場しているが、それぞれに主力エンジンとして長く使用され、ベースエンジンとして多くのバリエーションを持つようになる。これらのエンジンは、新しい時代に向けて希望をもって開発されたものだった。成長が見込める時代にふさわしく、いずれも水冷直列4気筒OHV型になっている。信頼性の確保は、依然として重要な課題だったが、出力性能の向上のために、技術的な進化を遂げようと、各メーカーの技術者がしのぎを削るようになった時代である。

4-2. 高級車志向のプリンスの新開発エンジン

　トヨタと日産に次ぐ第三勢力の筆頭として登場したのがプリンス自動車工業である。後に合併して一つのメーカーになるものの、1952年の段階ではエンジンを開発した富士精密と、電気自動車からの転換を図りつつあったたま自動車は別の企業だった。両社の技術が結びついてプリンス号が誕生した。

　たま自動車は立川飛行機の技術者を中心にして1946年に創業したメーカーで、航空機生産の技術を生かして電気自動車をつくっていた。性能が良くて経営は順調だったが、1950年に起こった朝鮮戦争によって電池に使用する鉛の価格が高騰し、電気自動車の生産を継続することが不可能になった。ガソリンの供給事情が改善されつつあり、乗用車はガソリンエンジンが主流になるのは目に見えていた。ガソリンエンジンをつくらなくてもすむことが電気自動車メーカーとなった理由でもあり、

独自技術をもたないたま自動車はエンジンの開発を外部に依頼せざるを得なかった。そこで、同じように航空機メーカーを前身とする富士精密に接近した。

　富士精密は、中島飛行機のエンジン部門であった東京製作所と浜松製作所がひとつになって戦後に民需に転換した企業である。軍用航空機を製作していた中島飛行機は、終戦後は各製作所ごとに別会社として活動しており、それぞれに将来を模索していた。ディーゼルやミシンなどをつくって糊口を凌いでいた富士精密にとって、たま自動車からのエンジン開発の依頼は渡りに船で、自動車産業へ参入するきっかけになった。

　富士精密でも、自動車用としてはアメリカ軍から払い下げられたGM製の上陸船艇用大型エンジンを、石油燃料のバス用に改造する仕事を請け負ったことがあったが、乗用車用ガソリンエンジンの開発の経験はなかった。しかし、航空機用エンジンの開発で培った技術と試作パーツをつくるのに役立つ職人的な技術を持っていることが強みだった。

　計画はOHV1500ccエンジンだった。この時点では、トヨタも日産も1000cc以下の比較的小型の乗用車しか持っておらず、1500ccエンジンを搭載した高級な乗用車にすることで、ハイヤーやタクシーが需要の中心である当時では、乗用車メーカーとして存在をアピールする良い機会だった。

　たま自動車のオーナーはブリヂストンタイヤを経営する石橋正二郎で、若い頃から自動車好きでたまたまフランスのプジョー202を所有していた。このクルマの1130ccエンジンは、1920年代のものながらバルブ機構はOHV型だった。そこで、このエンジンを参考にして1500ccエンジンを設計することになった。1950年11月に依頼され、翌51年10月に生産を開始する計画で、開発に余

1952年に開発された富士精密製の1500ccFG4A型エンジン。重いが信頼性の高いエンジンだった。

裕はなく急ぐ必要があった。

　設計の担当者は富士精密の首脳陣から、できるだけ忠実にプジョーエンジンをなぞった図面にするように要請された。戦前の航空機用エンジンの開発で、海外の進んだエンジン技術を採り入れるに当たって、モデルとなるエンジンを忠実になぞった部分は問題なかったが、独自に設計したところがトラブルの原因になった経験を持っていたからだ。プジョーエンジンが分解され、そのスケッチをもとに各パーツの図面がつくられた。

　プジョーエンジンはボア68.8mm・ストローク78mmの水冷直列4気筒OHV型、冷却水通路がシリンダーライナーに直接接しているウエットライナー式だった。先進的で手堅い設計のエンジンで、間に戦争があって進化が停滞したとはいえ、20年以上たっても古さを感じさせないものだった。これをもとに富士精密では1500ccにするためにボア75mm・ストローク84mmの1484ccとした。ボア・ストロークの比率はプジョーとほぼ同じである。

　シリンダーヘッドは鋳鉄製で、点火プラグは右側、吸排気マニホールドは左側にあり、吸気ポートは1-2と3-4がつながるサイアミーズ式である。排気ポートは4つとも独立している。燃焼室はバスタブ型。特殊鋼鍛造材を全加工し全面滲炭硬化したカムシャフトは4ベアリング、カムシャフトの駆動はギアを用いており、クランクシャフトのギアとカムシャフトギアの間にアイドラーギアを介している。

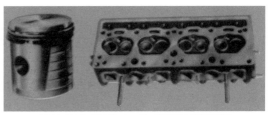

ピストンとシリンダーヘッド。燃焼室はバスタブ型。

　シリンダーブロックは鋳鉄製、クランクシャフト中心はシリンダー中心に対してピストンのスラスト側にオフセットし、ライナーは耐摩性特殊鋳物材を使用、オイルの保持のためにホーニング仕上げされている。オイルギャラリーは、カムシャフトの下のシリンダーブロック内に前後と中間の2ヵ所計4ヵ所で鋼管がブロックに鋳込まれている。

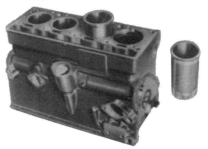

ウエットライナー式のシリンダーブロック。

　ピストンはアルミ合金の金型鋳物製で全面錫メッキが施され、ピストンリングは圧縮リングとオイルリング各2本の計4本、コンロッドは鍛造製、大端部のベアリングは鋼製裏金付き薄肉ホワイトメタル、クランクシャフトは鍛造4バランスウエイトの3ベアリング支持、大端部のベアリングと同じ薄肉ホワイトメタルが使用されている。

FG4A型の吸排気マニホールド。

　この1500ccエンジンはFG4A10型と称され、手堅い設計で信頼性に優れていた。当初の性能は最高出力45ps/4000rpm、最大トルク10kgm/2350rpm、国内では最初の量産タイプの小型車枠いっぱいの1500ccエンジンであり、評判は非常に良かった。しかし、エンジンの重量が嵩むという欠点もあった。

当初は適当なチェーンがなかったためアイドラーギアを用いたギアによるカム駆動とした。

　このエンジンを搭載したプリンス号は、アメリカ車を思わせるスタイルで、耐久性に優れ、タクシー業界で歓迎され売れ行きも良かったものの、新興勢力のたま自動車は生産設備が貧弱なこともあり、生産台数を増やすことが簡単にできなかった。

　なお、このエンジンを搭載した本格的な乗用車として1954年に中島飛行機を前身に持つ富士自動車（後の富士重工業）でスバルP-1を開発したが、エンジンの独占使用を主張するたま自動車の反対でエンジンの提供は不可能になった。

　たま自動車のオーナーである石橋正二郎が富士精密の株を取得することで、1954年4月にたま自動車と富士精密は合併した。最初はたま自動車が吸収される形で、富士精密を名乗ったが、1961年にプリンス自動車工業に社名変更された。

4-3. プリンス1500ccエンジンの改良過程

　プリンス自動車は乗用車部門ではトヨタ、日産に次ぐメーカーとして名乗りを上げた。しかし、市販してからエンジンに各種の不具合が発生、さらにその後のエンジン改良過程でも試行錯誤をくり返した。

　加工精度が均一でないことにより、水漏れなどのトラブル対策に追われた。それ

だけでなく、不具合として出てきたのは、モデルにしたプジョーエンジンと違った設計や材料にした部分だった。ひとつはカムシャフトとリフター（タペット）の摩耗の問題だった。バルブリフターも可鍛鋳鉄を使用してものの、カムシャフトとの相性が良くなくトラブルとなった。リフターと接するカムノーズ部をチル化することで解決した。

　もう一つは、カムシャフト駆動に用いられたアイドラーギアの破損というトラブルだった。プジョーではカムシャフトギアとの間にタイミングチェーンが使われていたが、10mm ピッチのダブルローラーチェーンを入手することができず、アイドラーギアを用いてつないだが、このギアに力が掛かって破損するものが出た。材料を代えたりしたが、根本的な解決は、オースチンのエンジンに使用されていたダブルローラーチェーンが国産化されることで、これが使用できるようになってからだった。

　これとは別に、FG4A10型エンジンは市販されるとすぐに改良に手が着けられた。

　最大の問題はエンジン重量が重いことだった。ウエットライナー式にしていたので、ある程度エンジンが大きくなるのはやむを得ないにしても、192kgというのは重すぎた。シリンダーブロックの肉厚も設計より厚くなっていた部分があり、当初の設計の厚さにするとともに、一部をさらに薄くした。また、軽量化を図りながら各部のフリクションロスも低減するために、ピストンも4本リングから3本にして、頭頂部の下面とシリンダーとの摩擦面の肉抜きでピストンの軽量化が図られた。さらに、フライホイールやケース類の鋳物の軽量化が図られ、エンジン重量は171kgになった。吸排気マニホールドは大きく形状を変えたものになり、出力向上に貢献、圧縮比も 6.5 から 6.8 に上げられた。これにより、最高出力は52ps/4200rpm、最大トルクも 10.4kgm/2400rpm になった。

　しかし、軽量化は裏目に出て、シリンダーブロックに亀裂が入り、水やオイルが漏れるトラブルが発生、ピストンの頭頂部が割れるものも出てきた。すぐに対策部品をつくったものの、トラブルがエンジンの根幹に関わるものなので、

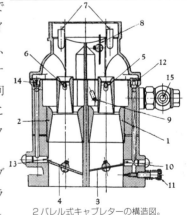

2 バレル式キャブレターの構造図。
上図の数字の1及び3はプライマリー側のベンチュリーとバタフライバルブ、2及び4が同じくセカンダリーである。

シリンダーブロックをつくり
なおすことにした。このた
め、1956年秋には新しく改良
されたFG4A30型が登場して
いる。

　性能向上に寄与したのは、
2バレルキャブレターの登場
である。富士精密と日本気化
器との共同開発によるもの
で、吸入系統の抵抗を低減す
ることに成功している。キャ
ブレターは吸入空気量を計る

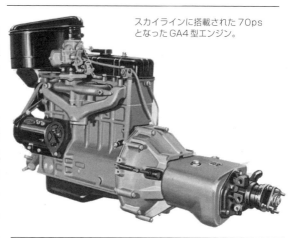

スカイラインに搭載された70ps
となったGA4型エンジン。

ためにあるベンチュリー部が抵抗になる。この抵抗を小さくするにはベンチュリー
径を大きくすると良いが、そうなると低速回転時の空気の流速が低下して混合比率
が一定にならず、各気筒への混合気の分配もうまくいかず、燃料の霧化も悪くなる。
これを解決するために、低速では一つのベンチュリーを使用し、高速では二つのベン
チュリーを使用することで、低速から高速までスムーズになる2バレル式のキャ
ブレターがアメリカで実用化されていた。日本車用エンジンとは異なる仕様だった
ので、独自に開発する必要があり、その実用化に成功した。

　従来FG4A型エンジンで使用していたD32型キャブレターのベンチュリー径は
25mmだったが、2バレルキャブレターではプライマリー22mm、セカンダリー23mm
となっている。コントロールは機械式で、プライマリーバタフライバルブが35度以
上開くとリング機構が働いてセカンダリーバルブが開くようになっており、プライ
マリーバルブが全開になるとセカンダリーバルブも全開になる。

　2バレルキャブレターの採用に伴って吸気系も改良され、出力の向上が図られた。
このキャブレターに合わせて吸気バルブを36mm径のものから38mmに拡大し、最
大バルブリフト量も7.5mmから9mmと大きくし、吸入効率の向上が図られた。これ
に伴ってバルブスプリングは二重になった。2社による共同開発だったので、2年間
は富士精密にだけ独占的に供給され、2年後からは多くのメーカーがこのタイプの
キャブレターを採用している。

　電装系はこのクラスのエンジンは6Vで充分と考えられたが、12V系統になってい

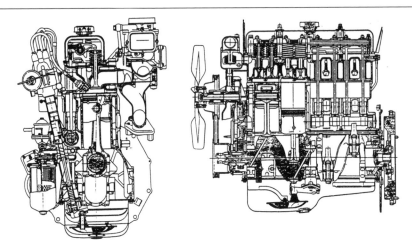

プリンスのGA4型エンジン。この図は排気量1900ccだが、基本的な構造はGA4型と同じである。

る。電圧が高い方が高速における火花特性が良くなり、高回転化や高圧縮比に対応したものだった。これによって、配線類も容量の小さいものが使用でき、スターターモーターや発電機の小型軽量化が図れる利点があった。

シリンダーブロックの強化で重くなった部分もあったが、12Vバッテリーの採用による部品の小型化、フライホイールとクラッチハウジングを一体化してアルミ合金製にし163kgとなりFG4A20型より8kg軽量化された。FG4A30型エンジンは、最高出力60ps/4400rpm、最大トルク10.75kgm/3200rpmと大幅な向上が見られた。

1960年にこのシリーズのエンジンの集大成としてGA4型が誕生した。8年前の最初のエンジン開発に携わる技術者の数は限られたものであったが、車両販売の伸びによって、技術者の数も大幅に増え、設備も充実して試作から実験にいたる開発に関する組織も整備された。

エアクリーナーやオイルフィルターは濾紙式になり、パワーアップされたことで、信頼性を確保するために冷却系では各部の冷却損失をなくすように配慮され、熱的に厳しいシリンダーヘッドの冷却水の流れに検討が加えられた。改良されたGA4型エンジンは最高出力70ps/4800rpm、最大トルク11.5kgm/3600rpmとなり、エンジン重量は168kgとなった。

出力を向上させるためには容積効率の向上、燃焼の改善、ノッキングの防止が重要であるが、燃焼室の各種形状と吸排気ポートやバルブ配置など、多くの組み合わ

せが考えられる。一定の装備条件の下に比較する必要があるが、コンピューターによるシミュレーションなどができない時代だったから、実際に一つ一つ供試エンジンをまわしてデータをとるテストを地道にこなしていかなくてはならない。このため、1960年代に入った頃から、主力メーカーはエンジン関係の技術者を大幅に増やすようになった。

4-4. トヨタの最初の 1500cc エンジン R 型の誕生

　トヨタが当時の小型車用エンジンの制限いっぱいである1500ccエンジンを登場させたのは1953年で、プリンスのエンジン登場の1年後だった。

　小型車用エンジンは1000ccのS型しか持っていなかったトヨタでは、ひとまわり大きいエンジン開発の必要性を早くから感じていた。1500ccエンジンの最初の試作が開始されたのは1949年だったが、新しいエンジンを生産に移す余裕がなく、すでに生産されているS型エンジンの改良が優先された。このときの1500ccエンジンはサイドバルブ式だったので、時期を失し陽の目を見るには至らなかった。

　1500ccエンジンの開発については、シンプルな構造のサイドバルブエンジンでいくべきだという主張もあったが、1951年に本格的な開発が始められる頃にはOHV型にすることで意見の統一が見られた。ちなみに、サイドバルブ式トヨタ1500ccエンジンの最高出力は40.5ps/3800rpmであったという。

　欧米の新しいエンジンではボアが大きくなる傾向にあったが、トヨタR型はボア75mm・ストローク82mmの1449ccとロングストローク気味で試作を開始した。当時はアメリカのメーカーでは将来の排気量アップに備えてボアピッチに余裕のある設計にするのが一般的で、トヨタもそれを考慮していた。

　OHV型エンジンではバスタブ型かウエッジ型が普通だったが、トヨタでは特殊な形状であるシボレー型にした。戦

初代クラウンに搭載されたトヨタR型エンジン。

前最初のトヨタエンジンの開発に当たってシボレーエンジンを参考にした燃焼室形状を採用し、改良して使用する過程で信頼性が確保されていることが大きな理由だった。

このシボレー型燃焼室は垂直から16度傾けられた排気バルブを上面にした三角形のコンパクトなもので、バスタブ型燃焼室のように吸排気が直列に並んでいない。吸気バルブはシリンダーヘッドの下面に垂直に付けられて大きなスキッシュエリアを形成している。燃焼室のS/V（表面積／容積）比が小さくなり、吸排気効率がよいという利点があった。

S型エンジンを搭載している車種に車体の改造をすることなく搭載するためにエンジン高さが抑えられた。このた

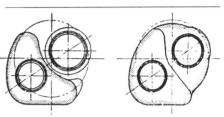

トヨタR型エンジンの燃焼室。吸気バルブと排気バルブの高さが違う特殊形状をしている。図の右が戦前からのエンジン、それを左のように改良して採用した。

シリンダーヘッド及びシリンダーブロック。

め、振動やフリクションロスの低減に関して不利であるが、コンロッドの長さが比較的短くなっており、クランクシャフトのバランスウエイトの外周も小さめである。

ボア・ストロークの変更がトップから指示されたのは開発がかなり進んでいた1952年5月のことで、ボア77mm・ストローク78mmに変更された。アメリカ車の新型エンジンはオーバースクウェアのものが多く、出力向上の観点からも有利であるというのが理由だった。基本仕様の変更を最小限に抑えて変更され、試作エンジンの完成とそのテストは同年9月に実施している。

ピストンとコンロッド。リングは4本である。

シリンダーブロックはディープスカート型でクランクケースがクランク中心より53mm下まで伸びており、メインベアリングは3箇所、シリンダーブロックの右側には鉄板で覆われたリフター室があり、リフターの交換が容易にできるようになっている。エンジンの中央部に取り付けられたディストリビューターはカムシャフトの中央のベアリング部に設けられたヘリカルギアで駆動され、その先端にオイルポンプが取り付けられている。

R型用のダウンドラフト型キャブレター。

ピストンは圧縮リングとオイルリング各2本の4本リング、当時としてはピストンスカートを比較的短くして軽量化が図られている。コンロッドはキャップと一体の鍛造。クランクシャフトは鍛造品と鋳鉄品との併用である。吸気バルブ径36mm・排気バルブ径32mm、バルブリフトは8.2mmと8.1mmと比較的大きい。

ボア・ストローク変更前の試作エンジンのベンチテストでは44.6ps/4000rpmというデータが得られ、市販された時点での性能は最高出力48ps/4000rpm、最大トルク10kgm/2400rpm、圧縮比6.8である。

トヨタR型エンジンは、SH型乗用車などに搭載され、同じ車体ながらRH型となり、大幅に出力が向上したので、タクシー業界などから歓迎された。このエンジンを搭載する本命車種はこの2年後の1955年に発売されるクラウンだった。国産技術で開発する道を選択したトヨタの最初の乗用車専用設計のクルマとして誕生したトヨペットクラウンは、2年間にわたるRH型車などで磨きがかけられたエンジンを搭載することで、車体やシャシーの開発を中心に進めることができた。

4-5. 全面改良されたトヨタ2R型エンジン

1962年に実施された2代目コロナのマイナーチェンジで1500ccのR型エンジンが搭載された。1960年秋に小型車のエンジン規格が2000cc以下に引き上げられ、クラウンに搭載するエンジン排気量が1900ccになるのに伴って、コロナも排気量の大きいエンジンにされた。

改良を続けたR型エンジンは、圧縮比8.0、最高出力62ps/4500rpm、最大トルク11.2kgm/3000rpmに向上した。出力性能もさることながら、低速トルクのある使いや

すいエンジンになっていた。このときまでは基本構造を変えずに細かい改良で凌いできたが、1952年にデビューしたエンジンは、1960年代になるとさすがに機構的に古めかしさが目立つようになっていた。

　ブルーバードとコロナの販売合戦では、日産が優位に進めており、これを覆そうと進めていた3代目コロナRT40型の発売にあわせて、1964年にトヨタは性能向上とコスト削減の両立を目指し、R型を大幅に改良した2R型エンジンを開発した。それまでにトヨタが培ったエンジン技術の集大成であると同時に、新しい出発点となったエンジンである。

　ボアを77mmから78mmにしてスクウェアエンジンとなり、排気量は1490ccに引き上げられた。R型が1453ccに抑えられていたのは、エンジンのオーバーホールで1500ccを超える恐れがあったからだが、加工技術や材料の進歩などでシリンダーなどの摩耗が著しく減少し、オーバーホールなしで20万km以上走行することができるようになり、もはやそうした配慮が不要になっていた。この頃のトヨタはボア78mmのエンジンがパブリカ用U型や後述するクラウンエイト用V型とあり、部品の共用化が図れるメリットもあった。

　燃焼室はシボレー型という特殊なものからコンベンショナルなウエッジ型に近いバスタブ型に変更された。

　吸入ポートは途中で分岐するサイアミーズタイプから、各気筒ごとに独立したも

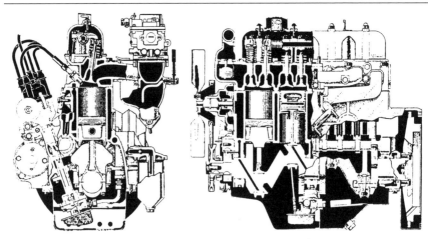

R型をベースにして新型となったトヨタ2R型エンジン。

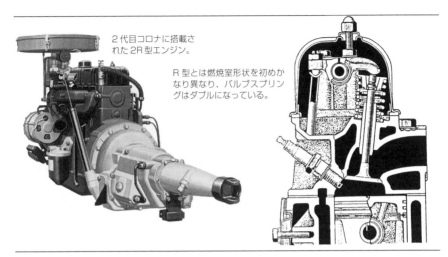

2 代目コロナに搭載された 2R 型エンジン。

R 型とは燃焼室形状を初めかなり異なり、バルブスプリングはダブルになっている。

のとなり、隣接シリンダー間の吸気干渉を少なくしている。吸気バルブ径は 38mm から 40mm に拡大され、吸排気ポートの形状も抵抗を小さくするよう考慮されている。シリンダーヘッドの取り付けボルトは 12mm のもの 12 本から 10 本になり、ボルトの締め付けによるボアの歪みの少ない配置にした。ボアの歪みは摩耗やフリクションロスを大きくして、技術者を悩ませたものだった。

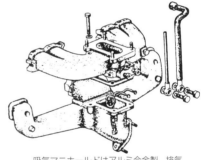

吸気マニホールドはアルミ合金製、排気管の位置は R 型と同じにしている。

　メインベアリングは幅を狭くしてフリクションロスを減らしているが、そのためにベアリングキャップの剛性を高めてベアリングのあたりをよくしている。

　ピストンはローエックスの楕円スリッパー型で、フルフローティングのピストンピンはスラスト側に 1.5mm オフセットされ、サイドスラストを小さくしている。ピストンリングは圧縮リング 2 本、オイルリング 1 本の計 3 本に変更され、リングのシリンダー壁との当たり面の形状も工夫され、3 本とも硬質クロームメッキされている。

　鍛造製のクランクシャフトは大幅に強化された。クランクピン径を太くし、ジャーナルとのオーバーラップを大きくし、ウエブを厚くしアームも増強、剛性を

上げている。高回転に対応する強化であ
ると同時に、振動や騒音の低減を重視し
たからでもある。コンロッドもこれにと
もなって強化された。

　カムシャフトの軸径も太くし、バルブ
スプリングはダブルとなり、動弁系の運
動質量の低減が図られている。補機類や
ディストリビューターなどの部品の共通
化を図り、軽い材料を使用した部品に切
り替えてエンジン全体の軽量化が図られ
た。R型より5kg軽い150kgの重量になっ
ている。

　圧縮比は8.0、最高出力70ps/5000rpm、最
大トルク11.5kgm/2600rpmと最高出力の回
転は高くなっているが、トルクは低回転
で大きく膨らんだ実用性を重視した仕様
である。このエンジンを搭載したコロナ
RT40型はブルーバードに販売でリードし

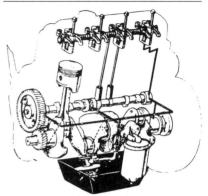

トヨタ2R型エンジンの潤滑系統。ロッカーシャフ
トへはヘッドとブロックにある通路から中空のロッ
カーシャフトを通ってオイルを送る。カムシャフト
センターのギアにはオイルジェットで給油する。

バランスウエイト一体の鍛造製のク
ランクシャフトは強化された。

て、トヨタが日産からトップの座を確保するきっかけとなった。

4-6. 日産の最初の自主開発エンジンG型1500cc

　戦前からのダットサン用エンジンを拡大して使用していた日産が、次に獲得した
エンジンはオースチン社との提携によるOHV型エンジンだった。1953年に国産化
されたオースチンA40型サマーセット用エンジンは1200ccだったが、すぐにモデル
チェンジされてA50型ケンブリッジとなり、排気量は1500ccとなった。日産が国産
化したのはこちらのエンジンで、大型のトランスファーマシンを据え付けるなど大
幅な設備投資を断行したのは先に触れたとおりである。

　オースチンの販売は予想を下回るものだった。舗装の良い道路をオーナーがドラ
イブすることを前提に開発されたオースチンの乗り心地や操縦性は良かったが、日
本ではまだタクシー需要が中心で、悪路を走るには耐久性がなく、リアシートより
ドライバーシートを優遇したものでは営業用には具合が良くなかった。

日本の国情にあっ
たクルマとして誕生
したトヨタのクラウ
ンが販売を伸ばして
いる中で、日産も
オースチンに固執し
ているわけにも行か
ず、1960年の契約切
れのタイミングで、
新型車セドリックを

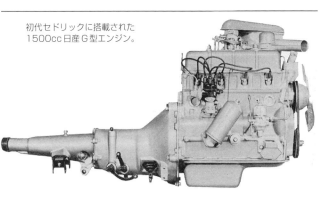

初代セドリックに搭載された
1500cc日産G型エンジン。

発売することになった。搭載するエンジンは、やはり時代にマッチした新型にする
以外になく、日産の技術者が独自に開発することになった。1957年から準備が始め
られたが、市販するクルマに搭載するエンジンを自主開発するのは、これが初めて
の経験だった。

　小型車の制限いっぱいの1500ccの排気量で、海外のエンジンをモデルにして、そ
れにならって設計された。選ばれたのはドイツフォードのOHV型タウナス15Mエ
ンジン、手堅さでは定評があり、比較的新しい設計のエンジンだった。

　タウナス15Mエンジンはボア82mm・ストローク70.9mmとオーバースクウェアで
ある。日産G型でもボア80mm・ストローク74mmのオーバースクウェアとし、1488cc

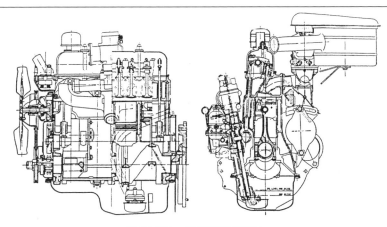

OHV1500ccの日産G型エンジン。

である。

シリンダーブロックは特殊鋳鉄製の一体構造で、オイルパンの取り付け面はクランク中心から55mm下になっている。エンジンの右サイドにカムシャフトを始めとして燃料ストレーナーと一体化した燃料ポンプやディストリビューター、オイルフィルターの取り付けの座があり、整備性をよくしている。カムシャフトが右に配置されたことで排気管は逆になり、オースチンエンジンの場合のように排気管の熱による燃料のベーパーロックが起こる恐れが少なくなった。

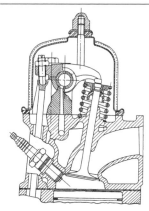

燃焼室はウエッジ型、別体のバルブガイドではなく、ヘッドのボスに直接保持されている。

燃焼室はバルブの取り付け位置が水平から9度傾斜したウエッジタイプで、圧縮比は8.0。吸気ポートもオースチンでは途中で分岐するサイアミーズ式だったが、各気筒ごとに独立したものになった。吸気バルブ径は40mmと比較的大きめで、排気バルブ径は32mm、吸気マニホールドはアルミ合金製、吸入効率の良さを追求している。バルブガイドはシリンダーヘッドに直接加工され、バルブからの熱を逃がしやすくしている。バルブスプリングはダブルである。

鍛造製のクランクシャフト。軸部は高周波焼き入れしてあり、ピン径52mm、ジャーナル径60mm。

ピストンはローエックスのスラット入りでテーパー状のスカートまでがシリンダーとのすべり面とする設計になっている。ピストンピンはフルフロート式で、ピストンリングは圧縮2本、オイル1本の3本リング、鍛造製クランクシャフトは3ベアリング式である。

潤滑系は強制潤滑式で、オースチンエンジンではオイルの一部を濾過する方式だったが、すべてのオイルがオイルフィルターを通って濾過される方式になった。冷却はサーモス

特殊鋳鉄製のシリンダーブロックのG型エンジン。

タットを持って、冷却水温度が高くない場合はバイパスする方式になった。キャブレターは2バレルのダウンドラフトタイプを使用、ベンチュリー径はプライマリー21mm、セカンダリー27mmと比較的高速用の仕様になっている。

　圧縮比8.0、最高出力71ps/5000rpm、最大トルク11.5kgm/3200rpm、重量145kgである。当時の1500cc国産エンジンでもっとも出力が高かったのはプリンスエンジンの70psだったから、それをわずかであるが上回り、性能の高さをアピールした。しかし、最高出力にこだわって、実用性を多少犠牲にした傾向が見られた。

4-7. 周辺技術の向上による貢献

　1950年代になって自動車の需要は増大の一途をたどり、作成した生産計画に基づいて積極的な生産設備導入が図られた。各メーカーではアメリカをはじめドイツやスイスなどの最新鋭の工作機械を購入した。古い設備を改良して使用する欧米のメーカーより進んだ設備を持つようになったことが、その後の日本の自動車産業の発展に役立った。

　戦後すぐの国産エンジンの圧縮比は6から6.5だったが、次第に上がっていったのは、ガソリンの品質が良くなり、オクタン価の高い燃料が安定して供給されるようになったからだ。1960年代になると、圧縮比8.0が普通になった。

　戦前に鉛化合物でできたオクタン価向上剤がつくられて航空機用燃料に使用されたが、戦後になってこの種の航空機燃料の需要がジェットエンジンの登場によって大幅に減少したため、オクタン価向上剤のメーカーでは自動車用に需要を求め、欧米でオクタン価の高いガソリンが使用されるようになり、性能向上を目指す日本でも次第に普及してきた。

　当時は、エンジンの加工精度が高くなかったから、各気筒の燃焼室の大きさのバラツキがあって、ノッキングが起きる気筒があった。また、オイルシールも完璧ではなく、オイルがガソリンに混じって燃焼することがあった。オイルの希釈による摩耗や錆の発生をふせぐことも重要な問題だった。このためガス圧力に対抗するため

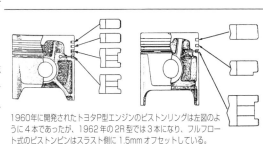

1960年に開発されたトヨタP型エンジンのピストンリングは左図のように4本であったが、1962年の2R型では3本になり、フルフロート式のピストンピンはスラスト側に1.5mmオフセットしている。

に圧縮リングを2本にするのが常識だったが、ピストンを軽くすることはエンジン性能向上のための重要条件で、クロームメッキを施すなどの材料の改良に加えて、ピストンリングの表面形状の改良で、4本リングから圧縮リングを1本にした3本リングが主流になっていった。

　1950年代の後半からは、エンジンのオーバーホールの間隔が大幅に長くなったが、そのために問題になったのがクランクシャフトを支えるメインベアリング（メタル）の寿命である。ピストンの圧力がかかるメタルの材料は、錫系のホワイトメタルが用いられていた。高荷重に耐える性能はなかったが、汚れたエンジンオイルになっても焼き付きを起こさない利点があった。しかし、ボーリングまでの期間が伸びて疲労に弱い弱点が表面化した。メタルを薄肉にすれば疲労が少なくなるが、加工がむずかしかった。メタルの耐久性の要求が大きくなった時代にちょうど加工精度が上がり、薄肉メタルの生産が容易になり、銅-鉛または銅-錫の合金に柔らかい金属を電気メッキでオーバーレイすることで解決した。

　これを使用するにはエンジンオイルを正常に保つ必要があった。極小の異物の混入でもメタルに傷を付けることで焼き付きの原因になるからだ。そのために、オイルフィルターの性能向上が図られ、従来の一部だけのオイルの濾過方式のエンジンでは使用できず、全流を濾過するものに改められた。こうした技術が普及することで、信頼性が確保されるようになり、メーカー間の出力競争が1960年代の優先課題となっていった。

第5章
エンジン排気量拡大とV8エンジンの登場

5-1. 車両規定の改定によるエンジン排気量の拡大

　1960年9月に13年振りに車両規定が改定され、小型自動車の規格が変更された。車両寸法がわずかに大きくなったことと、小型車のエンジン排気量が1500cc以下から2000cc以下に改められた。日本では小型車が乗用車部門では主流だったから、この改定の影響はきわめて大きかった。改定された車両規定は今日まで続いているもので、国産車の主流がこの規格の小型車になることで、駐車場などのインフラもこれに基づいて整備されている。

　小型車の排気量が1500ccまでの時代に、その枠を超えた普通車に属する国産乗用車はごくわずかに存在した。しかし、それらは搭載するエンジン排気量が大きいだけで、車両は小型車とほとんど変わらないものだった。したがって、小型車のエンジン制限が2000cc以下に引き上げられたときに、それらは小型車に組み入れられた。

　本格的な普通車が登場するのは、1963年以降のことで、搭載されるエンジンもV型8気筒など排気量も2000ccを大きく超えるものが現れた。

　道路の舗装も進み、アメリカへの輸出を拡大しようとすれば、エンジン出力を上げることは緊急の課題であり、ユーザーも性能アップを望んでおり、各メーカーはエンジン排気量の拡大を図った。メーカー間の競争が激しくなり、エンジン出力を上げることが技術力のバロメーターであるかのようなムードになった。トラブルを発生させないことが最も重要だった時代から、信頼性の確保を前提として出力競争が始まった。高速道路の建設が進み、自動車レースが盛んになることで、動力性能の向上傾向がさらに促進された。

自動車の需要が大幅に増加しており、自動車メーカー各社は争って設備投資をして量産体制を確立しようとした。日本経済の高度成長が始まっており、その流れに乗り遅れまいとトヨタや日産だけでなく、新規参入メーカーの活動も活発になり、新規の生産工場の建設ラッシュとなった。海外のメーカーと技術提携して乗用車部門に進出したいすゞや日野自動車、自動三輪メーカーから転身を図ろうとする東洋工業やダイハツ工業の動きが注目された。

これに警戒感を抱いたのが通産省である。多くのメーカーが争って設備を増やすことは、メーカーの力が分散して国際競争力を弱めると判断し、行政指導によって、寡占状態をつくり出そうという動きを示した。乗用車部門では、トヨタと日産を中心にしてそのほかのメーカーが参入するのは好ましくないとする圧力がかかった。しかし、自動車の需要が増加しようとしている間に企業の基盤を固めようと、新規メーカーは通産省の行政指導にしたがう動きを見せなかった。

1960年代に入ると、需要の拡大で次々に新型車が登場するようになり、それにつれてエンジンの種類も増えていった。同一の車体に異なる排気量のエンジンが同時に搭載されるのが一般化するのも、この時期以降のことである。

ここでは、1960年代の前半における小型車規定の変更に伴うエンジン拡大についてと、新しく登場した普通車用V型8気筒などの排気量の大きいエンジンについてみることにする。

5-2. プリンスと日産の1500ccエンジンの拡大

小型車のエンジン排気量が2000cc以下に引き上げられたのに伴って、各メーカーは1500ccエンジンの拡大を図ることになったが、プリンスと日産は車両規則の変更のまえから高級車を開発しており、規格の変更で小型車に組み入れられている。排気量の拡大は既成のエンジンのスケールアップで凌いでいるのは、1500ccエンジンに拡大する余裕があったからである。

初代グロリアが登場したのは1959年2月であるが、これは1500ccFG4A型エンジンを1900ccに拡大したエンジンをプリンススカイラインに搭載したモデルだった。それでも、戦後日本での量産タイプとしては最初の中型乗用車である。

1956年に開催されたモーターショーで、プリンスは1900ccエンジンのプリンスセダンBNSJという小型車の範疇を超えた乗用車を参考出品。トヨタや日産との差別化を図るために、高級車メーカーとしての旗幟を鮮明に示した。しかし、市販され

たのはエンジンだけ小型
車枠を超えた旧来の車体
のままの車両だった。プリ
ンスは第三のメーカーと
はいえ2種類の車体を別々
に開発して生産するだけ
の余裕がなかった。

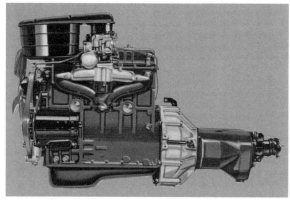

当初のプリンス1900ccエンジンは80psで初代グロリアに搭載された。

初代グロリアに搭載さ
れたG4B型エンジンは、ボ
アを9mm広げて84mmのス
クウェアにして1862ccに
したもの。ウエットライナーからドライライナー式にしている。1956年の参考出品
車のときには圧縮比7.5、最高出力75ps/4400rpm、最大トルク14.8kgm/2800rpmだった
エンジン性能は、グロリア搭載時には圧縮比8.0、最高出力80ps/4800rpm、最大トル
ク14.9kgm/3200rpmに向上している。

イタリアのカロッツェリアのミケロッティにデザインを依頼してつくられたスカ
イラインスポーツが1961年に発売され、同じ1900ccエンジンが搭載されたが、高速
性能を優先した改良が加えられて94ps/4800rpmと発表された。このときは実用性を

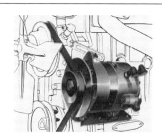

国産エンジンでは初めて交流発電機を
採用、性能向上と軽量化が図られ、負
荷の増大に対応して容量を400Wに
している。

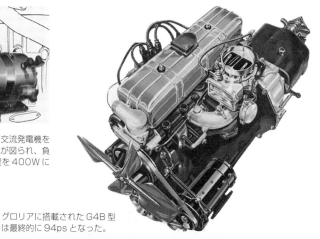

グロリアに搭載されたG4B型
は最終的に94psとなった。

日産直列4気筒G・H型エンジンファミリーの主要諸元

年	エンジン名	型式名	ボア×ストローク (mm)	排気量 (cc)	圧縮比	最高出力 (ps/rpm)	最大トルク (kgm/rpm)
1960年	G	直4	80.0×74.0	1488	8.0	71/5000	11.5/3200
1960年	H	直4	85.0×83.0	1884	8.5	88/4800	15.6/3200
1963年	K	直6	85.0×83.0	2826	8.7	115/4400	21.0/2400
1965年	R	直4	87.2×66.8	1596	9.0	90/6000	13.5/4000
1965年	H20	直4	87.2×83.0	1983	8.2	92/4800	16.0/3200
1965年	H30	直6	87.2×83.0	2974	8.7	130/4400	24.0/3200

重視せず高出力を狙った仕様だったが、その後改良されてグロリアにも94psになった G4B 型エンジンが搭載された。

　プリンスでは、このエンジンをベースにして 2000cc に拡大したボア 84mm・ストローク 90mm の 1996cc エンジンや、これをウエットライナー式にしたもの、さらには燃焼室を半球型にしたエンジンなどを試作したが、後のエンジン開発の研究データにとどまり、陽の目を見なかった。

　2代目グロリアが 1962 年に発表されたときには、この直列4気筒 1900cc エンジンが搭載され、1963 年に次章で触れる直列6気筒エンジンが積まれることになる。

　日産でも、従来の小型車枠を超えたセドリックカスタムが 1961 年 11 月に発売された。セドリックをベースにして排気量と車両サイズを大きくした高級車として開発され、発売直前の9月に小型車規格が引き上げられ、日産の小型上級車の主流になった。

　エンジンは 1500ccG 型をベースに 1900cc にした H 型である。ボア 85mm・ストローク 83mm とボアもストロークも大きくしショートストロークになっている。圧縮比 8.5、最高出力 88ps/4800rpm、最大トルク 15.6kgm/3200rpm、排気量のアップ分ほど最高出力は上げておらず、実用性を重視している。

　この後、排気量を 2000cc 近くまで引き上げ

セドリックに搭載された日産 H 型 1884cc エンジン。

た H20 型エンジンが 1965 年につくられている。ボアを 87.2mm にして 1983cc となり、最高出力 92ps/4800rpm、最大トルク 16.0kgm/3200rpm の性能になった。その後、1500ccG型から派生したエンジンは、直列 6 気筒もつくられるなど様々なバリエーションが出現している。

5-3. いすゞベレル用のエンジン

1961 年 10 月、いすゞの新型乗用車ベレルが発表された。技術提携によるヒルマンの後継として純国産化したいすゞの最初の乗用車である。いすゞが乗用車としては上級部門から参入したのは、トヨタや日産と並んで戦前からの御三家であるという誇りがあったことと、すでにいすゞエルフという小型上級トラックを成功させていたからである。1000cc 級トラックではトヨタのトヨエースが業界の主流の地位を占めたように、1500cc 級では同じキャブオーバータイプのエルフがトップの販売を誇っていた。これに搭載するエンジンは、1500cc ガソリンエンジンと 2000cc ディー

ゼルがあった。ディーゼルエンジンといえば、排気量の大きいものと決まっていた時代に小型ディーゼルエンジンを開発したことで、いすゞはこの分野で業界をリードしており、小型トラックの分野でもディーゼルの経済性の高さで注目された。

いすゞベレル用 DL201 型ディーゼルエンジン。

小型の 2000cc 級の信頼性の高いディーゼルエンジンをもっていることは、いすゞの強みであった。ガソリンエンジンに比較すると出力的に不利でありコスト高になるが、性能的に釣り合わせるために、小型車が 1500cc までだった時代からボア 82mm・ストローク 92mm の 1991cc エンジンとしてエルフに搭載したが、小型車の排気量が引き上げられたことで、ディーゼルエンジンがさらに注目されてきた。

ディーゼルエンジンを小型化するにはアイドリング時の振動やノック音、始動性の悪さ、運転時の燃焼騒音な

DL201 型用高圧燃料ポンプ。これらの使用でディーゼルエンジンはコスト高となる。

ど、ディーゼル特有のハンディキャップをどこまで改良できるかが課題だった。乗用車用とするためにオイルパンやオイルポンプ、エアクリーナーなどを変更したが、基本的にはエルフ用と同じである。エンジン停止時に起こるディーゼル特有のランオン（エンジンがかってに動くことによる振動）を防止するのに、燃料カット式ではなく吸入空気遮断式にしているのも違いである。

4サイクル直列4気筒OHV型で、予燃焼室式を採用、冷間時の始動性をよくするために予燃焼室を暖めるためのグロープラグを装備し、ヂーゼル機器製の燃料噴射ポンプを使用、真空式調速機、遠心式ガバナー付きである。

最高出力55ps/3800rpm、最大トルク12.3kgm/2200rpm、圧縮比は21となっている。定地燃費試験では40km/h走行でリッター当たり21km、50km/h走行で同じく21.3km、60km/h走行で18.5kmとガソリン車の約1.5倍の走行距離を示し、燃料価格の安さを勘案すると半分近くの燃料代ですむ計算だった。

このほかに2種類のガソリンエンジンが搭載された。1500ccのほかにディーゼルと同じボア・ストロークの1991ccである。キャブレターを2連にした高性能仕様の圧縮比8.5の95ps仕様も用意されたが、主流は圧縮比8.0で最高出力85ps/4600rpm、最大トルク15.3kgm/1800rpmである。

エンジンのラインアップはトヨタや日産などを上回るものであったが、発売されたベレルの評判は今ひとつだった。トラックではあまり問題にされないスタイルや操縦安定性や乗り心地などの面で引けを取ったこと、生産現場でのトラブルなどで信頼性の確保に手間取るなどしたせいもあった。

小型上級車に求められた高級感の演出が乏しい上に期待されたディーゼルエンジン車にも、タイミング悪く天然液化ガス（LPG）エンジンというライバルが登場し、営業車用として経済性の良さをアピールすることができなかった。ディーゼルエンジンは高圧の燃料噴射ポンプなどのコストがかかり、車両価格はガソリン車より高価になるが、燃料代が安くなるから、走行

ベレル用1991ccガソリンエンジンのCL201型。OHV水冷直列4気筒。85psと90psがある。

距離を稼ぐことでプラスになる。その点でタクシー用にぴったりだったが、改造コストが安いLPGの出現でディーゼルの普及は予想を下回るものになった。ディーゼルエンジンは振動や騒音が多いというハンディキャップもあって、ベレルの販売は苦戦を強いられた。ディーゼルエンジン搭載の乗用車が注目されるようになるのは、一般ユーザー用でも燃費性能が注目されるようになるオイルショック後の1970年代の中盤以降のことである。

5-4.新エンジンとして誕生したトヨタ3R型1900ccエンジン

　小型車の規定が2000cc以下になったタイミングに合わせてトヨペットクラウンに3R型1900ccエンジンが搭載された。規定が改定される1年前に輸出用のクラウンに載せるために開発されていたエンジンで、国内販売車にも搭載することになったものである。

　トヨタR型エンジンを大幅に設計変更された1500cc2R型については前章で触れたが、排気量の大きい3R型の方が先に開発され市販されている。

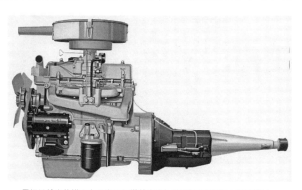

最初は輸出仕様のクラウンに搭載された3R型1900ccエンジン。

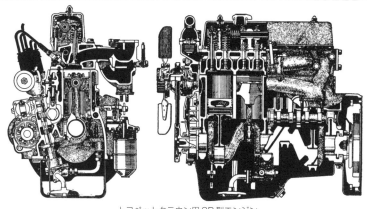

トヨペットクラウン用3R型エンジン。

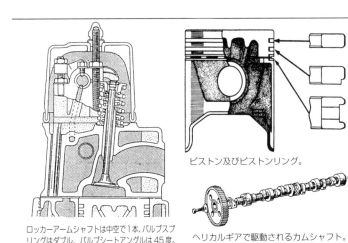

ピストン及びピストンリング。

ロッカーアームシャフトは中空で1本、バルブスプ
リングはダブル、バルブシートアングルは45度。

ヘリカルギアで駆動されるカムシャフト。

コンロッド。

2R 型と 3R 型の企画のスタートはほとんど同時で、機構的には同じような内容に
なっている。トヨタの小型乗用車用エンジンはR型から、1960年代に入って1900cc
の3R と 1500cc の2R とふたつの系統に分離したことになる。

　3R型はシリンダーヘッド、シリンダーブロックとも新しくなり、ボアアップによ
るバリエーション追加というより、新技術が採用された新型エンジンである。ただ
しR型を積んでいるクラウン用なので、エンジンサイズをR型よりあまり大きくな
らないようにしている。

　R型が全長 676.2mm、全幅 617mm、全高 461.5mm、重量 155kg に対して、3R 型は
704.7mm、647.7mm、486.5mm、178kg である。

　ボアは2R 型の78mm に対して3R 型は88mm と大きくなり、ストロークはR型と
同じ78mm、1897cc、クランクシャフトの回転中心に対してシリンダーボアの中心が
回転方向に5mmずれたオフセットシリンダーになっており、ピストンのスラスト側

トヨタ2R及び3R型エンジンとそのバリエーション（いずれもOHV型）

年　月	エンジン型式	ボア×ストローク(mm)	排気量(cc)	圧縮比	最高出力(ps/rpm)	最大トルク(kgm/rpm)	搭載車種
1964年9月	2R型	78.0×78.0	1490	8.0	70/5000	11.5/2600	コロナ1500
1965年6月	4R型	80.5×78.0	1587	9.2	90/5800	12.8/4200	コロナ1600S
1960年10月	3R型	88.0×78.0	1897	7.7	80/4600	14.5/2600	クラウン1900
1967年9月	5R型	88.0×82.0	1994	8.0	93/5000	15.0/3000	クラウン2000

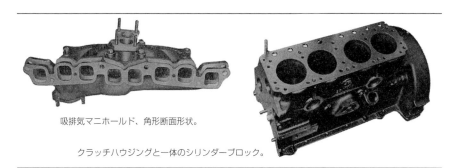

吸排気マニホールド、角形断面形状。

クラッチハウジングと一体のシリンダーブロック。

にかかるピストン側圧を小さくしている。

　燃焼室は水平に対して4度の傾斜をもったウエッジ型に近いバスタブ型で、点火プラグ部の一部を除いて機械加工で形成され、各気筒の容積の均一性を図っている。1960年に初代クラウンに搭載され、さらに1962年に7年ぶりにモデルチェンジされた2代目クラウンに引き続き搭載された。

　この3R型と2R型をベースにして、トヨタは1960年代には排気量や性能の異なるエンジンを次々に誕生させて、車種の多様化に対応させていった。1965年にはストロークが拡大されて2000ccになった5R型が誕生、主としてタクシー仕様のクラウン用として活躍、同じようにコロナ用には2R型をベースにした高性能な1600ccの4R型が誕生している。

5-5. トヨタの普通車用オールアルミ製V型8気筒エンジン

　限られた需要しかない普通乗用車クラウンエイトをトヨタが世に送り出したのは1964年である。車両サイズでもエンジン排気量でも、小型車の枠を大きく超えた国産高級車は、これが日本では初めてである。

　この場合は、エンジンの企画が先行し、それに合う車両が後から開発されるという経過をたどっている。V型8気筒という大きなエンジンで、シリンダーヘッドだけでなく、シリンダーブロックもアルミ合金製という、実験的な意味合いのある開発だった。アメリカではエンジン排気量が大きくなるにつれて、軽量化の要求が強まった。鋳鉄製のエンジンをアルミ合金製にすることは、もっとも効果的な軽量法で、エンジンの主要部分までアルミ製にしたエンジンが現れてきた。日本でも、ポンプ類やマニホールドなどをアルミ製にするようになったものの、シリンダーブロックなどの大物をアルミで鋳造するのは困難があった。

今日はダイキャストによる鋳造が普通になっているが、当時はフルパーマネントモールド式鋳造がアメリカで用いられるようになり、トヨタでもこの製造法によるエンジンの開発が試みられた。アルミ合金の場合、砂型による鋳造では設備費や治工具のコストがかからず設計も容易であるが、生産性や精度が悪く、表面状態も良くないものになる。ダイキャスト式ではこの逆で、コストがかかるが生産性や仕上がりがよく、大量に生産することで採算がとれるようになる。砂中子を使用しないパーマネントモールド式はその中間といえる。

　排気量の大きいエンジンを実用化するためと、オールアルミ製エンジンの開発から生産までのノウハウを学ぶために、トヨタはエンジン設計技術者をアメリカに派遣し、開発を進めている。

　1961年6月に設計がスタート、完成まで2年半という比較的短期間で開発されている。アメリカのV8エンジンは、4000ccや5000ccといった大排気量が一般的だが、トヨタV型エンジンは、ボア78mm・ストローク68mmの排気量2599ccと比較的小さい。ボア78mmというのは2R型と同じであり、吸排気系の各種データを参考にできるし、部品の共用化も可能である。

　バルブ配置はOHV型で、燃焼室はウエッジタイプに近いもの。Vバンク角は90度。アルミは放熱性がいいという利点があるので、シリンダーまわりのウォータージャケットは浅いものにしており、冷却水容量も少な目にして、暖機時間を短くしている。アルミブロックではシリンダーライナーが必要になるが、鋳鉄製のライナーは外周面を波状に加工して鋳込んでいる。

　同じエンジンで鋳鉄を用いた場合はシリンダーブロックは54kgになるが、アルミ合金にすると28.5kgになり、25.5kgという大幅な軽量化が図られるという。当時のエンジンは燃焼をよくするために吸入空気を排気管などで暖めるように吸排気マニホールドが隣接して配置されていたが、その配慮が不要になり、吸気管が

トヨタで初のオールアルミ合金製のV型8気筒2600ccエンジン。

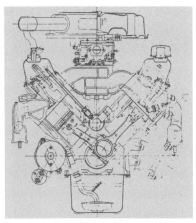

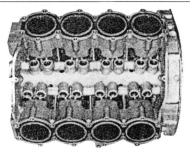

アルミ製のV型エンジンのシリンダーブロック。

ウエッジ型とバスタブ型の中間の燃焼室
を持つトヨタV型エンジン。

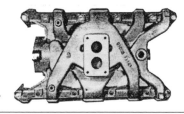

Vバンクの谷間に配置された吸気マニホールド。

Vバンクの中央に配置し、排気管は両バンクの外側に出された。このほうが構造的にもシンプルになる。クランクシャフトは5ベアリング式、コンロッドメタルと同様にメインメタルはアメリカのメタルメーカーと技術提携してつくられたものが使用されている。日本では錫をベースにしたホワイトメタルが多く使われているが、鉛をベースにしており、生産性がよくコスト的にも有利であるという。

　カムシャフトは5ベアリングで、エンジン全長を短くするためにカムシャフトの長さをできるだけつめている。OHV型のV8エンジンではカムシャフトの長さがエンジン全長を左右するからで、互いにもう一方のバンク用リフターやカムとの隙間を小さくし、シェルモールド法による精密鋳造された精度の高いカムシャフトを採用している。バルブリフターはパブリカ用U型エンジンに採用された油圧式ラッシュアジャスターを改造したものを用いているのは、シリンダーヘッドがアルミでバルブなどの鉄系部品との熱膨張の違いによるバルブラッシュの変化を吸収する必要があったからである。もちろん、騒音面でも効果があった。

　カムシャフトの駆動にはアメリカで多く用いられているサイレントチェーンを使用、ローラーチェーンに用いられるテンショナーやダンパーを省略している。エアクリーナーも濾紙式ではなく、軽量コンパクトでコストの安いポリエステル製のものを採用している。

この開発を実験だけに終わらせずに、2代目クラウンのボディ幅を広げる大改造をして搭載、1964年4月にクラウンエイトとして市販された。最高出力115ps/5000rpm、最大トルク20kgm/3000rpm、圧縮比は9.0と高めだった。エンジン重量は152kgと軽量化されている。

　V8という大きなエンジンを改造したクラウンエイトに搭載するには、排気系のレイアウトが苦しくなるなどの制約があり、渋滞に巻き込まれるとオーバーヒート症状が出た。重くなった車体に対して2600ccではパワー不足の感もあった。

　車両の方も、クラウンのイメージが非常に強いものから脱皮するために、トヨタの最高級乗用車として新型車の計画がスタートした。これにより、1967年11月にセンチュリーが誕生するが、搭載されたV8エンジンは大きく改良された。年代的にはこの章で述べたエンジンよりかなり後の1960年代後半に登場しているが、便宜上ここで触れることにしたい。

　改良された3V型エンジンは、ボアは変わらず78mmだが、ストロークは78mmと10mm伸ばされて2981ccに拡大された。シリンダーブロックがアルミ合金製でOHV型であることは同じだが、ウエット式のシリンダーライナーに、燃焼室は半球型になって性能向上が図られた。

　OHV型でありながら半球型燃焼室にすることで、吸排気効率をよくし、点火プラグの位置も中央寄りに配慮されている。カムシャフトの位置も高くなり、プッシュロッドが短くなることでエンジンの高回転化を可能にしている。

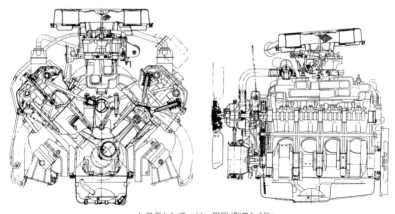

トヨタセンチュリー用3V型エンジン。

バルブのロッカーアームは旧エンジンに比較して複雑な形状になるが、ダクタイル鋳鉄をシェルモールド法により精密鋳造されている。バルブロッカーシャフトは各バンク2本ずつの計4本で、バルブリフターのカムの当たり面と同様に耐摩耗性向上のためにクロームメッキが施されている。カムシャフト駆動はローラーチェーンになり、テンショナーとダンパーが設けられている。鋼製のクランクシャフトのギアやコンロッドなどは次章で触れるトヨタM型エンジンと共用である。

トヨタセンチュリーに搭載された3V型エンジン。

　油圧式ラッシュアジャスターは専用のものになり、クロスフロー式密封ラジエターの採用、等長の吸気マニホールド、デュアルタイプの排気系統、4バレルキャブレターが採用されている。

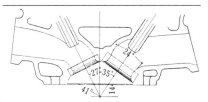

半球型燃焼室と吸排気ポート。

　点火系統はセミトランジスター式を採用、ディストリビューター接点寿命の延長や高速性能の向上始動性の向上などが図られているが、より強力な無接点のフルトランジスター式点火装置をめざして一歩前進したものである。

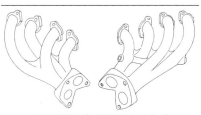

トヨタ3V型エンジンの排気マニホールド。デュアル式だが、左右で形状が若干異なっている。

　圧縮比9.8、最高出力150ps/5200rpm、最大トルク24kgm/3600rpm、エンジン重量は大幅に増加して225kg、軽量化よりもエンジン性能を優先させて、低速での実用性と高速時のパワーの発揮の両立を図っている。

5-6. 日産の大排気量エンジンの開発

　小型車が2000cc以下になってから普通車クラスの乗用車を出したのはトヨタより日産の方が早かった。1963年に発売されたセドリックスペシャルは直列6気筒K型2826ccエンジンが搭載され、セドリックのボディを改良しホイールベースを長くしたものである。

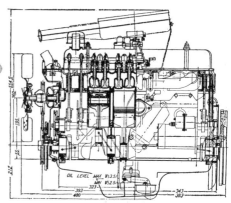

セドリックスペシャル用の直列 6 気筒
OHV 型の 2826cc 日産 K 型エンジン。

　このK型エンジンは1884ccH型直列4気筒エンジンを6気筒にしたもので、ボア・ストロークは同じで圧縮比が8.5から8.7になり、最高出力115ps/4400rpm、最大トルク21.0kgm/2400rpmである。日産はストーンエンジン以来、ボア・ストロークの変更やシリンダーのマルチ化などで排気量の異なるエンジンを誕生させ、エンジンをバラエティに富ませる手法を採っている。

　日産の直列6気筒エンジンはこのときが最初であるが、機構的に新しくなったOHC型直6エンジンも同時に開発している。これについては他のメーカーの6気筒エンジンと一緒に次章で触れることにしたい。

　1965年にセドリックのモデルチェンジにともなって、普通車として独立した車体のプレジデントが誕生した。搭載するエンジンは、セドリック用に1884ccH型から1983ccにボアアップで拡大されたH20型エンジンをK型と同じ手法で直列6気筒にしたH30型2974ccエンジンである。最高出力130ps/4400rpm、最大トルク24kgm/3200rpm、圧縮比8.7。ちなみに、このときに同じボア87.2mmでストロークを66.8mmに縮小して、直列4気筒1600ccでSU型キャブレターを2個装着、圧縮比9.0の高性能化したR型90psエンジンを誕生させ、ブルーバード410型のスポーツセダンに搭載している。いずれも日産が最初に自主開発したG型に端を発するシリーズエンジンである（62頁表参照）。

　プレジデントには直列6気筒エンジンのほかに新しく開発したV型8気筒エンジンも搭載。トヨタがV8エンジンを開発したのに対抗したものである。排気量が3989ccと大きく、アメリカ車並の92mmというビッグボアで、ストローク75mmの

ショートストロークエンジンである。

　OHVウエッジ型燃焼室、シリンダーブロックは鋳鉄製、シリンダーヘッドはアルミ合金製。カムシャフトの駆動はサイレントチェーンを用いている。バルブ径も吸気44mm、排気36mmと大きい。吸気マニホールドはアルミ製、キャブレターは新設計の4バレル式である。点火系はセミトランジスター式で、バルブリフターはハイドロリック式を採用している。

　冷却性の良いアルミヘッドにしたことで、圧縮比9.0とし、最高出力180ps/4800rpm、最大トルク32kgm/3200rpmと余裕のある性能で、低速トルクがあるので、1000rpmでも車速は37km/hに達するという。

　このY40型エンジンは、1973年のプレジデントのマイナーチェンジに合わせてストロークを83mmに延長、4414ccとなり、最高出力200ps/

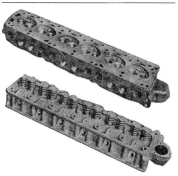

K型エンジンのシリンダーヘッド。

クロムを添加した特殊鋳鉄製のディープスカート式シリンダーブロック。

4800rpm、最大トルク35kgm/3200rpmとしており、その後もキャブレターから燃料噴射装置に代わったものの、1990年にインフィニティQ45の誕生に伴って開発された新V8エンジンの登場までプレジデント用として長寿を保った。

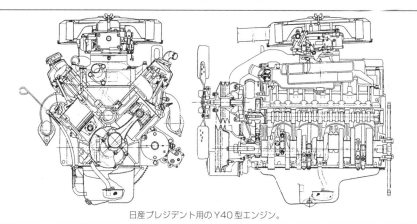

日産プレジデント用のY40型エンジン。

5-7. 軽量化とエンジンのアルミ合金化について

　鋳鉄でつくられていたエンジンは、軽量化や冷却性の向上要求によって、アルミ合金など軽量な材料が用いられるようになった。ピストンや吸気マニホールド、キャブレター、燃料ポンプなどにアルミ合金が使用されたが、シリンダーヘッドやシリンダーブロックとしてもアルミ合金が用いられるようになった。

　大排気量エンジンの多いアメリカで1960年代に入ってからオールアルミ製エンジンが登場、ヨーロッパでもリアエンジン車では軽量化の要求が特に強く、高性能化を図る上でも有利で採用例が見られた。

　アルミ合金は軽量であることの他に、熱伝導性がよいが、コスト的に鋳鉄よりも高く、疲労強度や高温強度が弱いという欠点があり、熱膨張率も大きい。それでも、軽量で性能向上が図れることは重要で、鋳鉄製エンジンから切り替わっていくと思われた。

　しかし、シリンダーブロックのアルミ化があまり進まなかったのは、鋳鉄製エンジンの軽量化が図られたからである。

　従来の鋳鉄製のシリンダーブロックは、強度的に必要なくともある程度の肉厚にしなくては製品にならなかった。肉厚を薄くすると鋳型に流れ込む湯（熔解した鋳鉄）が冷やされて巣が入ったりして使用できないものが多くなる。ウォータージャケットなどの通路となる穴の部分は砂を鋳型の中に入れて中子をつくるが、その中子の歪みを見込まなくてはならず、壁の厚さは3.6mm以下にすることがむずかしかった。これを克服する方法として、中子の砂に樹脂分をまぜた精密鋳造法であるシェルモールド法が開発された。

　中子の歪みもなく、薄肉にすることができるようになったことで、鋳鉄ブロックでも軽量化が可能になり、粗い鋳型面がなめらかになるという効果もあった。アルミ合金では強度を保つために一定の肉厚をとらなくてはならず、鋳鉄製ブロックとの重量差は小さいものになった。

　シェルモールド法は、クランクシャフトの鋳造に早くから取り組んでいたフォード社で開発され、GMなどもこの方法を採り入れたために、新しく開発されるエンジンは、鋳鉄製ブロックのものが多くなり、アルミ合金ブロックになる流れはストップしたといえる。薄肉鋳造法は改良が加えられた結果、アルミ合金ブロックが増えつつあるものの、今日でも鋳鉄製ブロックとアルミ合金製ブロックが併存している状況である。

　シリンダーヘッドは高性能化されるにしたがって、熱的に厳しくなり、次第に放熱性が良いアルミ合金が主流となった。圧縮比を高くするにも有利だった。1960年代でいえば、シリンダーブロックまでアルミ合金製にしたエンジンは、日本ではホンダスポーツ用エンジンやファミリア用800ccエンジン、それにトヨタのV8エンジンがあるが、アメリカの影響が強い日本では、その後1980年代になるまであまり増えておらず、1980年代になってもメーカーによって積極的にアルミ合金ブロックを採用するところとそうでないところなどの違いも見られた。

第6章
直列6気筒OHC型エンジンの登場

6-1. 強まるエンジンの高性能化要求

　自動車の需要が高まる中で、1960年代は新型車が出現する機会が増え、それにつれて各メーカーのエンジンバリエーションも豊富になった。

　この時代になって、信頼性が向上したのは材料の進歩によるところが大きい。

　熱的に厳しいバルブについても、耐熱鋼が使用され、排気バルブはさらに傘部に高級な耐熱鋼を溶着されるなどの進化が見られた。摩耗の問題でトラブルの原因となっていたカムノーズについても、炭素鋼の鍛造後に高周波焼き入れされ、さらにクロムモリブデンを加えたチル鋳物や特殊鋳鉄を熱処理したものが開発された。バルブリフターも、チル鋳物になり耐摩耗性が大幅に向上した。この両者の接触による摩耗を少なくするには材料の開発のほかに面圧や潤滑性などの問題もあった。

　技術進化に付いていけなかったり、設計や生産技術などで水準に達していないメーカーは生き残ることができなかった。新しい技術や設計のトレンドなどの情報はすぐに入手可能になり、競争が激しくなるにつれて素早い対応が求められた。

　部品メーカーが海外のメーカーと技術提携して進化したものをつくるようになって、エンジンの基本的なトラブルや不具合の発生する比率が

1960年代前半におけるプリンスのエンジン組立ライン。

少なくなった。

　一方で、通産省はメーカー数を少なくして、国際競争力を付けることが緊急の課題であると、政府による強力な行政指導を実施する態度を変えなかった。

　貿易の自由化が差し迫っており、日本のメーカーが一刻も早く国際競争力を付けなくてはならず、自由な競争をしている余裕はないという考えで、トヨタと日産以外のメーカーに大きな圧力がかけられた。

　新興メーカーは、早く実績をつくって乗用車メーカーとして認められようと焦っていた。東洋工業がロータリーエンジンの開発に手を染めたのも、トヨタや日産にない独自の技術で存在をアピールしようとした意図があったし、ホンダがスポーツカーの開発を急いだのも通産省の行政指導による圧力を意識したからだ。

　プリンスが1963年に2000ccエンジンでありながら直列6気筒のOHCエンジンをグロリアに搭載したのも、こうした背景があったからで、背伸びをしてでも高級な機構のエンジンを開発しなくては、企業の存在が脅かされかねないという危機感があったからである。高級車メーカーとして通産省に指名されなくては活動が続けられなくなる可能性があるという想いのなかで開発されたものである。

6-2. 日本初の直列6気筒OHCエンジンを開発したプリンス

　1963年にプリンスグロリアに搭載された直列6気筒OHCのG7型エンジンは、性能の良い機構のエンジンとして注目された。しかし、従来の直列4気筒エンジンとは異なる新規エンジンの開発は、プリンスにとってはリスクの伴うもので、パイオニアとしての苦労を背負う面があった。しかし、一貫して高級車の開発を続け、そのイメージを強化する効果は大きかった。振動面で有利な直列6気筒とバルブ配置がOHC型という進化した機構の組み合わせは日本では最初である。

　前年の1962年に発表された2代目のグロリアに搭載できるように、エンジンの全高や全長を抑える必要があった。OHC型ではシリンダーヘッドが高くなるし、6気筒では2気筒分長くなり、設計で苦心したところだ。ボア・ストローク75mmのスクウェアタイプで排気量は1988cc、燃焼室はウエッジタイプ、シリンダーヘッドも鋳鉄製である。

　シリンダーブロックはウエットライナー式の鋳鉄製で、各シリンダー間に薄肉の壁を設けている。4気筒より長くなる分剛性を高める必要があり、ブロックの基本壁厚は5mmとし、場所によって3mmにして、余分な肉をとることで軽量化が図ら

れている。シリンダーライナーは上部1か
所、下部2か所のゴムリングでシールされ
ている。

シリンダーヘッドは高さを抑えるため
に冷却水通路を狭くしているが、水の流
れが悪くならないよう配慮されている。
シリンダーヘッド上にある特殊鋼製のカ
ムシャフトは、アルミ合金鋳物の5か所の
ブラケットで支持されている。

カムシャフト駆動はタイミングチェー
ンが長くなるので苦労したところだ。
ジャガーエンジンを手本にして2段がけ
にしている。シリンダーブロックにある

グロリアに搭載されて姿を見せた直列6気筒
OHC2000ccのプリンスG7型エンジン。

中間軸でクランクシャフトの回転を半分にし、この軸上のギアからチェーンでカム
シャフトを駆動している。2段にしたのはチェーンの伸びを小さく抑えるためだが、
チェーンの伸び対策の問題がOHCエンジンにする場合のネックとなっていた。

タイミングチェーンの耐久性の確保と伸びを防ぐために複列チェーンにして、一
次側にも二次側にもアジャスターとテンショナーを装備し、カム側及びクランク側
のギアのチェーンとの摺動面を高周波焼き入れした炭素鋼にしている。

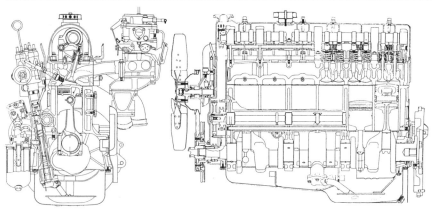

G7型エンジンをスケールアップした2500ccのG11型エンジン。

この当時はチェーンの伸びによる緩みを
防ぐことは不可能と判断し、伸びによるバ
ルブタイミングの狂いを見込んだセッティ
ングにしている。最初は2.5度ほどクランク
角で進んだタイミングにセットした状態に
なるが、1万km走行したころにチェーンの
伸びによって狙いどおりのバルブタイミン
グの状態になる方法をとっている。10万km
走行では7度近辺になるという。

プリンスG7型エンジン。

　当時は、エンジンの慣らし運転をするのは当然のことで、エンジンオイルも最初
は1000kmで交換するように指示されていた時代である。したがって、ユーザーは始
めの1万kmまでは、低速性能を優先したバルブタイミングのエンジンで我慢しなく
てはならなかった。

　OHC型になると、OHV型に比較してカムシャフトやタイミングチェーンの潤滑、
つまりシリンダーヘッドに充分にオイルが供給されなくてはならない。そのため、
ロッカーにジェットを設けてカムシャフトとロッカーの摺動面にオイルを噴射し、
強制的に潤滑している。シリンダーヘッドにかなりのオイルが滞留するので、バル

ブステムからのオイル下がりを防ぐよ
うに、バルブステムにシリコンラバー
のオイルシールを取り付けている。タ
イミングチェーンにもオイルを噴射し
ている。

　オイルを清浄に保つために、フルフ
ロー式のフィルターを備え、オイルの
容量を増やし、オイルポンプの能力も
高められている。

　直6なのでクランクシャフトが長く
なり、ねじり振動を防ぐためにも苦労
しなくてはならなかった。メインベア
リングは4か所、クランクシャフトは高
炭素鋼製である。カウンターウエイト

スカイライン2000GTに搭載された
ウエーバー3連装のG7型エンジン。

は充分なウエイトにして、クランクピンとコンロッドの回転質量に釣り合うようにしている。クランクピン部は高周波焼き入れで表面を硬化させ、メインベアリングはケルメットの三層メタルを採用している。

同じくスカイライン 2000GT 用 G7 型エンジン。

炭素鋼のコンロッドで、ピストンはアルミ合金鋳物、1500cc エンジンと共通のピストンリングを装着している。

性能を上げるために吸気マニホールドの形状や長さの異なる試作品でデータをとり決めていった。コストを考慮してキャブレターは2バレル式1個だけの装着で、混合気の分配が均一になるようにテストをかさねた結果、比較的長めにしたバナナ型の吸気マニホールド形状になった。

圧縮比8.8、最高出力 105ps/5200rpm、最大トルク 16.0kgm/3600rpm、2リッターエンジンとしては高回転・高出力だった。当初の計画では、プリンス1500cc エンジンより全長で190mm、重量で10kgのプラスで抑える予定だったが、計画より210mm、22kgの増になっている。

このエンジンをベースにした最高出力 125ps/5600rpm のエンジンが、のちにスカイライン2000GT に搭載されている。圧縮比を9.3に上げて高性能化するために3連のウエーバー気化器が装着されたもの。ちなみに、このエンジンは1964年の日本グランプリレースに出場したスカイライン 2000GT のレース用にチューニングされた165ps/6800rpm エンジンをデチューンしたものである。

6-3. トヨタの直列6気筒 OHC エンジン

トヨタが、進化したエンジンというイメージの強い直列6気筒 OHC の M 型エンジンを搭載したクラウンを発売したのは1965年のことで、プリンス G7 型誕生から2年後である。高性能化への要求に応えるために、1960年に入るとともに企画され、プリンスに遅れた分だけしっかりと進化した機構のエンジンになっている。

　伝統をもつクラウンのイメージアップのためにも、なめらかな吹き上がりで振動の少ない直列6気筒エンジンが必要になり、クラウンのマイナーチェンジのタイミングに合わせて開発された。

　ボア・ストロークは75mmとプリンスG7型と同じであるが、機構的に違っている主なところは、シリンダーヘッドがアルミ合金になっていること、燃焼室が半球型となり、吸排気がクロスフロータイプになっていること、カムシャフトのタイミングチェーンが1段がけになっていること、クランクシャフトのメインベアリングが7か所であることなどである。

　OHC型で半球型燃焼室にしたことによって、吸排気バルブ径を大き

直列4気筒3R型に代わりクラウンの主力エンジンとして登場したトヨタM型6気筒エンジン。

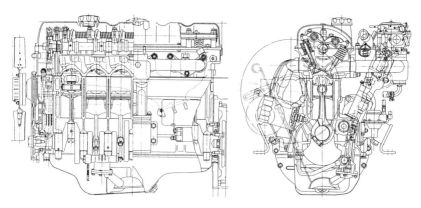

OHC型で半球型燃焼室を持つトヨタM型エンジン。

くすることが可能になり、クロスフロータイプにすることで、吸排気効率が向上している。吸気バルブ径40mm、排気バルブ径34mmで、燃焼効率もウエッジ型やバスタブ型より向上している。フロントにタイミングチェーンケースが一体で形成されており、車載状態のままシリンダーヘッドが取り外せ、サービス性も向上している。圧縮比8.8と高めに設定して、ピストンの頭部は凸型形状をしている。

　カムシャフトの両側にあるロッカーアームでバルブの開閉をコントロールするが、アーム端部にバルブクリアランス調整用ねじが取り付けられている。バルブスプリングは不等ピッチのダブルスプリングで、7000rpmまでバルブスプリングのサージングが起きないように配慮されている。

　1段式のタイミングチェーンは長くなるが、ダブルローラーチェーンを用いて、テンショナーは自動調節機構にして伸びや騒音を防いでいる。チェーンの張りはテンショナーギアを介して与えられ、張り側と伸び側にそれぞれ装備されたチェーンダンパーで制御されている。テンショナーは自然落下する潤滑オイルをプランジャーの振動によって内部に吸い込み、油圧ダンパーとして働くことでチェーンの張りを調整する。この方式の採用によって、OHC型のカムシャフトの駆動の問題の多くが解決している。

　シリンダーブロックは鋳鉄製で、アルミ合金製のシリンダーヘッドとの膨張率の違いを吸収するために、シリンダーヘッドガスケットはスチールベストが用いられている。鋳鉄製のシリンダーブロックはディープスカートタイプで、ブロックの壁は4.5mmの肉厚、シリンダーボア間には4mmのウォータージャケットがある。

　コンロッドは大端部が45度の斜め割りタイプで、ピン径を大きくしてメタルの面積をとってクランクシャフトの剛性確保を助けている。コンロッドメタル及びクランクメタルともにケルメットである。7個のメタルで支持されるクランクシャフトは鍛造製で、カウン

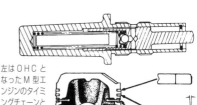

左はOHCとなったM型エンジンのタイミングチェーンとそのテンション機構。上はチェーンテンショナー。

ピストンは圧縮比を高めるために頭部が盛り上がっている。

ターウエイトは4か所にして軽量
化が図られている。クランクシャ
フトの前方にはラバーのトーショ
ナルダンパーが装着されている。

　最高出力105ps/5200rpm、最大ト
ルク16.0kgm/3600rpmとデータ上は
プリンスG7型と同じであるが、中
低速のトルクの向上や燃費の良さ
も配慮されている。エンジンサイ
ズは全長779mm、全幅730mm、全

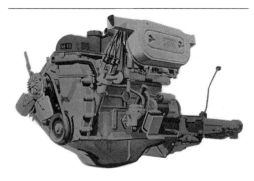

クラウンSに搭載されたSUツイン125psのM-B型エンジン。

高710mm、重量179kg（整備重量）である。

　M型にSUキャブレターを2個装着した高性能バージョンのM-B型も開発され、ク
ラウンSに搭載している。高速性能を優先して吸気マニホールドは短くなり、エア
クリーナーもツインキャブレターに合わせて通気抵抗の少ないものにしている。最
高出力125ps/5800rpm、最大トルク16.5kgm/3800rpmである。

　これにより、クラウンには直列4気筒の90ps、直列6気筒の105psと125psのエン
ジンが搭載された。なお、後で触れるようにトヨタ2000GT用エンジンは、M型を
ベースにしてシリンダーヘッドを中心にヤマハ発動機で大幅にチューンアップした
ものである。

6-4. 日産の直列6気筒OHCのL20型エンジン

　1965年10月の2代目セドリックの発売に合わせて、日産は新規エンジンを投入し
た。いずれも2000ccであるが、ひとつは前章で触れた直列4気筒OHV型H20で、そ
のほかのふたつは直列6気筒のOHVとOHCで、それぞれセドリック、同6、同スペ
シャル6に搭載され、エンジンの種類によってクルマが格付けされている。

　直6のOHVのJ20型は直4のオースチンのエンジンをベースにして6気筒に仕上
げたもので、ボア73mm・ストローク78.6mmの1974ccで最高出力100ps/5200rpm、最
大トルク15.5kgm/3200rpm、圧縮比8.3、エンジン重量183kgである。機構的に古く
なっていて大幅な性能向上は望めないが、長く使われたエンジンで信頼性に関して
不安がないのが強みだった。

　これに対して、新エンジンとして開発された直6OHCのL20型は、日産にとって

初めてのOHCでありアルミ合金製シリンダーヘッドだった。最初の企画では直列4気筒として開発していたが、トヨタがクラウン用に直6OHCエンジンを開発している情報を得て、急遽6気筒にしてセドリックのモデルチェンジに間に合わせて開発されたものだった。

　1300から1600ccクラスの直4のOHCエンジンとして開発を始めたこのエンジンは、ボア78mm・ストローク69.7mm、ボアアップが可能なようにシリンダーピッチはやや大きくして余裕をもたせており、6気筒になってもこれらの仕様は引き継がれた。

　高速化のポイントである動弁系はベンツのエンジンをモデルにしたもの。直6では7ベアリングにして、鋳鉄製のシリンダーブロックは一体型のディープスカートタイプにして、振動を抑え込み耐久性の向上を図っている。

　シリンダーヘッドをアルミ合金にしたのは、冷却性能を向上させることで圧縮比を9.0と高めにセットして出力を上げ、軽量化にも寄与するからである。

オースチンのエンジンをベースとした6気筒のJ20型エンジン。

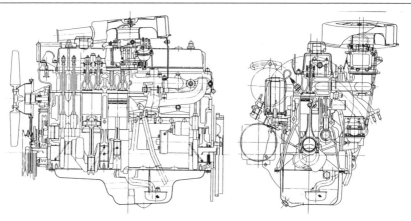

セドリック6に搭載されたOHV型のJ20型エンジン。

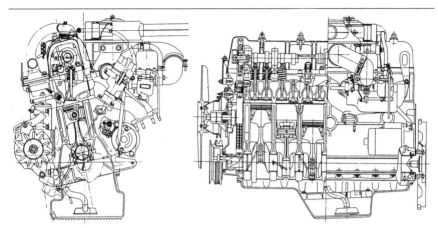

新しく開発された日産初のOHCタイプのL20型エンジン。

エンジン重量は172kg、J20型より10kg以上軽くなっている。全長828mm、全幅657mm、全高683mmである。

　燃焼室はウエッジ型、バルブは直列配置で12度傾斜している。吸気バルブ径38mm排気バルブ径33mm、カムシャフトの駆動は複列ローラーチェーンの1段掛けで、3か所にチェーンガイドを設けて、自動調整式のチェーンテンショナーで伸びやゆるみを調整している。補機類の駆動も効率よく前面に集め、オイルポンプとディストリビューターはクランクシャフト前端からギアで、燃料ポンプはカムシャフト前端で駆動される。

　キャブレターは可変ベンチュリータイプのものを2個装着、高速性能を上げるセッティングである。

　最高出力115ps/5200rpm、最大トルク16.5kgm/16.5rpm。このL20型は、後に日産の主流エンジンとして活躍する「L20型」と機構的には同じであるが、エンジンとして

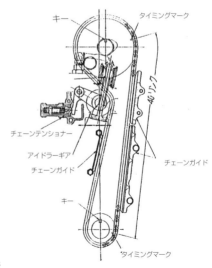

L20型エンジンのカムシャフト駆動。スプリングとオイルダンパーを備えたピストンで抑えられた振り子式のアイドラーギアでチェーンの張力を調整、チェーンガイドは3か所。

は別で、シリンダーのボアピッチなどは異なっている。急造エンジンであったため
か、この L20 型直 6 は比較的短命に終わっている。

6-5. 三菱デボネア用直列 6 気筒エンジン

　乗用車部門では軽自動車と小型大衆車が中心だった三菱が、高級車であるデボネ
アを 1964 年 5 月に発表、乗用車のフルラインアップ確立を目指す方向をこれにより
鮮明にした。小型上級車として、豪
華さを全面に出した装備とスタイル
で三菱の意欲を感じさせるものだっ
た。搭載されたエンジンは、OHV 型
直列 6 気筒である。

　プリンスやトヨタでは直 4 エンジ
ンを搭載している車体に直 6 エンジ
ンを搭載するのでサイズをコンパク
トにする要求は大きかったが、最初
から直 6 エンジンを搭載する計画で
開発された。

　デボネア用 KE64 型エンジンはボ
ア 80mm・ストローク 66mm のオー
バースクウェア、ボアが大きい分だ
けエンジンが長くなっている。

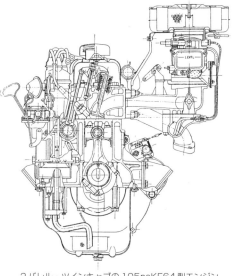

2 バレル・ツインキャブの 105psKE64 型エンジン。

1991cc、燃焼室は
ウエッジタイプで
ある。キャブレ
ターは 2 個、シリ
ンダーヘッドはア
ルミ合金製で圧縮
比 10.0 と高めの設
定である。バルブ
は 13 度の傾斜で
吸気ポートの抵抗

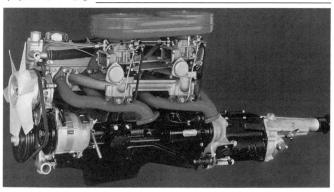

OHV ハイカムシャフトのデボネア用直 6 エンジン。

を小さくする設計になっている。

シリンダーブロック内にあるカムシャフトの位置は高いところにあるOHV型ハイカムシャフトとなり、バルブリフターはシリンダーヘッド側に配置され、プッシュロッドはOHV型としては短くなっている。このため、高回転が可能であり、わざわざOHC型にしないで済んだという。

シングルキャブで試作した最初の段階では、最高出力82.5ps/4800rpm、最大トルク13.5kgm/2500rpmだったが、ツインキャブにして、吸排気効率を高めピストンの盛り上がりをフラットにするなど燃焼室を改良した最終仕様では、最高出力105ps/5000rpm、最大トルク16.5kgm/3400rpmとなっている。

6-6. エンジンの仕様と高性能化

この時代、直列6気筒エンジンを所有することは日本のメーカーとしては、一種のステイタスを確立することを意味した。日本では小型車の規定が2000cc以下であるために、その排気量制限の中で性能向上を図る傾向があった。

高性能化するには、同じ排気量なら気筒数が多い方が高回転化には有利である。直6エンジンはバランスがよいので振動や騒音も小さくなり、排気音も耳に快く響く面がある。しかし、部品点数は多くなり、コストがかかりエンジンが大きく重くなる。

2000ccエンジンであれば実用的にみれば、必ずしも6気筒にする必要はないかもしれないが、高性能化の要求が強く、高級感を出すことが価値があると見られており、この時代に直列6気筒が出現したのは必然的であったともいえる。

OHC化についても、当時のエンジン技術者は必ずしも小型車用として性能向上のために必要とは考えていなかったようだ。プリンスの場合は、乗用車メーカーとして生き残りをかけるために一歩踏み込んだ、進化したものであることをアピールするためOHCエンジンの開発に踏み切った。

その点ではいささか無理をしたことになる。そのことによって、トヨタも日産も新しく6気筒エンジンを開発するにあたってOHCを選択せざるを得なくなった。後から誕生するのに、ユーザーに機構的に遅れたものという印象を与えることは得策ではなかっただろう。

アメリカでは性能向上のためには、排気量を変えずにエンジンの機構を複雑化するよりも、機構はそのままで排気量を大きくする方法が一般的である。したがって、

1960年代になってもアメリカではOHVエンジンが主流であり、OHC化は日本の方が先行していたくらいだ。ヨーロッパでもスポーツカー用としてOHCエンジンが出現していたが、普通のセダン用エンジンはOHV型がほとんどだった。

　日本では、小型車規定の枠内でエンジン性能を向上させようとする動きと、メーカー間の競争が激しく、機構的に見ればアメリカやヨーロッパのエンジンより進化したものが出現したことになるが、ユーザーにそれが歓迎されたことで、こうした進化はさらに促進された。

第7章
1960年代の1000cc級エンジンの競演

7-1. 新規参入メーカーが1000ccエンジン車市場を確立

　1960年代の乗用車部門での大きな動きとして挙げられるのが、大衆ファミリーカーの登場である。コロナやブルーバードクラス以上のクルマは、タクシーなどの需要を意識していたが、1000cc以下の乗用車は、最初から個人ユーザーをターゲットにしたものである。このクラスのクルマの需要が大幅に伸びモータリゼーションが発展した。

　サニーとカローラが発売された1966年がマイカー元年といわれたのも、個人ユーザーが一気に増えた年だからで、日本の自動車メーカーの国際競争力がつくのもこのころからである。車両価格が廉価であることが大衆ファミリーカーの条件だが、軽自動車とは異なり一人前の乗用車として居住空間をある程度確保しながら、生産コストをできるだけ抑える必要があった。そのために、エンジンは軽量コンパクトでありながら性能の良いものが要求された。

　この種のクルマとして先陣をきったのは、1960年に誕生したトヨタのパブリカであり、その直後に出た三菱500・600だった。どちらも2気筒というシンプルなエンジンを搭載した高級感に乏しいクルマという印象があって、小型大衆車というジャンルを確立する牽引車にはならなかった。

　こうした動きを横目に見ながら、小型四輪車部門に参入してきたのが東洋工業（マツダ）とダイハツである。いずれも自動三輪メーカーとして三輪車業界を二分して君臨していた戦前からのメーカーであり、歴史的にはトヨタや日産より古く、技術的な蓄積を積んできていた。戦後のブームに乗って成長を続け、量産技術をもっ

ており、エンジン技術に関しても経験豊富だった。1950年代後半からは自動三輪車の高級化が進んで車両価格が高くなっていき、逆に四輪小型トラックが量産化されて価格が引き下げられることで、三輪車のもっていた経済性の高さが失われ、東洋工業もダイハツも三輪メーカーからの転換を図らざるを得なくなり、軽自動車メーカーとして四輪部門に参入し、さらに小型車部門に進出してきた。

1960年代の初め、トヨタや日産は小型車のなかでは比較的上級車が中心だった。したがって、東洋工業とダイハツがめざしたのは、軽自動車とトヨタや日産の乗用車との中間にある三輪車と同じように、個人ユーザーをターゲットにした大衆小型車部門であった。両メーカーはともに、まず商用車であるライトバンからスタートし、その後にワゴンやセダンを発売している。1963年のことで、自動車産業が大きく成長しようとしていた時期だった。

東洋工業のファミリアとダイハツのコンパーノが登場して一定のユーザーを確保し、パブリカがデラックス仕様を出して巻き返しを図り、三菱もコルト1000を登場させ、このクラスがひとつのジャンルとして確立するようになった。

トヨタと日産が新しく大衆車部門のクルマを出したのはファミリアとコンパーノ登場の3年後だが、巨大メーカーの参入によってこのクラスのクルマの販売が大幅に伸びた。

1000ccクラスとしては、先に述べたコンテッサ900や1966年に発売されたスバル1000があるが、コンテッサはRR車であり、スバルはFF車と、この時代にあっては特殊な機構のクルマであり、スバルは水平対向エンジンという特殊なもので、この章とは別に紹介したい。

ここでは、当時のもっともコンベンショナルなものである、FR車に搭載された1000cc前後の4サイクル直列4気筒エンジンを中心に触れることにする。

7-2. ファミリア用の先進的な白いエンジン

自動三輪時代から、東洋工業は進んだ技術のエンジンを率先して開発した。三輪車用エンジンは空冷の単気筒か2気筒が中心だったが、サイドバルブエンジン全盛の時代にいち早くOHV型エンジンを搭載し、騒音対策を兼ねて1950年代の初めにハイドロリックバルブリフター付きのエンジンを市販している。しかも、1950年代は生産台数で、トヨタや日産を上回る記録をもち、生産設備も充実させており、シェルモールド法による進んだ鋳造設備を採り入れるなど先進的なメーカーとして、エ

ンジンの開発に関して
は、トヨタや日産に負
けない技術と積極性を
もっていた。

　その現れが、白いエ
ンジンといわれたオー
ルアルミエンジンの採
用である。ファミリア
用800ccエンジンのベー
スとなったのは、軽乗

アルミ合金を多用したファミリア800エンジン。

用車のキャロルに搭載された360cc直4エンジンである。1962年2月の発売で、軽自
動車用としては贅沢な機構だった。当時の軽自動車用エンジンは2サイクルあり空
冷エンジンありで、せいぜい2気筒までだった時代に、90ccという小さいシリンダー
の4気筒にして圧縮比も10.0と高くしていた。小さいボアでもバルブ径を大きくし
ようと燃焼室は半球型である。アルミ合金製シリンダーブロックはダイキャストで
つくられていたが、量産しなくてはコスト的に引き合うものではなく、東洋工業の
意欲と覚悟のほどを示したものだった。

　このエンジンは、最初から軽自動車用だけを考えたものではなく、排気量を大き
くできるように配慮されていた。600ccに拡大したエンジンを積んだキャロル600を
つくり、さらに拡大された。700ccあたりが限度とみられたが、排気量を拡大した方

が競争力があるからと目一杯拡大するこ
とにして、最終的に800ccになった。

　シリンダーブロックまでアルミ合金製
ではコストがかかるが、軽自動車用エン
ジンと同一のトランスファーマシンに流
してつくられるために、鋳鉄製に近いコ
ストに抑えられたという。ベースが小排
気量のエンジンなので、800ccとしては
必然的にコンパクトで軽量である。

　ボア58mm・ストローク74mmで782cc
とロングストロークで、ボアが小さいの

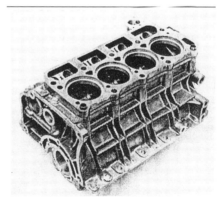

ファミリア800のアルミ合金製シリンダーヘッド。

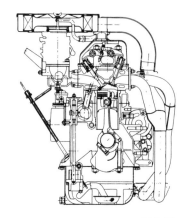
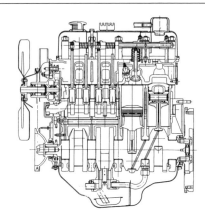

ファミリア用マツダ1000ccPB型エンジン。

が特徴、燃焼をよくすることを優先するのが東洋工業の行き方だった。エンジン重量は94kg、圧縮比はレギュラーガソリンを使用するように8.5にしている。クランクシャフトは5ベアリング、ダクタイル鋳鉄製である。

最高出力42ps/6000rpm、最大トルク6.0kgm/3200rpmと比較的高回転である。

このエンジンの流れを汲む1000ccPB型は1967年春に出ている。モデルチェンジに合わせてスケールアップが図られたものである。

ボア・ストローク68mmのスクウェアエンジンでハイカムシャフト、半球型燃焼室をもち、シリンダーブロックとシリンダーヘッドともにアルミ合金製と基本的な機構は受け継いでいる。バルブ取り付け角度は吸気側37度、排気側20度と吸入効率の向上のために吸気バルブ径33mmと大きくしている。バルブリフトは8mm。ボアピッチは中央部86mm、そのほかは84mm、ク

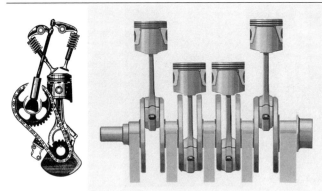

1000ccになってハイカムシャフトになった。

クランクシャフトは5ベアリングにして剛性を重視。

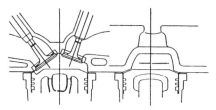

1000ccPB型エンジン。

同エンジンの半球型燃焼室。

ランクシャフトは5ベアリングである。エンジン重量は95kg、圧縮比8.6、最高出力58ps/6000rpm、最大トルクは7.9kgm/3500rpmである。

これより前の1965年11月にファミリアクーペの登場にあわせて、

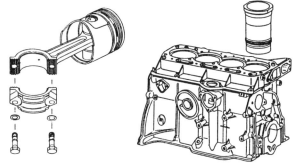

PB型ピストン及び斜め割りコンロッド。　アルミブロックなので鋳鉄製ライナー入り。

1000ccOHC型エンジンが開発されている。高性能車用としてこのクラスでは唯一のOHC型エンジンで、ファミリアのイメージアップを狙ったもので、同じ車体のクーペにはロータリーエンジンも搭載された。

ボア70mm・ストローク64mmのオーバースクウェアとし、半球型燃焼室をもち、2バレルのツインキャブレターとしている。ダクタイル鋳鉄製クランクシャフトは5ベアリング、300Wという大容量のオルタネーターをもち、デュアルタイプの排気

ファミリアクーペ用には特別にOHC型1000ccエンジンが搭載された。

マニホールドになっている。圧縮比は 10.0 と高く、最高出力 68ps/6500rpm、最大トルク 8.1kgm/4600rpm と、この時代の 1000cc エンジンとして群を抜く高性能だった。

その後、1968 年には販売を伸ばすためにファミリア 1200 を発売、ボア 70mm・ストローク 76mm で 1169cc とし、最高出力 68ps/6000rpm、最大トルク 9.6kgm/3500rpm、いち早く排気量を拡大してサニーやカローラに対抗している。

7-3. ダイハツコンパーノ用 800cc エンジン

先進技術をいち早く採り入れる東洋工業に対して、ダイハツは一貫して手堅く実用性を優先した機構のクルマに仕上げる伝統がある。乗用車用エンジンの開発でもそれがいえる。三輪メーカーからの転身を図るために小型四輪車を開発することになり、設計を始めたのは 1959 年。最初は 700cc でのスタートだったが、出力があることの重要性が高まり、途中で 800cc にしたのはファミリアの場合と同じである。

このエンジンはまず四輪トラックのニューラインに搭載され、さらにパワーアップされ磨かれてコンパーノに搭載されるという経過をたどっている。

設計方針として、強度や耐久性を重視し、高性能を狙って複雑にすることなく、重量やスペースを大きくせず、オーソドックスで実用性のあるものにし、その上で性能的に高い水準をめざすものだった。

ボア 62mm・ストローク 66mm とロングストロークエンジンにしている。38ps だったニューライン用エンジンの場合はシリンダーヘッドは鋳鉄製だったが、コンパーノ搭載時にはアルミ合金製のヘッドに変更され、圧縮比を高めている。ウォーターポンプやフロントカバーなども軽合金を使用、交流発電機の採用などで軽量化を図っている。

シリンダーブロックは鋳鉄製一体型で、シリンダーブロックのオイルパンとの結合はクランクシャフトの中心より下方にさげた位置になっている。シリンダーブロックの分割は、軽量化のためにはクランクシャフトの中心線の位置にした方がいいが、

コンパーノに搭載されたダイハツ 800ccFC 型エンジン。

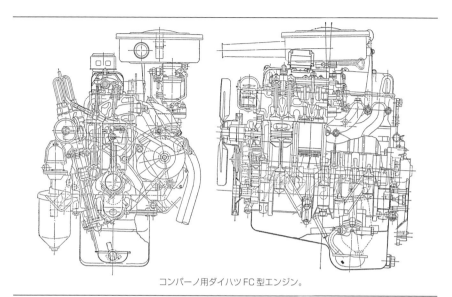

コンパーノ用ダイハツFC型エンジン。

この場合はエンジンの剛性を考慮した選択である。シリンダーライナーはウエット式。ピストンのコンプレッションハイトは34mm、スカート部の楕円は長径と短径の差が0.07mmである。鍛造製コンロッドの大端部キャップは斜め割である。鍛造によるクランクシャフトは3ベアリング、4バランスウエイト、メインジャーナル径50mm、ピンジャーナル径42mm、オーバーラップ13mmと剛性を重視している。

　シリンダーヘッドはアルミ合金の採用によって鋳鉄製より7kgの軽量化が図られ、

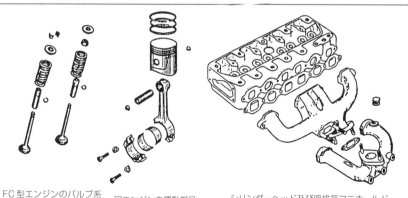

FC型エンジンのバルブ系
（左が排気、右が吸気）。

同エンジンの運動部品。

シリンダーヘッド及び吸排気マニホールド。

冷却性能の向上で圧縮比を
9.0としている。燃焼室はセミ
ウエッジタイプで、バルブを
傾斜させている。また、バル
ブ径を大きく取り、バルブ外
周と燃焼室側壁との間隔が狭
くなった。一方、高圧縮比な
のでスキッシュエリアが大き
くなるが、これらによる悪影
響は出ていないという。カム
シャフトの位置はクランク

ダイハツ1000ccOHV型ツインキャブ仕様は65psを発生。

シャフトの近くで、長めとなるプッシュロッドは6mm径の中空パイプ製である。

　エンジン寸法は全長523mm、全幅457mm、全高621mm、重量は89kg（乾燥）と
軽く、最高出力41ps/5000rpm、最大トルク6.5kgm/3600rpmである。

　その後、ボアを66mmに拡大した958ccエンジンが追加され、コンパーノ用エンジ
ンは800ccと2本立てとなった。圧縮比は同じ9.0、最高出力55ps/5500rpm、最大ト
ルク7.8kgm/4000rpmである。

　さらに、1967年にスポーツタイプのベルリーナ1000GTには、キャブレター仕様
から燃料噴射装置にして性能を向上させている。排気規制が問題になって来つつあ

る時期で、燃料の供給
を制御するインジェク
ションが注目されるよ
うになっており、ダイ
ハツが日本ではいち早
く採用した。空気量の
計測を機械式で行うも
ので、2ポート式、加速
時などで空燃比を濃く
して出力アップさせた
いときと、経済性を優
先させて空燃比を薄く

初のインジェクションを装備したダイハツ1000ccエンジン。

する切り換えは手動で制御する。そのためのダイヤルがコンソールに取り付けられていた。圧縮比 10.5、最高出力 65ps/6000rpm、最大トルク 8.3kgm/4500rpm、ただしこのエンジン搭載車は少量の生産に留まった。

7-4. 三菱コルト1000用ハイカムシャフトエンジン

　ファミリアやコンパーノと同じ時期にデビューした三菱コルト1000は、三菱500・600に続いて発売にされた小型乗用車で、一気に1000ccまで排気量を拡大した。三菱では 50ps の出力を 1000cc 以内で達成する目標でエンジン開発に取り組んだ。1000ccを境にして車両にかかる税金の額が違うから、1000ccが一つの壁となっていた。

　軽く、小さく、安くというのがエンジン開発の狙いだった。軽量コンパクトなエンジンで、コストを抑えたうえでエンジン回転数を上げ、吸入効率を上げる必要があった。そのために、機構が複雑になったのでは目的が達せられない。

　プッシュロッドの長いOHV型エンジンではエンジン回転はせいぜい5000rpmあたりが信頼性の限度で、それ以上の回転にするにはOHC型にするのが当時の技術者の一般的な考えだった。しかし、そうなるとシリンダーヘッドが複雑になり、軽く小さくできない。ということで、デボネア用2000ccエンジンと同じようにプッシュロッドが短くできるハイカムシャフト式OHV型を採用している。最高出力時のエンジン回転を 6000rpm に設定して、排気量を 977cc に抑えている。

　耐久性を考慮すれば、ピストンスピードを高くするのは好ましいことではなく、高回転をねらう場合はショートストロークにすることが有利で、ボア 72mm・ストローク60mmとしている。ピストンスピードは6000rpmで12m/s である。

　燃焼室はウエッジタイプ、バルブは15度傾斜することでバルブ径を大きくし、吸気バルブ径35mm、バルブリフターをシリンダー

高性能を追求したハイカムシャフトOHV型の三菱1000ccエンジン。

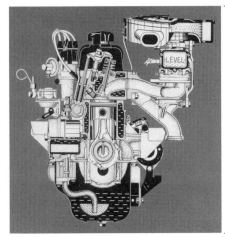

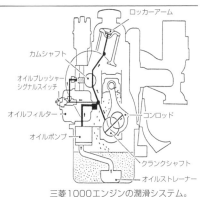

ロッカーアーム

カムシャフト

オイルプレッシャー
シグナルスイッチ

オイルフィルター

オイルポンプ

コンロッド

クランクシャフト

オイルストレーナー

三菱1000エンジンの潤滑システム。

この時代の三菱エンジンはハイカム
OHVの共通機構にしていた。

ヘッド側に持ってきている。これに伴って、リフターの軸をバルブと同じ方向に傾斜させ、上部にできた空間にディストリビューターを配置し、燃料ポンプも上方にきている。これによって加工面で有利になり、整備性も向上した。

　シリンダーヘッドはアルミ合金製、圧縮比8.5、レギュラーガソリンを使用できる。ピストンの頭部を若干盛り上げてスキッシュが起こせるように配慮している。クランクシャフトは、軽量化とエンジン全長を短くするためにバランスウエイトを2個にして小さくし、クランクプーリーとフライホイールにアンバランス量を設けてカバーしている。クランクピン径も大きく取り、コンロッドのキャップは斜め割りになっている。シリンダーブロックは軽量化のためにハーフスカート式で深い鉄板製のオイルパンになっている。

　エンジン寸法は、全長535mm、全幅614mm、全高625mm、整備重量110kg、最高

三菱1000用コンロッド
及びコンロッドメタル。

ボンネット内に納められたコルト1000用エンジン。

出力51ps/6000rpm、最大トルク7.3kgm/3800rpmである。

　なお、三菱では翌1964年にコルトシリーズの上級車種として1500を発売した。ボ
ア85mm・ストローク66mmの1498cc、基本的な機構は1000ccエンジンを踏襲して
いる。ハイカムシャフト式OHV型、ウエッジタイプの燃焼室、最高出力70ps/5000rpm、
最大トルク11.5kgm/3000rpmと1000ccエンジンより回転は低めの設定になっている。

7-5. 日産のダットサンサニー用OHV1000ccエンジン

　日産のサニーは、当初はパブリカに対抗するクルマとして開発された。開発の過
程でエンジン排気量が850ccから1000ccにアップしたのは、ライバルにまさるエン
ジンパワーで圧倒しようとしたからである。最高出力が高いことが販売に与える影
響は大きく、小型大衆車として一つの壁になっていた1000ccまで引き上げる決定を
くだした。ボア68mmでスタートしたが73mmに拡大され、ストローク59mmのオー
バースクウェア、988ccとなった。

　車両開発の重要なテーマの一つが製造原価を徹底的に抑えることだった。車両価
格を低く抑える大衆車の開発に首脳陣が熱心でなく、利益を生むためには厳しい原
価管理が必要だった。そのためにも軽量コンパクト化が重要な課題となり、エンジ
ン重量は90kgにする計画で、一つ一つの部品が厳しく吟味しながら設計された。オ
ペルカデットのエンジンを参考にしている。

　カムシャフトの位置をシリンダーブロックの中の高い位置にしたハイカムシャフ

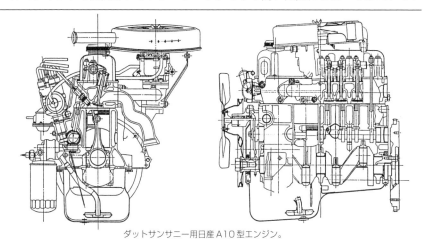

ダットサンサニー用日産A10型エンジン。

ハーフスカートタイプの
A10型シリンダーブロック。

サニー1000用A10型エンジン。

ト OHV、カムシャフトは5ベア
リングにして5点支持のロッ
カーシャフトで動弁系の剛性を
高めている。シリンダーヘッドはアルミ製、圧縮比は8.5、燃
焼室はウエッジ型、バルブは12度の傾斜をもって配置され、
吸気バルブ径35mm、排気バルブ29mmとボアのわりに大きく
なっている。アルミ合金製の吸気マニホールドは形状や長さ
の異なるものでテストをくり返し、中途分岐型のものが選ば
れた。こうして得られた実験結果は、日産のほかのエンジン
にも生かされるようになる。

A10型エンジン
の動弁機構。

　鍛造製のクランクシャフトは3ベアリング、クランクピン
径45mm、ジャーナル径50mm、両者のオーバーラップは18mmと大きくしている。
ボアがオースチンエンジンと同じになったことによってピストンやピストンリング
はそれまでのノウハウを生かして素性の良
いものになっている。

　最高出力56ps/6000rpm、最大トルク
7.7kgm/3600rpm、エンジン整備重量92.5kgと
なり、1000cc エンジンとしては高性能なも
のだった。

　1970年のモデルチェンジに際して、エン
ジンは同じ機構のA10型からA12型となっ
た。ボア73mm・ストローク70mm、1171cc、

スポーツタイプのSU ツイン
キャブにしたA10型エンジン。

圧縮比9.0、大きな変更点はクランクシャフトが5ベアリングになったことである。最高出力68ps/6000rpm、最大トルク9.7kgm/3600rpmとなり、OHVエンジンでありながらレースに出場するためにチューニングされたエンジンは10000rpmという高回転にも耐えられたという。

7-6. トヨタのカローラ用1100ccエンジン

　サニーに半年ほど遅れて登場したカローラは、発売の直前にエンジン排気量を1000ccから1100ccに拡大した。ライバルとなるサニーに対して優位性を保つために、排気量を大きくして、「プラス100ccの余裕」というキャッチフレーズで販売を有利に進めた。

　当初はボア72mm・ストローク61mmで設計されたが、ボアが75mmになってショートストロークの度合いを大きくした。排気量は1077cc。ボアが拡大してもバルブ径などは1000ccと同じだった。ボア径は直6エンジンのM型と同じになり、ピストンリングは同じものを使用している。

　アルミ合金製のシリンダーヘッドで、ハイカムシャフトOHV型、燃焼室はサニーと同じウエッジタイプ。バルブの傾きは8度、吸気バルブ径34mm、排気バルブ径28mmである。圧縮比は9.0と高めになっているが、レギュラーガソリンの使用を可能にし、バルブタイミングは低速側を優先して実用性を高めている。

　ハーフスカートのシリンダーブロックは鋳鉄製、球状黒鉛鋳鉄を使った鋳造のク

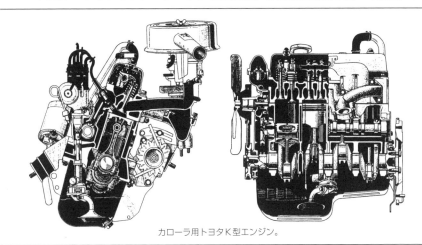

カローラ用トヨタK型エンジン。

ランクシャフトは5ベアリング、4ウエイトである。コストのかかる5ベアリングにすることで剛性を確保し、ピン幅を狭めてエンジン全長を短くできたという。吸気マニホールドは内径28mmのアルミ合金製で外形は金型、中子はシェルモールドによる鋳造である。

エンジンの拡大を考慮してボアアップできる余裕を持つような設計は、軽量コンパクトを優先したエンジンでは困難になる。ぎりぎりの設計だったから、100cc 大きく

カローラに搭載されたトヨタK型エンジン。

する変更によって、冷却がきびしくなり、シリンダーブロックに亀裂が入るトラブルが試作段階で発生した。

しかし、この時代になると、エンジンに対する知識や経験が豊富になり、時間との戦いによって多くの不具合やトラブルは解決している。

1077cc の K 型エンジンは、ボンネット内に余裕を持って納めようと、ボンネットを低くするために20度傾けて搭載された。左側に傾けて、上面にプラグやディストリビューターやオイルフィルターなどを配置して整備性を向上させている。

トヨタK型のタイミングチェーン。

エンジン寸法は全長588mm、全幅614mm、全高625mmであるが、斜めに搭載して、余裕がある分エアクリーナーを厚くしオーバーハングして装備されたので、エンジンサイズの数値は大きめである。エンジン整備重量は98kg。最高出力 60ps/6000rpm、最大トルク 8.5kgm/3800rpm である。

カローラ用 K 型エンジンはリッター当たり55.7psで、アメリカはいうに及ばずヨーロッパの乗用車エンジンと比較しても高い数値である。サニー用 A10 型も同様の出力で、1000cc クラスの国産エンジンは世界でトップクラスの性能になって

K型エンジンのシリンダーブロック。

いる。しかし、欧米では、一般に最高出力の数値にこだわるより実用性や使いやすさを重視する傾向があるから、単純にリッター当たりの出力の数値の比較だけでエンジン性能で優れているとばかりはいえない。

　その後、これらのエンジンを搭載した小型大衆車は販売を伸ばし続け、上のクラスの乗用車を上回る売れ行きを示す

トヨタK-B型ツインキャブエンジン。

が、それを支えたのは、モデルチェンジするたびに車両サイズは大きくなり、装備は充実して高級化していったことだ。それにつれてエンジンも排気量を大きくし、性能の向上が必須の条件となった。

第8章
1960年代後半の個性的なエンジン

8-1.1960年代後半の自動車業界の状況

　政府の行政指導による業界での活動を規制しようとする特振法は、1963年から3度国会に上程されたが、結局廃案となり通産省の思惑とは別に乗用車の生産は、企業間の自由な競争にゆだねられることになった。どのメーカーも自主的な判断で乗用車を開発し発売できるようになり、企業間の競争は激化し、それぞれに他のメーカーにない特徴を出そうと知恵をしぼりあった。他のメーカーが参入する前から乗用車を作り続けていたトヨタと日産は、技術的な蓄積とクルマのイメージが一般に浸透しており、販売網も確立して優位にたっていた。したがって、これ以外のメーカーにとっては、この厚い壁を突破して乗用車メーカーとしての地位を確立することが大きな課題だった。

　特に乗用車は量産効果を上げることが重要だった。1965年に貿易の自由化が実施されたが、すぐに輸入車が増えなかったのは、国産車がそれまでに量産体制を整えて車両価格を何度も引き下げたことにより、40％という関税をかけられる輸入車とは価格の差が生じたことも原因になった。

　しかし、多額の投資で生産設備を整えても、開発した乗用車の販売が生産計画の数字を下回れば、経営を大きく圧迫した。日野自動車がコンテッサの生産を中止してトヨタと提携したのも、乗用車用の生産設備を遊ばせておくわけにはいかず、トヨタ車を生産することで赤字の累積を食い止めようとしたからである。このほかにも、提携や合併が進行したのは、単独では大メーカーに太刀打ちできないと考えたからだ。乗用車メーカーとして第3位だったプリンス自動車が日産と合併し、ダイハツがトヨタと提携、富士重工業が日産と提携した。また、資本の自由化は1972年

まで持ち越されたが、それを待って、いすゞがGMと、三菱がクライスラーと提携し、資本参加と取締役の受け入れを決めている。

1960年代の後半は、それぞれのメーカーが特徴を発揮して、クルマの開発やエンジン技術で独自性のあるものを世に送り出した。排出ガス問題がアメリカを中心にして今後のエンジン開発にとって重要になり、一方では出力の向上要求がさらに強まり、生産コストを下げながら魅力的なエンジンにする努力が続けられた。

この時代に開発されたエンジンの多くは、各メーカーの主要エンジンとして比較的長く使用されており、同時に各メーカーのその後の活動を左右した重要な意味を持つものである。ここでは乗用車用エンジンとして主流とはいえないが、それぞれに特徴的な型式のエンジンについて見ていくことにする。

8-2. FF車スバル1000用水平対向エンジン

1953年に当時の小型車としては高級なFR車1500ccのスバルP1を試作した富士重工業は、銀行からの融資を受けられずに方向を転換して，軽自動車のスバル360を1958年にデビューさせた。軽自動車でありながら大人4人が乗れる、オーナードライバーをターゲットにして成功した乗用車である。これにより軽自動車メーカーの色彩を強めていた富士重工業は、モータリゼーションの発展に伴って小型車の開発を進めた。東洋工業やダイハツとは、企業の生い立ちは違っていたが、技術的に遜色ない力量を持っていた。

1000ccクラスの乗用車スバル1000は直列4気筒エンジンを搭載したFR車ばかり

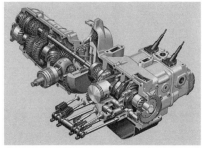

スバル1000エンジンの最大の特徴は水平対向4気筒エンジンであること。FF車用として開発された。

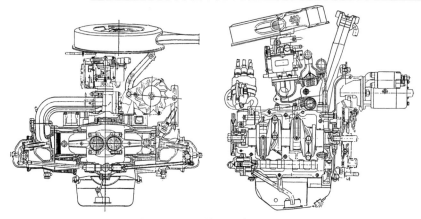

スバル1000用水平対向エンジン。

のなかに、FF車として登場。エンジンは水平対向4気筒を採用したから、際だって
ユニークなものだった。これによって、富士重工業は他とは違う特徴的なクルマを
つくるメーカーというイメージが定着したが、同時にそのユニークさゆえに乗用車
の主流とはなり得ない道を選択したともいえる。

　機械部分のスペースを少なくして居住性をよくするにはRR車かFF車にすること
が有効で、RR車は機構的に古めかしさが目立つようになっていた。しかし、FF化
するには排気量が小さいことが条件で、日本では1000ccクラスの本格的な小型車の
FFはまだ市販されていなかった。そんな中で富士重工業がFF方式を選択したこと
は、技術的にも大いなる挑戦だった。

　全長3900mmの範囲で1500cc並の居住性と走行性能を確保することが開発のコン
セプトで、エンジンルームのスペースも切りつめる必要があり、このクルマにマッ
チした水平対向エンジンが誕生した。

　水平対向エンジンは、全幅が大きくなり車載性が悪くなるので、ストロークを短
くし、必然的にボアの大きい高速型エンジンになる。シリンダーヘッドが両サイド
にあって機構的に複雑になり、生産コストがかかり、整備性でも有利とはいえない。

　高性能で全長が短いという有利な点を生かし、マイナス面が表面にでないように
バランスのとれたものにすることが開発の課題だった。

　耐久性・信頼性のあるエンジンにしてトラブルを出さないことで整備性の問題を
カバーする計画が立てられた。

ボア72mm・ストローク60mmのオーバースク
ウェアで、のちに排気量アップしたエンジンでも
一貫してラージボアである。

排気量は977cc、燃焼室はウエッジに近いバスタ
ブ型、アルミ合金製シリンダーヘッドを採用して
軽量化と冷却性をよくし、圧縮比は9.0としてい
る。クランクケースもアルミ合金製で、左右をセン
ターで2分割した構造、各バンクのシリンダー
間隔は103mm、特殊鋳鉄のウエットライナーが挿
入されている。

スバル1000用ピストンとコンロッド。

バルブ配置はOHV型、バルブの傾斜角は8度、エ
ンジン全幅をつめたりコンロッドを短くするなど
してプッシュロッド長さを短縮している。両バン
クのバルブをシングルで受け持つカムシャフトは、

3ベアリングのクランクシャフト。

クランクケースに直接3ベアリングで支持されている。このケースがアルミ合金で
ある関係で、バルブクリアランスが変化しないようにアルミ合金製のパイプの両端
にクロムモリブデン鋼製のキャップをプッシュロッドに圧入している。吸気バルブ
径32mm、排気バルブ径28mm、バルブリフトは7mmである。

ピストンはTスロットで全高65mm、コンプレッションハイト32mm、フルフロー
トのピストンピンはピストン中心から1.5mmオフセットしている。低マンガン鋼鍛
造のコンロッドは、大小端距
離110mmと短い。水平対向な
のでクランクシャフトの全長
は短くなり、3ベアリングで
ジャーナル径50mm、ピン径
45mm、ベアリングはどちらも
3層メタルである。

冷却はメインラジエターと
サブラジエターをもつデュア
ル式で、水温調整は第1段の
サーモスタットと第2段の

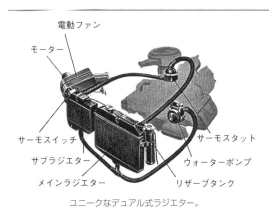

電動ファン
モーター
サーモスイッチ
サブラジエター
メインラジエター
サーモスタット
ウォーターポンプ
リザーブタンク

ユニークなデュアル式ラジエター。

サーモスイッチにより、サブラジエ
ーターに電動ファンが付いている。デュ
アル式にしたことで、高速回転時の出
力の向上、燃費の削減、騒音の改善が
図れたという。アルミ合金がエンジン
全体重量の3分の1を占めて、整備重量
76kg（乾燥）に抑えられており、全長
427mm、全幅650mm、全高617mm。最
高出力55ps/6000rpm、最大トルク
7.8kgm/3200rpmと高水準に達している。
また、スポーツセダンとして登場した

スバルff1用のツインキャブエンジン。

スバルff-1は圧縮比を10.0に高めSU型ツインキャブにして最高出力77ps/7000rpm、
最大トルク8.8kgm/4800rpmとしている。

8-3. 注目されたマツダロータリーエンジンの登場

　4サイクルピストンエンジンが主流を占める中で、1960年代に入ってにわかに注
目を集めたのがロータリーエンジンである。ドイツのNSU社が手広くライセンス販
売に乗り出し、新しい時代の自動車用動力としてPRした。往復運動機関より機構的
にシンプルで、振動なども小さく、容易に高性能を出せるというメリットがあった。
しかし、自動車用動力として市販車に搭載するには技術的に解決しなくてはならな
い問題がいくつかあり、魅力のあるものではあるが、実用化が可能なのかという疑
問をいだく向きもあった。

　航空機用動力の主流がピストンエンジンからジェッ
トエンジンに移行した時期で、自動車用動力も将来的
に劇的な変化があるという見方が、それなりの説得力
があり、世界中のメーカーは、バンケル博士の開発し
たロータリーエンジンに無関心ではいられなかった。
しかし、量産するには往復エンジンとは異なる機械設
備を新しく導入しなくてはならないから、ライセンス
を取得して市販することを前提に積極的に開発を進め
るメーカーは少なかった。

ローターとローターハウジング。

　東洋工業は、逆にこれをチャンスととらえた。トヨタと日産を中心にした日本の
乗用車部門で主導権をとるには、この両社にない技術で対抗する必要があると考え、
ロータリーエンジンの開発に社運を賭けることになった。松田恒次社長がNSU社で
技術的な説明を聞いて、これならものになるという確信を持ったことが始まりだっ
た。1961年にライセンス契約を結び、市販に向けての開発研究が始められた。

　もともと回転機関は過渡特性よりも一定の回転でパワーを発揮させるほうが効率
がよく、往復機関以上にその傾向が強い。したがって、海外での実績もきわめて限
られており、耐久信頼性を優先し、性能的にフレキシビリティのあるものにするこ
とを目標に東洋工業で開発が進められた。

　スムーズな運転性を得るには2ローターがよいということで、単室容積は491ccが
選ばれた。ただし、エンジン排気量は4サイクルのピストンエンジンとは同一に考
えられないから、一般には2倍の排気量換算された。この場合は1964ccとなり、2000cc
クラスになるといえるだろう。

　おむすび型の3角形のローターが回転して吸入から圧縮、燃焼、排気の行程をこ
なすから、ハウジングとの間にできる扁平な空間が燃焼室となり、3角形のアペッ
クス（頂点）部がガス圧をシールする働きをする。ハウジングの内壁とこのアペッ
クスが常に接触し、また両側はサイドシールが常にサイドハウジングの壁面と摺動
している。内壁を摩耗から守りながらシールすることは、ロータリーの開発の難問
の一つだった。

　ロータリーエンジンの主要部品としては、ローターハウジングとサイドハウジン
グ、ローター、エキセントリックシャフトがあり、吸排気や点火装置は、ハウジン
グに設けられて
いる。潤滑や冷却
も同様である。も
ちろん、4サイク
ル往復機関のよ
うなバルブ装置
はない。

　最初のコスモ
用ロータリーエ
ンジンではロー

ファミリア用10A型ロータリーエンジンとピストンエンジンとの大きさの比較。

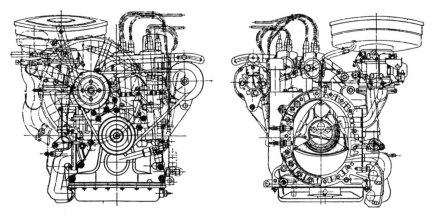

コスモ用2ローター10A型ロータリーエンジン。

ターハウジングもサイドハウジングもアルミ合金製で、ローターハウジングのアペックスシールの摺動面は硬質クロームメッキが施され、サイドハウジングのシール摺動面は高炭素鋼が溶射されている。ローターは高張力特殊鋳鉄製で、強度を保つようにつくられ、アペックスシールとコーナーシール、サイドシール、オイルシールが取り付けられている。

　ローターハウジングの繭（トロコイド）型の摺動面と接するアペックスシールは、アルミニウムを特殊な方法で含浸させた強度の高い特殊カーボン材を使用しているが、血のにじむような数年にわたる研究開発の成果が織り込まれたものである。強度、耐久性とも充分なものになったことで、ロータリーエンジンが市販車に搭載可能になり、東洋工業はロータリーエンジン技術に関しては世界一になったという自信をつけた。

　サイドシールは特殊鋳鉄で、アペックスシールと連動してシールするよう配慮された。オイルシールはオイルの漏れを防ぐだけでなく、サイドハウジングの摺動面の潤滑をコントロールし、ローター内部はオイルで冷却される。

　ローターハウジングのトロコイド曲面にそって遊星運動をしながらローターを回転させる偏心した軸（エキセントリックシャフト）は、クロムモリブデン鋼でつくられ、ベアリング部は滲炭焼き入れされている。ローターは回転中心軸に対してオフセットしているから、シャフトとローターはアセンブリで動的な回転バランスをとるためにシャフトの前後端にカウンターウエイトが取り付けられている。

吸気ポートはサイドから回り込む方式にし
ている。ストレートに吸入できるペリフェラ
ル方式では吸気が入り込みすぎて低速域で激
しいトルク変動が起きて安定しないためで、
実用化にあたっての大きな課題の一つだっ
た。一般の往復機関の場合は吸気を取り込む
上で抵抗を少なくすることが課題だが、ロー
タリーの場合はその逆で、一つのローターに

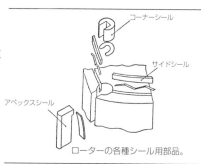

コーナーシール

サイドシール

アペックスシール

ローターの各種シール用部品。

二つのポートを設け、低速・低負荷時には片方を閉じて、高速・高負荷時には両方
とも開けるようにしている。低速時の走行をスムーズにするための苦労だった。混
合気の霧化を促進するために、低速用吸気管は排出ガスによる予熱を利用して暖め
ている。キャブレターはロータリー用に設計された4バレルのものを使用、排気ポー
トはペリフェラル式である。

　燃焼室が扁平なために、点火プラグは燃焼を確実にすることをねらって2本装備
される。それぞれの点火進角は異なっており、ふたつの配電盤が使用される。ロー
ターに燃焼室となる窪みが付けられたが、火炎の伝播がスムーズにいかない点が
ロータリーエンジンの泣き所の一つで、そのための解決法だった。

　実用化に向けて東洋工業が独自に開発した
技術は多く、その熱意は他のメーカーにない
ものだった。本家ともいえるドイツのNSU社
がメンツにかけてロータリーエンジンを搭載
する乗用車を世界で最初に市販したものの、
実用化のレベルでは東洋工業のコスモとは比
較にならず、少量生産されたNSUスパイダー
はほどなく姿を消しており、真に実用化した
のは東洋工業だけである。

　市販車に搭載するに当たって、まずは試験
的な意味合いとイメージアップのために、ス
ポーツカーのマツダコスモ用として登場。
ロータリーエンジンを搭載して最初に成功し
たクルマとして脚光を浴びた。圧縮比は9.4、

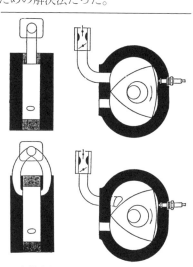

上がペリフェラル式吸気ポートで、下が
東洋工業が採用したサイドポートタイプ。

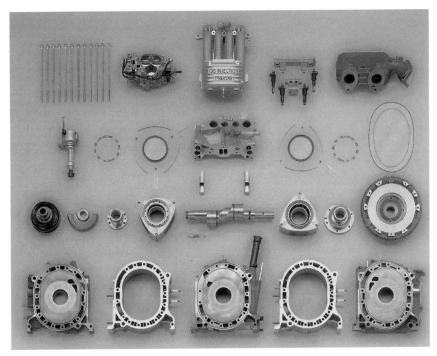

２ローター・ロータリーエンジンの部品。点数が少ないことがわかる。

最高出力 110ps/7000rpm、最大トルク 13.3kgm/3500rpm と高性能で、エンジン重量は 102kg と軽量 だった。

　次いで、東洋工業は量産車にもロータリーエンジンを搭載した。コスモによる成功で実験段階は終了し、いよいよ量産体制に入った。東洋工業はロータリーエンジンとともに成長するメーカーという印象を強くした。

　1968年7月にはファミリアロータリークーペが発売された。同じ10A型だったが、サイドハウジングはアルミ合金製から鋳鉄製になり、吸排気系統を見直すなどしている。生産性の良さを追求するとともに、中低速性能を重視して実用性を高める努力が続けられた。最高出力 100ps/7000rpm に抑えられ、エンジン重量も129kgになっている。1000cc クラスのエンジンを搭載していたファミリアに100psエンジンを積んだもので、立派なスポーツクーペとなった。

　1969年10月には、ファミリアよりひとクラス上のルーチェにもロータリークーペが誕生、２ローターであることは同じだが、１ローターの排気量が655ccとなり、最

112

高出力126ps/6000rpm、最大トルク17.5kgm/3500rpmとますます高性能となった。排気量の増大はローターの幅を大きくしたもので、ローターの断面形状とサイズは同じである。

　ロータリーエンジンの信頼性や耐久性を実証する手段としてコスモの発売にあわせて、東洋工業はヨーロッパの有名な耐久レースに参戦し好成績を収め、続いてファミリアロータリークーペでも出場して上位入賞を果たし、国内だけでなく、海外でもロータリーエンジンが注目されるようになった。

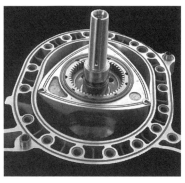

ルーチェ用13B型ロータリーエンジン主要部分。

　東洋工業がロータリーエンジンに社運を賭けたことがプラスに働き、1973年にオイルショックが起きるまでは輸出を含めて業績は好調だった。

8-4. 特異な存在としてのホンダとそのエンジン

　四輪部門に新規に参入したメーカーは、航空機メーカーからと自動三輪メーカーからの転身とともに、二輪車メーカーからの進出もあり、ホンダはその代表である。二輪車のトップメーカーとして世界のレースで大活躍しており、その精巧で高性能なエンジンは、ホンダが独自につくりあげたものだった。高回転エンジンにするために多気筒化を図り、バルブ配置はDOHCという最先端のメカニズムで、驚くべき成果を上げた。二輪のレース用エンジンは、時計のような精巧なエンジンであると二輪の本家とも言うべきイギリスで絶賛された。二輪車を世界で最初に大々的に量産したメーカーとして、戦後に起こした企業でありながら、1960年までに世界一の二輪メーカーになっていた。

　1963年のライトウエイトスポーツカーによる四輪車への参入もセンセーショナルだった。搭載されたエンジンも、4サイクル水冷直列4気筒DOHC2バルブのアルミ合金製という、市販車としては高性能の典型だった。DOHCというのは、ヨーロッパのスポーツカーでも稀にしか見られないものである。市販車用としてはコストを度外視した設計で、少量生産の高級スポーツカー用で、日本の他のメーカーでは思いもよらない機構だった。360ccの軽のスポーツカーとして企画がスタートしたが、この排気量では実用的でなく、市販されたのは500ccだった。オールアルミでCV型

キャブレターを4連装している。500ccはボア54mm・ストローク58mm、圧縮比9.3、最高出力44ps/8000rpm、最大トルク4.6kgm/4500rpmだった。9000rpmまで回すことが可能で、純レー

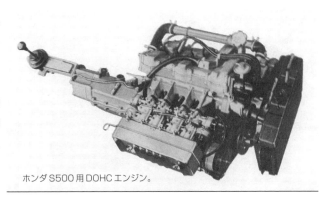

ホンダS500用DOHCエンジン。

シングカーのフィーリングを味わうことができると評判になった。クランクシャフトのベアリングは二輪車に見られるニードルローラーベアリングを使用して組立クランクであることも、このエンジンの特徴だった。

　その後、パワーと実用性の向上のために600ccから800ccまで拡大された。600ccはボアは変わらずストロークを65mmに伸ばして606ccにして、最高出力57ps/8500rpm、最大トルク5.2kgm/5500rpm、800ccではボア60mm・ストローク70mmにして最高出力80ps/8000rpm、最大トルク6.5kgm/6000rpmになっている。これらのホンダスポーツは少量生産で、ホンダに利益をもたらすほどのものではなかったが、この発売のタイミングに合わせて出場したF1レースでの活躍とともに、ホンダのイメージを上げるのに大いに貢献した。

　高性能であるというイメージができあがったホンダは、空冷2気筒360ccエンジンの軽乗用車N360を発売、この売れ行きが好調でホンダは四輪メーカーとしての基盤をつくった。四輪用エンジンでは整備性や経済性が重要で、シンプルな空冷式にしたのは、複雑な機構のホンダスポーツ用エンジンとは対照的だった。

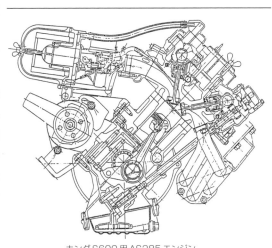

ホンダS600用AS285エンジン。

　N360の成功によって、本格的に小型車
部門に進出することになり、1969年にホ
ンダ1300が発売された。これ以降、小型
車ではスポーツカー以外一貫してFF方
式を採用している。

ホンダS800に搭載されたエンジン。

　東洋工業がロータリーエンジンという
特徴あるメカのエンジンで注目されてい
たことに対抗して、ホンダは小型車でも
空冷エンジンを特徴として打ち出した。
二輪で4サイクル空冷エンジンに関して
は実績を積んでおり、N360でも成功していたので、メンテナンスが容易でコンパク
トにできる強制空冷エンジンをホンダの特徴にすることが決定した。初めは600ccを
予定していたが、出力を確保するために排気量は、700cc、1000ccと次第に大きくな
り、最終的に1300ccまで拡大された。排気量が大きくなったことで、熱的な厳しさ
が増してきたが、当初に決めた空冷であることは変更されなかった。出力を上げた
エンジンは、開発中から熱による歪みでオイル漏れや部品のトラブルの発生により
信頼性に問題があり、オイルの温度も上昇する問題が加わった。

　強制的にファンで空気を送り込んだだけでは足りずに、走行風をオイルタンクま
わりに当てて冷やし、冷却フィンを張り巡らせ、フィンも大きくした。結果として
アルミを多用した複雑なエンジンとなり、製造原価も大きく膨らんだ。

　それでも空冷に固執したホンダ
1300エンジンは、高出力にこだ
わったことで多くの問題を抱えた
開発となった。

　騒音でも空冷エンジンは不利
だったが、最終的には乗りやすさ
のために出力を落として中低速ト
ルクを上げている。OHC、半球型
燃焼室、ボア74mm・ストローク
75.5mmの1298cc、大人しい77シ
リーズは最高出力100ps/7200rpm

フロントに横置きされたホンダ1300用空冷エンジン。

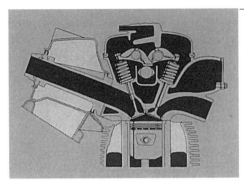
ホンダ1300エンジンのシリンダーヘッド。

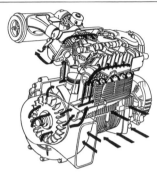
ホンダ独自のDDAC搭載のH1300。

から95ps/7000rpmにし、最大トルク10.5kgm/
4000rpm、高性能版の99シリーズは最高出力
115ps/7500rpmから110ps/7300rpmにし、最大
トルク11.5kgm/5500rpmとしたが、それでも
1300ccとしては驚くような高性能だった。圧
縮比は77シリーズが9.0、キャブレターは1個、
99シリーズでは9.5でキャブレターは4個、潤
滑はドライサンプ式である。

　空冷にこだわることで支払った犠牲は大き
く、静粛性が求められる乗用車では成功した
とはいえず、販売も予想を下回るものだった。

ボンネット内に収められたホンダ1300エンジン。

　1970年にはクーペモデルが追加されたが、1972年にクーペにはシビック用水冷エ
ンジンと併行して開発された水冷1450ccエンジンが搭載され、空冷エンジンは姿を
消した。

8-5. 三菱とスズキの2サイクル3気筒エンジン

　三菱では、コルト1500と同時期の1965年11月に水冷式2サイクル3気筒の変わ
り種エンジンを搭載したコルト800を発売している。いまでは2サイクルエンジン
は、四輪車用としては姿を消しているが、小排気量エンジンではコンパクトで構造
が簡単で、出力的にも有利であると、軽自動車用を中心に採用例は多かった。800cc
にして小型車に搭載しようとしたのが、三菱とスズキである。いずれも軽自動車用

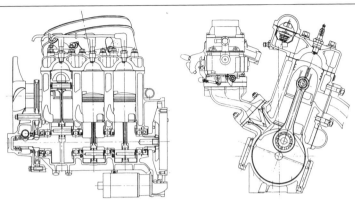

三菱3G8型エンジン。

エンジンで実績があり、技術的に可能であると開発に踏み切ったものだ。

　2サイクルエンジンがもっている欠点を克服すれば、排気量の小さいエンジンとしては出力的に有利であると、低速時のトルク低下、排気の汚れやオイル消費の削減、振動騒音などの低減に取り組んだ。

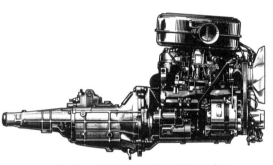

2ストロークの三菱800用3G8型エンジン。

　三菱は吸入ポートにリードバルブを採用、スズキはピストンバルブを用いて、ともに低速時のトルク向上を図った。潤滑は燃料の中にオイルを混ぜて一緒に燃やしてしまう混合給油式が普通だったが、排気からの白煙が嫌われ、どちらも分離給油方式を採用している。4サイクルと違って毎回燃焼する2サイクルでは、バランスのよい3気筒としている。エンジンそのものがコンパクトになり、その割に出力を高くすることが可能である。

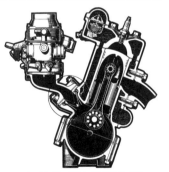

リードバルブ付きの三菱エンジン。

　三菱800はボア70mm・ストローク73mmの843cc、スズキフロンテ800ではボア

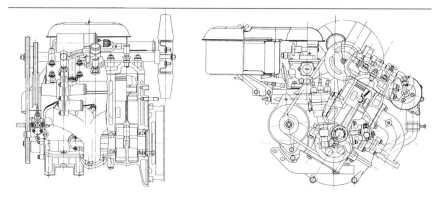

スズキフロンテ800用C10型エンジン。

70mm・ストローク68mmの785ccと一つのシリンダーが2サイクルとしては大きな
ものとなり、燃焼にむらがあった。三菱は最高出力45ps/4500rpm、最大トルク8.3kgm/
3000rpm、スズキは最高出力41ps/4000rpm、最大トルク8.1kgm/3500rpmと数値的な性
能はまずまずだったが、乗用車用エンジンとしては問題の残るものだった。このた
め、スズキは少量の販売の後生産を中止した。三菱は改良を続けて販売したが、イ
メージをよくすることができず、やはり短命に終わった。この後も、小型車用の2
サイクルエンジンの開発は行われたものの、市販車に搭載した例は見られず、排気
規制が厳しくなることで軽自動車用も含め、四輪車では姿を消したままである。

第9章
1960年代後半の1500cc級エンジンの開発

9-1.機構的に進んだ日本のエンジン

　サイドバルブエンジンから出発してOHV型やOHC型が出現したが、その先の
DOHC型エンジンも、1960年代になると、日本でも開発しようとすればできないも
のではなく、実行に移す決断をするかどうかの問題だった。新しい技術が登場して
も、時間的な遅れさえ覚悟すればどのメーカーも開発できる技術力はあった。実用
化された新技術にしても、考え方や機構としては、相当前からあるものが多く、材
料の開発やコストなどが原因だった。

　1960年代の後半になって、1500ccクラスのエンジンが次々とOHC型となった。ト
ヨタと日産の主力車種であるコロナやブルーバード、それに対抗する各メーカーの
車両に、動力性能の向上を中心にした新型エンジンを投入することで、激しい競争
の中で優位に立とうと懸命だった。

　OHC型エンジンではバスタブ型燃焼室は姿を消し、ウエッジ型と半球型（および
多球型）が中心となった。ウエッジ型になると、吸排気バルブが傾斜することにな
り、バルブ径を大きくできるので吸排気効率の向上が見込める。半球型エンジンで
はバルブ挟み角を大きくすることでウエッジ型以上にバルブ径の増大を図ることが
可能になる。生産コストでいえばウエッジ型の方が加工が簡単で有利であり、吸気
と排気が同一方向にあるUターン（カウンター）フロー方式になるので、排気管で
吸気管を暖めることで、混合気の霧化を促進することが容易であった。

　一方、半球型にすると、バルブの開閉機構が複雑になるが、点火プラグの位置が
中央寄りになり、吸気と排気が別方向（クロスフロー）になり、吸排気抵抗が小さ

くなる点で有利だった。この場合、温度の上がった冷却水で吸気管を暖めている。この時代、アメリカのメーカーではOHC型の場合はウエッジ型が主流であり、日本でもトヨタや日産はウエッジ型を多く採用、新興メーカーのエンジンは半球型が多いという特徴が見られた。

　ここでは、1500cc前後の各メーカーの中心的な車種に搭載された新型エンジンについてみていくことにする。いずれも、水冷4サイクル直列4気筒で、各社とも開発にもっとも力を注いだエンジンである。

9-2. マツダルーチェのデビューと新型 1500cc エンジン

　東洋工業は、ロータリーエンジンだけでなくレシプロエンジンに関しても開発をおろそかにしなかった。1966年8月に登場したルーチェには1500ccのOHC型エンジンを開発して搭載している。車種の充実を図ってきた東洋工業が、小型乗用車の激戦区ともいえるコロナやブルーバードのクラスに参入することで、確固としたポジションを確保しようとした野心作である。

　それにふさわしく、このクラスの国産エンジンでは初めてのOHC型だった。クラウンやセドリックはまだ法人や営業用が中心であったから、このクラスがファミリーカーの上限でもあった。開発の狙いは、燃費が良くエンジンがコンパクトになることで、室内空間を広くすることや実用性の高いものにすることだった。

　ボア・ストロークは78mmのスクウェアタイプ。出力アップをめざしてボアを大きくするエンジンが多い中で、東洋工業はコンパクトな燃焼室にして燃焼効率の良いエンジンにする考えを貫いていた。このクラスのエンジンではボアが80mmを超えるものがほとんどで、ギャラン用4G30型が登場するまでは1500ccクラスでは最小だった。燃焼室は半

マツダルーチェ用UB型エンジン。

120

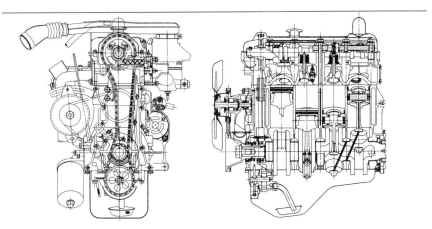

マツダルーチェ用UB型1500ccエンジン。

球型、バルブ挟み角は60度と大きい方ではなく、吸入空気量を多くすることばかりにとらわれず、スムーズな燃焼にすることで性能の向上を図ろうとしている。

シリンダーヘッドはアルミ合金製、シリンダーブロックは鋳鉄製。シリンダーライナーは一体式のディープスカートタイプ、ボアピッチは中央部92mm、そのほかは86mmとしてエンジン全長を短縮、シェルモールド法による精密鋳造で肉厚は3.5mmと薄くし、エンジン重量131kg（整備重量）に抑えている。

燃焼室は吸気バルブと排気バルブそれぞれに球形になっているから厳密には多球型ともいえる。吸気バルブ径38mm、排気バルブ径32mm、バルブリフト9mm、シリ

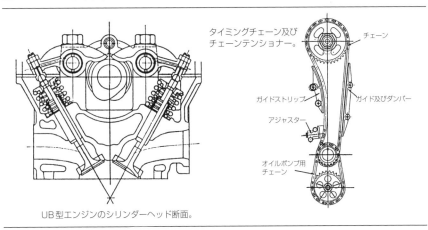

UB型エンジンのシリンダーヘッド断面。

タイミングチェーン及びチェーンテンショナー。　チェーン

ガイドストリップ　ガイド及びダンパー

アジャスター

オイルポンプ用チェーン

ンダーヘッドのセンターにある1
本のカムシャフトがロッカーアー
ムで吸排気バルブを開閉するが、
テストの結果、特殊合金鋳鉄のチル硬化したカムシャフトは、浸炭
鋼に硬質クロームメッキしたロッ

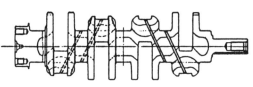

マツダ UB 型エンジンのクランクシャフト

カーアームとの相性がよいことがわかり採用している。吸排気はクロスフロータイプで、吸気マニホールドはアルミ合金、排気マニホールドは鋼管製のデュアル式で、騒音対策として肉厚 2mm にしている。

　5ベアリングのクランクシャフトはダクタイル鋳鉄製、各スローにバランスウエイトが取り付けられ、曲げやねじれ剛性を上げている。ジャーナル部径 63mm、ピン部径 53mm。ローエックスのアルミ合金ピストンは、全高 80.5mm、コンプレッションハイト 43.5mm。コンロッドの大小端部の中心距離 144mm、キャップの分割は 45度分割のセパレーションタイプを採用している。

　圧縮比は 8.2、最高出力 78ps/5500rpm、最大トルク 11.8kgm/2500rpm と実用性のあるエンジンになっている。

9-3. 日産プリンスの 1500ccOHC 型 G15 エンジン

　プリンス自動車工業は 1966年に日産に吸収合併されたが、G15型エンジンの開発は従来通りプリンス系の部門で開発が進められた。デビューは 1967年8月。企画は早くから立てられ、1964年には試作エンジンが完成したが、レーシングカーの R380用エンジンの開発が優先されて完成が遅れたものである。トヨタや日産ではレース用の開発は別の組織になっていたが、プリンスでは会社を挙げてレースに取り組んだからである。

　信頼性が高く性能も良かった FG4A 型の後継エンジンとして、新型は 1500cc クラスで国際的に最高水準のものにする目標で、時代に先駆けた機構を採用して性能の向上と信頼性や経済性の確保をめざした。

　OHC 型にするのはもちろん、燃焼室形状を多球形型してバルブを V 型に配置し、吸排気ポートはクロスフロー式となっている。

　結果的にはマツダルーチェ用 1500cc エンジンが、この機構のものとして先に出されたが、このエンジンも充分に先進的なものだった。シリンダーヘッドはアルミ合

金製を採用、慣性過給を効かせるようにした吸気マニホールドにして、排気マニホールドはセミデュアル式である。吸気系と排気系が別な方向になるので、自由度が大きくなって、ポートやマニホールドに最適なものを選択できる余地が大きくなる。

　燃焼室は吸気バルブと排気バルブの部分を球形にした2球型と、これに主球型を加えた3球型とを比較、効率が良いとして3球型を選択している。これにスワールが起こるようなポートとピストン頭部の形状にして熱効率の向上を図っている。

スカイライン用1500ccG15型エンジン。

　ボア82mm・ストローク70.2mmのオーバースクェアで、吸気バルブ径39mm、排気バルブ34mm、バルブリフトはどちらも9mmである。バルブ挟み角は50度と、この時代のエンジンとしては狭い方である。いたずらにバルブ径を大きくするのではなく、ポートの形状やバルブ傘部周りの流入抵抗を小さくすることで吸入効率を

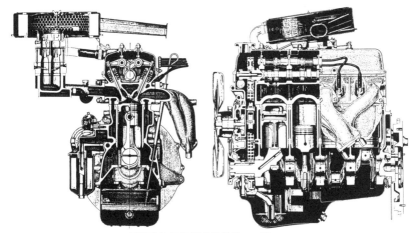

日産プリンスのG15型OHCエンジン。

上げる考えである。バル
ブ挟み角を小さくするこ
とで、燃焼室がコンパク
トになり、ピストンの頭
部形状もすっきりとして、
燃焼効率が良くなる利点
がある。

　動弁機構は、シリン
ダーヘッドにあるカム
シャフトの両側にロッ
カーシャフトを配置し、
これを支点にしてロッ
カーアームがバルブリフ

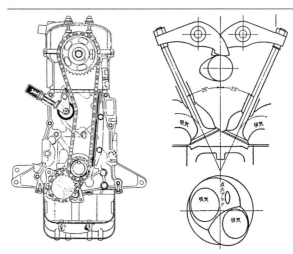

G15型エンジンのタイミングチェーン　　　G15型の燃焼室とバルブ挟み角

ターを押すオーソドックスな方式である。企画の段階では、カムシャフトを2本に
するDOHCのシリンダーヘッドも考慮したが、シリンダーヘッドが複雑になりコス
ト高を招くうえに、そこまでしなくとも性能は確保できるシングルOHCにしたとい
う。バルブスプリングはダブル、タイミングチェーンは複列式ローラーチェーンで
1段掛け、チェーンのゆるみはアイドラーローラーによるテンショナーでチェーン
カバーに取り付けられたアジャストスクリューによって調整する。

　シリンダーブロックは鋳鉄製のウエットライナー式で、ディープスカートタイプ、
クランクシャフトは5ベアリングと剛性を上げ、振動を抑えている。クランクシャ
フトは比較的大きな4バランスウエイト、ジャーナル径53mm、ピン径50mm、シリ
ンダー間隔は101mmである。

　圧縮比8.5、最高出力88ps/6000rpm、最大トルク12.2kgm/4000rpmで、アイドリング
回転は600rpm、許容回転数は7200rpmである。機構的に高出力化が可能だったので、
エンジンの仕様を決める際には、低中速領域を優先したという。エンジン寸法は全
長600mm、全幅625mm、全高695mm、整備重量133kgとなっている。

　G15型はスカイライン1500に搭載され、さらに1968年に誕生したローレルには
1800ccに拡大したG18型が載せられた。ローレルはもともと日産で設計されたもの
だが、次に触れる日産L16型と比較して選ばれたものである。G18型はボア85mm・
ストローク80mmの1815cc、圧縮比8.3、最高出力105ps/5600rpm、最大トルク15.0kgm/

3600rpm、整備重量139kgだった。

　しかし、日産との合併による効果を上げるためには生産コストを大幅に削減する必要があるということで、1970年代に入ってからは、プリンス系のG型エンジンシリーズは生産されなくなり、L型シリーズに統一される。日産ではすでにL型用の生産設備を完備していたことと排気対策によるエンジンの統合が、G型エンジンが姿を消すことになった理由だった。

9-4. 一新して登場の日産L13型とL16型エンジン

　1967年8月に3代目となるブルーバード510型の登場にあわせて開発されたのが、その後長く日産の乗用車用エンジンとして広く使用された水冷直列4気筒L型シリーズエンジンである。やがて4気筒L型をベースに直列6気筒がつくられてバリエーションが拡大され、大排気量のV型8気筒を搭載するプレジデントやサニー/パルサーといった大衆乗用車を除く日産のすべての乗用車用エンジンがL型シリーズになっていく。

　1963年に企画が始まった時点では、日本にも高速道路がつくられて高速時代が到来しようとしており、道路の舗装化も急速に進み、近い将来に高速走行時代になることが予想され、新時代にふさわしいエンジンにしようと、エンジンの全面的なモデルチェンジとして構想された。

　そのために先進的な機構にする必要があり、早くからOHC型でクランクシャフトの5ベアリングエンジンにする計画が立てられた。この時点では、まだこうした機

日産1300ccL13型エンジン。

日産1600ccL16型エンジン。

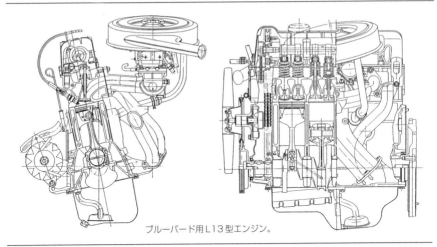

ブルーバード用L13型エンジン。

構のエンジンが日本にない当時にスタートした。G型シリーズは3ベアリングで、出力を上げていくにつれて剛性不足が目立ってきたという反省があった。

　高性能エンジンを搭載したスポーツセダンは、日本では日産が最初につくっており1600ccR型エンジンがブルーバード410に搭載されてSSSとなったが、これはベースエンジンとボアもストロークも異なるエンジンだった。そこで、3代目となるブルーバード510型では1600SSSにも、セダンと同系列のエンジンを搭載することにして、1300ccと1600ccが同時に開発された。

　ボアは同じ83mmにして、1300はストローク59.9mm、1600が73.3mmにすることが決められた。生産設備の共通化が図れるだけでなく、エンジン部品でも共用できるものが多く、生産コストが下げられる。同一のボアにすることで1600ccエンジンはストロークが延長されても重

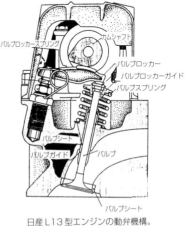

日産L13型エンジンの動弁機構。

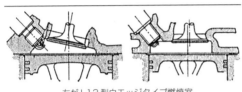

左がL13型ウエッジタイプ燃焼室、
右がJ型のバスタブタイプ燃焼室。

126

量的には1300ccエンジンとあまり違わない重さになるのは、高性能車に搭載するには有利な要素である。

　以下、1300ccエンジンをベースに見ていくことにする。特殊鋳鉄製のシリンダーブロックは、クランクシャフトセンターから58mm延長したディープスカート構造であるが、ブロック自体の重量は32kgと、当時としては比較的軽量である。鋳造精度を上げたことと相まって、軽量化されている。

　シリンダーヘッドは金型アルミ合金鋳物で、燃焼室はウエッジタイプ、吸排気バルブは直列に12度傾斜し、吸気ポートは吸入抵抗の少ない形状にするために多くのテストが重ねられた。ポートの入り口は燃焼室上面から51mmのところにある。バルブ径は吸気が38mm、排気が33mmである。

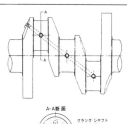

クランクシャフトの潤滑のためのオイル穴。

　コンロッドの小端部と大端部の中心距離は139.9mmと比較的長く、回転バランスを取るために調整用のボスがあって、重量の均一化とバランスがとられている。高炭素鋼の鍛造製の5ベアリングをもつクランクシャフトは、ジャーナルピン径55mm、クランクピン径50mm、オーバーラップは22.5mmとなっている。

　カムシャフト駆動は複列式ローラーチェーンにより、張り側には長い直線ガイドが、ゆるみ側には同様に曲線のガイドが取り付けられて振動を抑えながら、チェーンの張りをテンショナーで調整している。

　動弁機構はメルセデス・ベンツのエンジンと同様のタイプで、ロッカーアームがバルブスプリングリテーナーに組み込まれたバルブロッカーガイドとシリンダーヘッドに取り付けられた球面ピボット上にあり、カムシャフトとの摺動面は

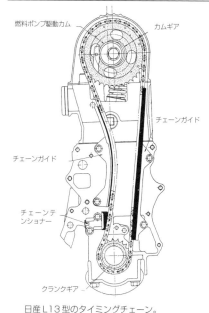

日産L13型のタイミングチェーン。

硬質クロームメッキが施されている。

　1600cc の L16 型は、L13 型をスポーツ
セダン用にチューンアップしたもので、
圧縮比は L13 型の 8.5 に対して 9.5 に上げ
ており、キャブレターも L13 型が 1 個で
あるのに対しツインの可変ベンチュリー
型である。

　吸気バルブ径は 42mm（排気バルブ径
は L13 型と同じ）と大きくし、吸気ポー
トも拡大している。バルブリフトも
10.5mm と大きくなっている。燃焼室底面
の形状を広げ、バルブシートインサート

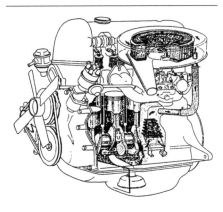

L13 型エンジンのブローバイ還元装置。アメ
リカの排気規制により採用されたもの。

もスムーズな流入が可能になる形状が追求されている。クランクシャフトのピン径
は L13 型と同じだが、ストロークが長くなっているので、クランクピンの回転半径
が大きくなり、オーバーラップは 15.6mm である。メタルの材質も L13 型が F500 で
あるのに対し、L16 型は銅の割合の多い F770 という硬くて耐久性に優れたものにし
ている。高回転・高負荷に耐えられるように、さらに表面に初期なじみをよくする
ように鉛と錫を主成分とした薄いオーバーレイが施されている。

　性能は L13 型が最高出力 72ps/6000rpm、最大トルク 10.5kgm/3600rpm、L16 型が最
高出力 100ps/6000rpm、最大トルク 13.5kgm/4000rpm である。エンジン重量は L13 型
が 128kg、L16 型が 131.5kg となっている。

　ブルーバード 510 型に搭載されてこのエンジンが登場した 1967 年の段階では、ト
ヨペットコロナはまだ OHV 型エンジンを搭載していた。機構的にも性能的にも上
回ったエンジンを
ブルーバードに搭
載することで、
５１０型はスポー
ティなセダンとい
う印象を植え付け、
劣勢に立った販売
台数で巻き返しを

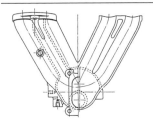
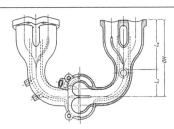

供試用の吸気マニホールド。右のトーナメント型が
採用されたが各部の長さを変えてテストされた。

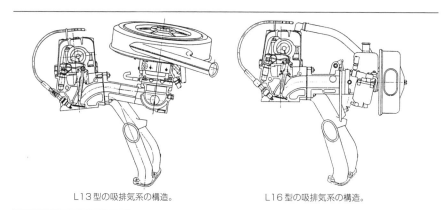

L13型の吸排気系の構造。　　　　　　　　　　L16型の吸排気系の構造。

図ることが期待された。

　その後、1400ccや1800ccなど多くのバリエーションがつくられ、さらには1300cc
をベースにした直列6気筒が登場し、前述したL20型に代わってセドリックなどに
搭載された。L24型といわれた2400ccはのちにフェアレディZに搭載されるなどし
ており、L16型の直6バージョンである。

9-5.コロナゴールデンシリーズ用OHC1600cc7R型エンジン

　販売台数で優位に立つトヨタは、エンジンの機構が先進的であることをアピール
することより、さりげなくライバルに対抗するのに充分な性能のものにする方法を
とっている。

　日産と同様に普通のセダンとスポーティ車にパワーの違うエンジンを搭載すべく
異なるバージョンのエンジンを開発したが、排気量は同じ1600ccにして全体の水準
が高いことをアピールする戦略をとっている。従来からの直列4気筒R型エンジン
の流れを汲む新開発のトヨタのOHCエンジン7R型のボアは86mm・ストロークは
68.5mmと、日産L型よりボアが3mm大きい。しかし、トヨタの新しいエンジンは、
シリンダーブロックだけでなくシリンダーヘッドも鋳鉄製で、軽量化よりも信頼性
やコストを優先している。

　トヨタ7R型及び7R-B型エンジンが登場したのは、日産L型の1年後の1968年5
月である。それまでのOHV型の1500cc2R型及び1600cc4R型は設計の古さが目立つ
ようになり、OHC化するに当たって全面的に手が加えられている。

　4R型はボア80.5mm・ストローク78mmだったが、大幅にオーバースクウェアにな

り、吸入効率を上げて高出力化した上で、実用
性の高いエンジンにする狙いだった。

　高級感のあるクルマの方向を鮮明にしてきた
トヨタの中級以上の乗用車では、静粛性が重視
されてきており、エンジンも剛性を確保して
がっちりと振動を抑え込むことを優先して、重
いエンジンになっている。クランクシャフトは
5ベアリング、クラッチハウジングを分割式に
したシリンダーブロックはディープスカート
式、ブロックの一般の肉厚は4.5mm、ボア部で
は6mmの鋳鉄製、ボアは4つともウォーター

コロナ用のトヨタ7R型エンジン。

ジャケット内で独立しており剛性を確保している。

　燃焼室はウエッジ型で、直列の吸排気バルブは15度傾斜している。日産L型と同
様にUターンフロー（カウンターフロー）にしたのは、排気加熱で吸気を暖めて
ウォーミングアップの時間短縮と、混合気の霧化の促進を図るのに有利と考えたか
らでもある。暖機を早くすることは濃い混合気を燃やす時間を少なくして排気成分
から有害物質を少なくするためにも重要だった。車載上もUターンフロータイプの
方が有利である。

　吸気バルブ径43mm、排気バルブ径34mm、バルブリフトは10mmと大きくしてお
り、鋳鉄製のロッカーアームで開閉される。タイミングチェーンは2段掛けで、一

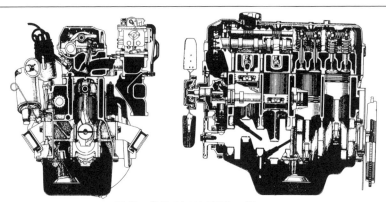

1600ccOHCのトヨタ7R型エンジン。

段目で半分の回転に落とすよう大きなギアがシリンダーブロック内にあるので、シリンダーヘッドはOHC型としては小さくできるメリットがある。

5ベアリングのクランクシャフトは、ダクタイル鋳鉄製で、鍛造によるものより静粛性に貢献し、コスト的にも有利である。ジャーナル径60mm、ピン径53mmで、4つの比較的大きなバランスウエイトを持ち、クランクシャフト単体でのバランス率は100%近くになっている。5つのメインベアリングのうち中央のものは安全性を考慮して幅が広げられている。

冷却に関しては、出力をアップさせたかつてのR型シリーズのなかでオーバーヒート気味になるものがあったこ

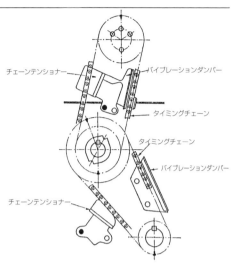

トヨタ7R型エンジンのタイミングチェーン。

7R型エンジンの5ベアリングクランクシャフト。

とから、余裕を持たせている。夏の市街地の渋滞による長いアイドリング使用が多くなることなどへの対策である。冷却ファンも改良、水温の維持のために余裕をもたせている。

7R型エンジン搭載車は、低速でも充分なトルクがあるように配慮され、一方でスポーツタイプのコロナSのための7R-B型エンジンでは、高速性能を優先したセッティングにしている。それまでの高速エンジンだった4R型を上回る出力にするために、圧縮比を4R型の8.5から9.5に向上させ、SU型キャブレターを2個装備して、これにマッチした吸気系にしている。

ピストン頭部の形状は4R型と同じように盛り上がっており、ピストンの構造や形状も高速回転に耐えられるようにしている。同じ排気量のエンジンであるから、7R型とは多くの部品の共通化が図られている。

7R型エンジンは、最高出力85ps/5500rpm、最大トルク12.5kgm/3800rpm、7R-B型

は最高出力100ps/6200rpm、最大トルク13.6kgm/4200rpm、エンジン重量はどちらも変わらず165kgである。

9-6. 水準を抜く性能の三菱ギャラン用OHC4G3型エンジン

大型トラックや軽自動車の分野では実績のある三菱も、小型乗用車の部門ではトヨタや日産だけでなく、新興勢力の東洋工業やイメージの良いホンダに比較して影の薄い存在といえた。ある程度の水準に達してはいても、これといった魅力的な特徴が乏しく販売上で苦戦を強いられていた。モータリゼーションの発展の中で、小型乗用車部門では取り残されそうな三菱が、起死回生を狙って出したのが1969年10月発売のギャランで、搭載されるエンジンも新開発の意欲的なものだった。

4サイクル水冷直列4気筒という点ではコンベンショナルなものであるが、その中身は小型乗用車用エンジンのあるべき姿を技術的に追求した、それまでの国産エンジンとはひと味違うものだった。1970年代の後半に各社から出される新世代エンジンの先駆けともなるレベルの高いエンジンである。エンジンに愛称がつけられたのも日本では初めてで、サターンエンジンと呼ばれた。

サターンエンジンの半球型燃焼室とシリンダー。

小型車の中心に位置する車両用として、1300及び

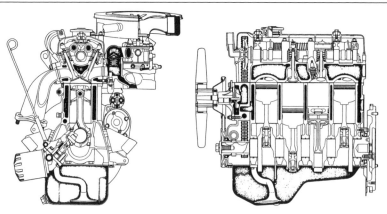

三菱ギャラン用1300cc4G30型エンジン。

1500ccに的を絞って無駄のない洗練されたエンジンを開発する計画だった。当時は実用性を重視したエンジンと、これをベースにした高性能エンジン仕様がつくられており、高性能と実用性の両立がむずかしかったからだが、三菱では、両者のバランスを取り、なおかつ軽量コンパクトなものにする狙いだった。それまでの三菱乗用車の地味なイメージを払拭して、高性能セダンに特化した乗用車にする

サターンエンジンと呼ばれたギャラン用4G30型エンジン。

べく、エンジンの開発でも新機軸を打ち出そうとしていた。

　具体的には、ボアを小さくしてコンパクトな燃焼室にすることで、エンジン全体の軽量コンパクト化を図りながら、半球型燃焼室にしてバルブの傘径を大きくし、吸排気系の効率を徹底してよくするという考えである。シリンダーヘッドはアルミ合金のダイキャスト製で一体中子式、バルブ挟み角は46度とこの時代としては狭い方で、燃焼室をコンパクトにしている。エンジンの拡大ができる余裕を見ない設計で、1300ccの4G30型と1500ccの4G31型の開発を同時進行させた。

　1300ccの4G30型と1500ccの4G31型は、ボア・ストロークが異なり、シリンダーブロックが後者の方が20.2mm高いだけで基本構造は同じである。4G30型はボア73mm・ストローク77mmの1289cc、4G31型はボア74.5mm・ストローク86mmの1499ccである。

　シリンダーブロックは一体式のディープスカート型、ボアピッチは87.5mmと思い切って短縮して、エンジン全長を小さくしている。精密鋳造と補強用のリブの組み合わせで強度や剛性を落とすことなく軽量化を図り、4G30型が26kg、4G31型が28kgのブロック重量になっている。

　炭素鋼鍛造製のクランクシャフトは、5ベアリング式4カウンターで軽量化を意識しながらベアリングの面圧を小さくしている。ジャーナル径57mm、ピン径45mm、どちらのメタルも三層ケルメットを使用している。コンロッド大小端部中心距離は4G30型が138mm、4G31型が153.7mmでストロークとの比はともに1.8である。

133

クロスフロー式の吸排気系は通気抵抗を小さくするよう配慮されている。バルブシートリングは鉄系の焼結合金を採用、ともに吸気バルブ径38mm、排気バルブ径31mmでバルブリフトは4G30型が8.8mm、4G31型が9.2mmである。カムシャフトの駆動は

混合気の霧化促進のための吸気温水加熱式吸気マニホールド。

複列ローラーチェーンの1段で、アルミ合金ダイキャストのチェーンケースにはポンプ類や配電盤、発電機が装着されており、オイルポンプハウジングが一体構造になっている。各気筒独立の吸気マニホールドは温水加熱され、鋳鉄製の排気マニホールドはデュアル式である。

エンジン寸法は4G30型が全長606mm、全幅645mm、全高634mmで整備重量（乾燥）が102kg、4G31型がそれぞれ606mm、645mm、654mm、106kgと計画通り軽量コンパクト

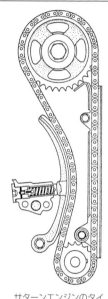

サターンエンジンのタイミングチェーン。

になっている。騒音が大きくなる恐れがあるが、各部品の精度を向上させ、各所のクリアランスの適正化を図り、剛性や強度を確保、燃焼のバラツキをなくすなどの対策をしている。

圧縮比はどちらも9.0で、最高出力は4G30型が87ps/6300rpm、4G31型が95ps/6300rpm、最大トルクが4G30型11kgm/4000rpm、4G31型13.2kgm/4000rpmである。このほかにSUツインキャブレターを装備した高性能な4G31GS型が用意され、圧縮比9.5、最高出力105ps/6700rpm、最大トルク13.4kgm/4800rpmという性能である。

9-7. ピストンエンジン以外のエンジンに対する関心の高まり

1960年代の後半に続々と新型エンジンが登場し、技術者や大学の研究者の間では、ピストンエンジンに関する技術はほぼ完成の域に達し、性能の向上という観点からは大幅な飛躍は望めなくなったという声が聞かれるようになった。これ以上の性能を望むならピストンエンジン以外の動力に関してもっと技術者が開発にエネルギーを積極的に注ぐべきではないかという主張だった。

ピストンエンジンの航空機は、最高速が700km/hを超えたスピードが限度だった

が、ジェットエンジンになるとマッハの壁を突破できるようになった。こうした劇
的な変化が自動車用動力の分野でも起こる可能性が近づいているという観測があり、
本質的にピストンエンジンよりすぐれた特性をもった機構の動力の出現が待ち望ま
れる空気が醸成された。候補に上ったのは、ロータリーエンジン、ガスタービンが
筆頭で、電気自動車やハイブリッドエンジン車、原子力自動車も可能性があるとい
う意見があった。ピストンエンジン技術の飛躍的な発展が望めないという理由の他
に、自動車からの排気による公害問題が次第になおざりにできなくなってきたとい
う背景も大きく影響していた。

　自動車用動力としてピストンエンジンの将来に対する限界が取りざたされたこと
では、今日と共通した状況だったように思える。劇的な変化が迫っているという主
張は、いつの時代でも説得力を持ち、注目されるのであろう。

　ロータリーエンジンに関してはすでに言及しているが、東洋工業が実用化に成功
したことで、世界中のメーカーが関心を示すようになり、将来の主流になるかもし
れないエンジンとして研究の対象になった。ピストンエンジン以外の動力に対する
関心が高まっているときだったので、ロータリーエンジンには追い風が吹いている
印象が強かった。

　ガスタービンエンジンに対する関心がもっとも高まったのも、この時代のことで
ある。アメリカのビッグスリーのひとつクライスラーがとりわけ熱心だったが、有
力メーカーがこぞってガスタービンの研究を始めたといっていい状況だった。機関
として軽量コンパクトになることと排気による汚染の度合いが低いという利点があ
り、回転運動をするから振動も少なかった。

　欧米のメーカーによって、乗用車用として100から150ps、トラック・バス用とし
て200から300ps、大型トラック・バス用として500から600psの2軸式ガスタービ
ンエンジン車が試作されたが、出力が低いものでも全体を小さくすることができな
いので、乗用車用としては不利だった。欠点としては、燃費が良くないこと、高級
な金属を使用し加工が特殊でコスト高になることなどがあった。また、エンジンブ
レーキが効かず、加速も良くなかった。コストに関しては量産するようになれば解
決するという見方があり、そのほかの問題も技術的な追求によって突破できる可能
性があるとして研究が続けられた。

　電気自動車に関しても、この時代にも試作車がつくられ、限定された地域での運
搬車としてわずかながら使用された。効率の良い小さな電池が開発されないことが

大きなネックになっていたが、鉛電池に代わるものの研究が進み、モーターや制御装置などの進歩がみられたことで、実用化への期待が以前よりも高まった。しかし、根本的な課題は依然として解決のめどが立たなかった。

　1966年には液体酸素と液体水素を使用する燃料電池車の実験車をGMが公開している。電気自動車の走行距離を伸ばすには発電装置を車載する必要があるということで、研究が進められたが、バッテリーから発電機や制御装置などの重量と容積が大きくなる上に、取り扱いがむずかしいもので、実用化にはほど遠い印象だった。

　ハイブリッド機関の可能性も追求された。ボルボではディーゼルとガスタービンとをフリーホイールを介して変速機につないだ試作車を開発した。それぞれの特性を生かして、市街地ではディーゼルを、高速道路ではガスタービンを使用することで効率の向上を図ろうとするもので、ディーゼルエンジンを必要最小限にしてエンジン全体の重量増を少なくしようとしていたが、コストの壁は相当厚いものだった。しかし、ピストンエンジンにとらわれないいくつかの熱機関の組み合わせは可能性のあるものとして将来のための研究が続けられた。また、ガソリンエンジンとディーゼルエンジンの良さを一つにした機関の研究も進められた。後のガソリンエンジンにおける筒内直接噴射機関に通じるもので、成層燃焼して効率の良いエンジンを開発するという考えだった。

　今日の技術追求は、歴史的な思想とその技術的蓄積の上に立ったもので、つい最近になってまったく新しく登場した技術ではないものがほとんどである。

第10章
1960年代から70年代の高性能エンジン

10-1. 自動車レースとメーカーの動き

　1963年に開催された日本グランプリレースが、自動車メーカー各社の予想を超えた反響で、これに刺激されて高性能車の開発が盛んになり、エンジンの高性能化が促された。

　ハイオクタン燃料を使用することを前提にした高圧縮比、ツインキャブレターを装着した高性能バージョンのエンジンを搭載したスポーティ仕様車が各メーカーから発売されるようになった。初めはセダンのバリエーションとして登場したが、ハードトップやクーペ、さらにはスポーツカーが登場するようになった。

　エンジンの種類もクルマの種類も増えてきたが、小型車2000cc以下のクルマが圧倒的で、限られた排気量の中で出力を向上させることが技術追求の中心だった。そのために、進化し複雑な機構やシステムを採用し、生産コストのかかるエンジンになっていった。

　したがって、ここで触れる高性能エンジンの機構は、世界的にも最新の技術を採用したものが多い。ヨーロッパの少量生産のスポーツカーにしか見られない機構のエンジンを搭載したクルマが、セダンよりは高価であるにしても、比較的安い価格で手に入れることができたのは、日本車の特徴のひとつといえる。

　リッター当たりの馬力などの数字では欧米を凌ぐようになったとはいえ、総合的な技術ではまだまだかなわないところがあるという意識が強く、それが逆に欧米であまり採用されていない技術やシステムを率先して実用化するエネルギーになったところがある。

　エンジンのDOHC化にしても、機構そのものは古くからあるが、それが一般化し

なかったのは、そこまで複雑な機構にする必要がなく、市販エンジンに採用するための技術追求があまりなされなかったからだ。レース用エンジンのようにコストを度外視したエンジンとは違うからである。しかし、1960年代の後半の日本では、多くのDOHCエンジンが現れている。

　高性能車が出てきたのは、ユーザーの要望があったからだが、同時にメーカー側がイメージアップの方法として効果があると認識したからでもある。高性能車の市販では利益を生まなくても、高性能車をもっていることが技術力のある証しであるという感じがあり、企業のPRのために必要と考えられた。

　1963年にいきなりビッグイベントである日本グランプリレースが開催されてからスポーツカーやスポーティカーが続々と登場したが、それはメーカーの車両開発の長期的な方針やビジョンに添ったものではなく、急激に高まるスポーティ志向の傾向に精一杯応えようとしたものである。

　レースへの熱狂が一段落してからは、それぞれのメーカーによって高性能車の開発の仕方に違いが見られるようになり、トヨタのようにDOHCエンジンの大衆化という、新しい思想のエンジンが出現するようになる。

　この章に東洋工業が登場しないのは、マツダに高性能車がなかったからではなく、ロータリーエンジンに関してすでに触れているからである。ロータリーエンジンはDOHCエンジンに匹敵する高性能エンジンであり、これとは別にレシプロの高性能エンジンを東洋工業はわざわざ開発する必要がなかった。したがって、東洋工業は市販するファミリアをはじめ、ルーチェやカペラにもロータリーエンジンを搭載したから、高性能車をもっとも多く持ったメーカーともいえる。

10-2. 日産フェアレディ用の高性能エンジン

　最初にスポーツタイプのクルマをもった日本のメーカーは日産であるが、初期はシャシーやエンジンは乗用車と共通のロードスターだった。ダットサンフェアレディと名乗るようになってからセダンとは異なる高性能エンジンが搭載されるようになった。

　1960年代の初めは、手持ちのエンジンを利用してパワーアップが図られたが、1963年型フェアレディSP310U型の場合は、1960年に開発された1500ccG型エンジンをベースに、排気量を変えずに出力を71psから80psに向上させたエンジンを搭載している。横向きの可変ベンチュリー式キャブレターをツインにして、ピストン頭

部を盛り上げて圧縮比を 8.0 から 9.0
に上げ、吸気バルブ径やバルブリフ
トを拡大、バルブタイミングを高速
型にしている。吸排気マニホールド
の形状も変えるなどの高性能化に
伴って動弁系部品やシリンダーブ
ロックなどの強化が図られた。

　71ps の G 型を搭載していた 1962 年
型が 0-400m 加速が 20.5 秒だったのに
対し、80ps の 1963 年型では 18.7 秒を
記録、開発部隊が目標にした加速性
能に達している。

フェアレディ SR に搭載された U20 型エンジン。

　その後、ブルーバードにスポーツセダンが設定されて高性能エンジンが搭載され
るようになり、1600cc にスケールアップした R 型エンジンが搭載されている。

　純スポーツカーのフェアレディにはさらに強力なエンジンの搭載が望まれるよう
になり、初めてフェアレディ専用の高性能エンジンが開発されたのは 1967 年のこと
である。R 型エンジンをベースに 2000cc にして性能向上が図られた。

　レースでも好成績が残せるポテンシャルのものにすることが目標で、実用性や整
備性などにも配慮しており、マニアのためというより一般性のある高性能化を目指

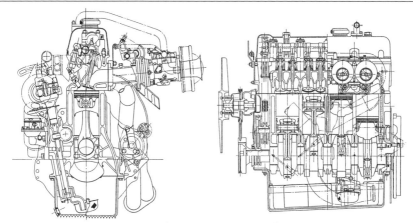

フェアレディ用 2000ccU20 型エンジン。

したのがU20型直列4気筒OHC型エンジンである。

ボア87.2mm・ストローク83mmの1982cc、圧縮比9.5、吸気バルブ径46mm、排気バルブ径36mm、吸排気効率の追求と、メインベアリングをR型の3個から5個にしたのを始め、各部の剛性や強度を上げている。最高出力145ps/6000rpm、最大トルク18.0kgm/4800rpm、0-400m加速は15.5秒と俊足になっている。

トヨタが市販スポーツカー部門のレースにあまり力を入れなかったこともあって、2000ccクラスのスポーツカー部門にはライバルがなく、フェアレディは後継モデルのフェアレディZが登場するまでレースで常勝を誇った。そのため、DOHCエンジンなどの複雑な機

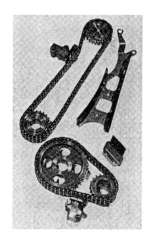

カムシャフト駆動用の部品。

構の高性能エンジンの開発まですることはなかったといえる。

10-3. トヨタ2000GT用のDOHCエンジン

トヨタの最初のスポーツカーはパブリカ用空冷エンジンをチューンして搭載したトヨタS800である。前に触れたように、エンジンパワーのない分、車体の軽量と空気抵抗の少ないボディでカバーするものだった。

このいき方と対照的なのがトヨタ2000GTである。レース出場を想定して開発され、発売されたのはわずか数百台であるから、メーカーのイメージアップに貢献することが狙いの高性能車の典型である。1963年からの日本グランプリレースに始まるモータースポーツ熱の高まりに対応して開発されたもので、レースを担当する技術部隊がヤマハ発動機の協力を得てつくられた点では、トヨタの市販車の開発とは若干異なるものである。

機構的に最先端の技術を採用した高性能GTカーをめざして開発され、生産したときのコストは考慮されずに、イメージを優先した贅沢なスポーツカーがつくられた。スタイルやシャシー、さらにエンジンも高性能であることをアピールするもので、1965年10月の東京モーターショーに参考出品されて大いに話題となった。

ホンダスポーツ以外にまだDOHCエンジンを搭載したクルマはなかったし、ディスクブレーキや四輪独立懸架など日本車では見られない先進のメカニズムを採用していた。

トヨタ直6のM型エンジンのシリンダーブロックを使用し、シリンダーヘッドを中心に大改造してDOHC化したもので、トヨタでも初めてのDOHCエンジンだった。まずレースに出場して活躍し、市販されたのは1967年になってからだが、発売台数が限られたことで希少価値が出て「名車」といわれるようになった。

トヨタ2000GTに搭載された3M型エンジン。

　スポーツカーによるレース活動は、メーカーチームの出場だけでなく、個人がチューンして参加するのが普通だが、トヨタ2000GTの場合はそうした条件が整わず、メーカーチームだけがレースに出場した。しかも、一定の生産台数を確保することが条件になるGTカーとしてのホモロゲーションを獲得しなかったから、出場するレースは純レーシングカーのクラスだった。したがって、結果としては名前だけのGTカーだったともいえる。

　ボア・ストロークとも75mmのスクウェア1988cc、DOHC2バルブ、半球型燃焼室、バルブ挟み角は78度と大きく、圧縮比を8.4にするためにピストン頭部を凸型にしている。

　吸気バルブ径は42mm、排気バルブ径37mm、バルブリフト9.5mm、高速性能を優先するソレックス型キャブレターを3個装着、排気管は3気筒ずつの2本である。タ

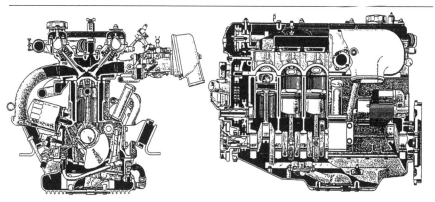

トヨタ初のDOHC型の2000cc3M型エンジン。

3M型のバルブ（左：排気、右：吸気）と
ダブルのバルブスプリング及びリフター。

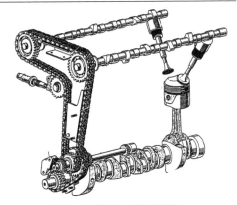

カムシャフト駆動系及び主運動部品。

イミングチェーンは2段掛
け、短い一次チェーンで回
転を落としている。一次、
二次ともダブルローラー
チェーンを使用、両方にテ
ンショナーが取り付けられ
ている。オイルクーラーを

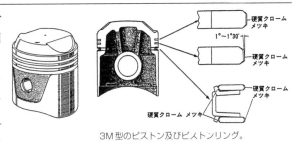

3M型のピストン及びピストンリング。

設け、ラジエターはアルミ製のクロスフロー式。

　最高出力150ps/6600rpm、最大トルク18.0kgm/5000rpm、最高平均有効圧力11.37kg/cm²、整備重量209kg。全負荷最小燃費率240g/ps・hと実用性も考慮されている。今日の感覚で見ればきわめて古典的なDOHCエンジンであるが、この当時はDOHCであることが高性能の証であり、こうしたエンジンの開発をして実際に走らせることが価値のあることと見られた。エンジンの開発はヤマハを中心に実施された。

10-4. トヨタ1600 GTの9R型及びマークII GSSのDOHCエンジン

　国産で最初となるコロナのハードトップが登場したのは1964年だったが、エンジンの出力向上は大きくなくパワフルなクルマではなかった。1967年になって、2000GT同様にDOHCの1600ccの9R型エンジンが搭載されて、トヨタ1600GTと名称も新しくなり、スポーティなクルマとして注目された。

　エンジンはコロナS用の直4の4R型をベースにチューニングしたもので、基本的

な手法は2000GT用3M型と同じである。違いは、トヨタ1600GTのほうは量産車をベースにしたものなので、ある程度の生産台数を確保することを前提にし、ベースエンジンと共用部分を多くしていることだ。

2000GT同様にまずレース用として活躍し、エンジンは目一杯出力を上げていたのに対し、市販するに当たって実用性を重視してデチューンされている。DOHCで半球型燃焼室、バルブ挟み角は78度、ボア80.5mm・ストローク78mmの1587cc、

トヨタDOHCエンジンの特徴的なヘッドカバー。

吸気バルブ径45mm、排気バルブ径40mm、バルブリフト9mm、バルブクリアランスは冷間時で吸気側0.15mm、排気側0.35mm、クリアランスはバルブステム先端とバルブリフターの間に特殊鋼製の厚さの異なるパッドが用意され、それを入れて調整する。

ソレックス型キャブレターを2個装着、タイミングチェーンは2段掛けの複列ローラーチェーンであるのも3M型同様である。凸型になったピストンにはバルブリセスが設けられ、主運動部品はスタンダードエンジンより強化されている。潤滑はオ

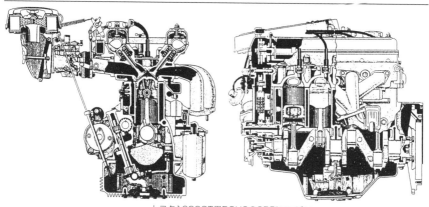

トヨタ1600GT用DOHCの9R型エンジン。

イル容量を増やしているが、オイルクーラーはな
く、レース用などにチューンするときのために配
管ができるようになっている。ラジエターやファ
ンブレードは4R型と同じである。圧縮比は9.0、最
高出力110ps/6200rpm、最大トルク14.0kgm/
5000rpm、エンジン整備重量174kgである。

9R型用ソレックスツインキャブ。

　次項で触れるスカイライン2000GTが1965年か
らツーリングカーレースの2000cc以下のクラスで
は常勝を誇っていたが、ツーリングカーとしてホ
モロゲーションをとって1967年にデビューした
トヨタ1600GTがこれをうち破り、このクラスの王座についた。エンジンだけでなく
シャシーも含めて機構的にスカイラインが古くなっていたからである。

　コロナシリーズでは1968年9月にマークⅡが登場、1591ccのボア86mm・ストロー
ク68.5mmの7R型エンジンと、ボア86mm・ストローク80mmで1858ccの8R型エンジ
ンに、それぞれ圧縮比を向上させて性能アップが図られた7R-B及び8R-B型の4
種類だった。この1年後に、マークⅡのイメージアップと高性能車を期待するユー
ザーの要望に応えるために、DOHC2バルブエンジンを搭載したマークⅡGSSがバ
リエーションに追加された。

　開発の手法は4R型をDOHC化したトヨタ1600GT用の9R型と同じで、開発の時
期が数年新しくなった分だけ軽量化が進み、燃焼室形状も進化している。半球型燃
焼室のバルブ挟み角が9R型の78度から64度と狭く
なり、点火プラグは高速型のコールドタイプにせず

マークⅡGSS用1900ccの10R型エンジン。

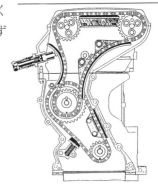

10R型のカムシャフト駆動。

にスタンダードタイプで問題ないという。吸気バルブ径45mm、排気バルブ径37mm、キャブレターはソレックス双胴型2基、吸気マニホールドを長くするなどして、低速性能でも8R-B型を下まわらない性能にしている。最高出力140ps/6400rpm、最大トルク17.0kgm/5200rpm、エンジン整備重量は170kgである。

10-5. スカイラインGTR用DOHC4バルブS20型エンジン

　ごくわずかしか生産されなかったスカイラインスポーツをのぞけば、1964年に誕生したスカイライン2000GTがプリンス自動車の最初のスポーツタイプ車であり、レースに出場するために誕生し、レースで活躍して伝説的なクルマになった。

　目標達成のため直4のスカイライン1500に無理やり直列6気筒2000ccエンジンを積んだクルマでレースに出場し、話題となって市販に踏み切ったもので、モータースポーツ人気の高まるなかでプリンス自動車のイメージアップに貢献した。

　比較的大人しい2000GT-Aとパワーを優先したGT-Bとがあった。GT-Bは高性能エンジンにしか装着されないダブルチョークのウエーバーキャブレターを3個つけて直6のG7型エンジンをチューニングアップしたもの。圧縮比を9.3に高め、最高出力120ps/5600rpm、最大トルク14.0kgm/4400rpm、1965年当時には驚異的な性能と見られた。この数値が他のメーカーの目標となり、わずか数年の間に最高出力の数字は次々と塗り替えられていった。

　1968年にスカイラインはモデルチェンジされ、車両サイズは大きくなり、主力の2000GTに直6エンジンが無理なく搭載できるクルマになった。GTの名を引き継いだもののファミリーカー的な性格で、これとは別にスカイラインの伝統を保つ高性能車として登場したのがスカイラインGTRである。最初からレース出場を意

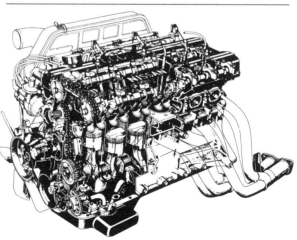

スカイラインGTR用DOHC4バルブS20型エンジン。

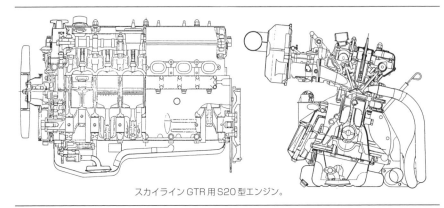

スカイライン GTR 用 S20 型エンジン。

識した開発だった。車体は大きくなったスカイラインをベースにしているから、その
のハンディキャップを補うにはエンジンが高性能でなくてはならず、当時考えられ
る最高峰である DOHC4 バルブ採用のエンジンとして登場した。日本で最初の本格
的レーシングカーである R380 に搭載された直6エンジンをデチューンしたエンジン
としてよけいに注目された。

　直列6気筒の R380 用 DOHC4 バルブのレーシングエンジンは、ボア 82mm・スト
ローク 63mm の 1996cc として新規に開発されたもので、機構的にもオーソドックス
に高性能を追求したものである。シリンダーブロック以外は軽合金を多用して軽
量化し、特殊合金や高張力合金の使用もトライされた。高圧縮化による燃焼圧力や

燃焼温度への対応、
高回転化による摺動
部分の形状や熱膨張
による変形への対応
など、従来にない配
慮が要求された。空
気流量の増大と燃焼
効率の追求のなかで
最適なバランスを見
つけだすには、多様
な組み合わせによる
膨大なテストがくり

直列6気筒センタープラグ
DOHC4 バルブの S20 型。

返された。その分、性能を優先した仕様にすることが許され、200psを超える出力を発揮するようになった。

GTR用では、高性能とはいえ市販車用となるので実用性を無視することはできず、様々な制約があり、デチューンされた。ボンネット内に収納できるようにエンジンはクランク軸中心に左に12度傾けられた。潤滑はR380用ではドライサンプ式だったがウエットサンプ式になり、抵抗になるために取り付けられなかったエアクリーナーやエアダクトが装備された。出力は160psにする計画で、圧縮比は市販ガソリンを使用するので9.5となり、それに見合うピストン頭部に変更された。

ボアは82mmと変わらず、ストロークは62.8mmのショートストロークで、平均ピストンスピードは7000rpmで14.6m/sである。1989cc、4バルブ、多球型燃焼室でバルブ挟み角は60度と4バルブ式としては小さい方ではない。このため、ピストン頭部はややきつめの凸型になっている。

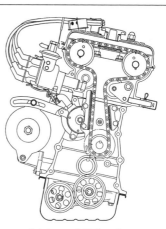

4バルブ式にしたことで、同一シリンダー径の2バルブ式と比較すると、150%吸排気効率が向上しているという。吸排気バルブがそれぞれ異なるカムシャフトで駆動され、個々のバルブの質量が小さくなることで高速回転に優れた機構であるのはいうまでもないが、点火プラグが燃焼室の中央に配置され、2バルブ式DOHCエンジンより燃焼効率でも有利である。カムシャフトは直動式、バルブクリアランスはバルブキャップの頭部の厚さにより0.3〜0.35mmに調整するが、高回転エンジンなのでクリアランスの調整のインターバルが短く、面倒なメンテナンスが必要だった。これは高性能の見返りと考えられていた。調整用シムの厚さは0.05mmおきに何種類かが用意されていた。

カムシャフト駆動はギアとチェーンによる2段掛け。

カムシャフトの駆動は、ギアとチェーンの併用で、ギアで3分の2に減速され、さらにアイド

S20型エンジンのピストン。

ラーシャフト上のスプロケットとカムシャフトのスプロケットで4分の3に減速されている。チェーンの振れを防ぐために3か所のチェーンストッパーが設けられ、張りの調整はスプロケットを介して外部の調整ねじを用いて行う。

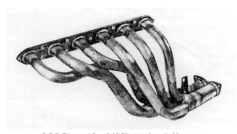

S20型エンジンの排気マニホールド。

　シリンダーブロックはディープスカートの7ベアリング式、ウエットタイプのシリンダーライナーを持ち、シリンダー間は等間隔で、左側に配置されたウォーターギャラリーを通し各シリンダー壁全周に冷却水が均等に分配される。シリンダーヘッドボルトは各シリンダーごとに12mm4本と10mm2本の計6本でブロックに締結されており、さらに剛性を向上させるために、シリンダーブロックのメインベアリング部にサイドボルトを取り付けている。

　キャブレターはソレックスタイプの40PHH型を3個装着、点火装置は低速から高速まで安定した火花性能が期待できるフルトランジスター式を採用している。

　レース出場などのために性能向上を図りたいユーザーのために、圧縮比を11に上げて200psを発揮するスポーツキットが用意されたが、そのための改造の場合もエンジンの基本構造を変更しないですむように最初から強固に設計されているのが、S20型の特徴でもあった。

　最高出力160ps/7000rpm、最大トルク18.0kgm/5600rpm、平均有効圧力11.4kg/c㎡、全負荷最小燃費220g/ps・h、整備重量199kgである。

　1969年から1970年代の初めにかけてレースで活躍、常勝を誇ったGTRは特別なクルマであるというイメージが定着したが、当時はDOHC4バルブという滅多にない機構だったことでもマニアを惹きつけた。

10-6. いすゞ117クーペ用G161W型エンジン

　スポーティサルーンとして1966年に登場したベレットGTは、直列4気筒OHC型、ボア82mm・ストローク75mmの1584cc、90psだったが、このエンジンをベースにしてDOHCとして開発されたのがG161W型である。スタイリッシュで洗練された高級スペシャリティカーのいすゞ117クーペに搭載され、1968年10月にデビューした。

　圧縮比10.3、半球型燃焼室の2バルブで、バルブ挟み角は60度、吸気バルブ径

41.5mm、排気バルブ径38mm、バルブリフトは吸気バルブ9.7mm、排気バルブ9.3mm、バルブクリアランスはスプリングシート上部に炭素鋼製のシムの厚さを変えることで、冷間時吸気0.13mm、排気0.2mmを暖機時それぞれ0.2mmと0.3mmに調整するようになっている。

　タイミングチェーンは耐久性と騒音を考慮して2段掛けとしている。複列ローラーチェーンには、4個のチェーンダンパーを配置し、チェーンテンショナーは油圧とコイルスプリングの併用である。ソレックス40PHH型キャブレターを2個

キャブレターに代わり燃料噴射装置を採用したG161WE型エンジン。

装着、吸排気系はフラットなトルク特性になるようセットされている。

　最高出力120ps/6400rpm、最大トルク14.5kgm/5000rpm、平均有効圧力は5000rpmで11.5kg/㎠、全負荷最小燃費215g/ps・h（5000rpm）、エンジン整備重量160kg。

　1972年初めに、ソレックスキャブレターに代わって電子制御式燃料噴射装置が取り付けられた。自動車用エンジンにエレクトロニクス技術が日本に導入されたのはこれが最初である。1950年代の後半から実用化に向けて研究が重ねられ、1967年にフォルクスワーゲンとボッシュ社が共同開発して1600ccエンジンに装着、1968年の

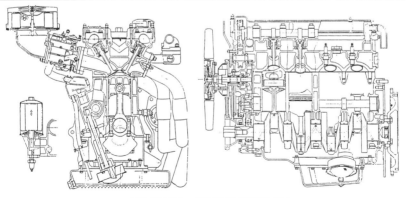

いすゞ117クーペ用G161W型エンジン。

アメリカの排気規制をパスしたことで注目された。いすゞエンジンにもボッシュ社製の燃料噴射装置が採用されたが、他のメーカーも提携してこの装置を相次いで導入している。

　燃料噴射量の制御は、吸気負圧、冷却水温度、スロットル開度、エンジン回転速度などを測定し、そのデータがコントロールユニットに送られ、それぞれのプログラムに従って計算され、その結果を組み合わせてインジェクターに決められた噴射量の指令が出される。インジェクターは1・2気筒、3・4気筒の二つに分けて噴射する。

　キャブレター式に比較すると、燃料の各気筒への分配が均一化し、霧化がよく、吸気抵抗が減少し、吸気加熱の必要がなくなり、吸気系設計の自由度が増し、アクセルのレスポンスが良くなる。これらにより性能や燃費が向上するだけでなく、排気規制にも有効であり、ドライバビリティにも好結果を生む。いいところばかりだが、

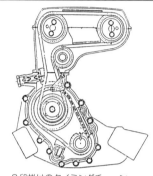

2段掛けのタイミングチェーン。

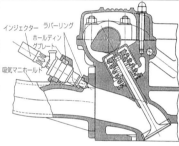

G161W型のインジェクターとそのホールディングプレート。

コストがかかり、制御関係の部品は熱や振動に弱いので、安定した性能を維持するのに神経を使わなくてはならない。いすゞエンジンの場合も、吸気負圧センサーは振動を避けるためにフェンダーの内側のエンジンルーム内にラバーマウントされている。

　電子制御燃料噴射装置付きのG161WE型エンジンは、最高出力130ps/6600rpm、最大トルク15kgm/5000rpmと向上し、排気もキャブレター付きよりCOやHCが30〜40％濃度が低くなり、濃度の高まりがちな加減速時の走行では50％以下の数値になったという。

10-7. 三菱ギャランGTO用4G32型DOHCエンジン

　1969年10月に出したギャランによるスポーティ路線をさらに押し進めるために、三菱は1年後にクーペスタイルのギャランGTOシリーズを誕生させた。セダン以上に高性能さを全面に出すためにエンジンは強力なものを用意、排気量を1600ccに

アップするととも
に、最上級車種には
DOHCエンジンを搭
載することでインパ
クトを強める作戦を
展開した。

ボアを76.9mmに
アップ、ストローク
は1500ccと変わらず
86mmで1597cc、
100psのM1型、110ps
のM2型はOHCで、

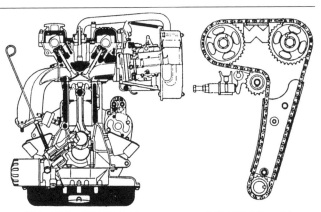

GTO・MR用4G32型エンジン。

同タイミングチェーン。

DOHC2バルブのMR型はM2型のア
ルミ合金製シリンダーヘッドを大
幅に改造したチューニング版であ
る。したがって、1500ccサターンエ
ンジンシリーズとの加工や組立ラ
イン、及び部品の共用化が図られて
いる。ボアアップに伴って、鋳鉄製
シリンダーブロックはサイアミー
ズタイプになり、1500ccエンジンと
同じく軽量なことが特徴である。排
気規制が実施されることが確実に

三菱ギャラン用DOHCエンジン。

なって、MRエンジンでも圧縮比はM2と同じ9.5と高性能エンジンとしては低めの
設定になっている。

　燃焼室は半球型、バルブ挟み角はM2型より大きく60度、バルブ径はM2が吸気
38mm、排気31mmであるのに対し、MRではそれぞれ41mm、36mmになり、バルブ
リフトも9mmから10mmと大きくしている。カムシャフト駆動は複列ローラー
チェーンによる1段掛けで、チェーンの張り側は長いガイド、ゆるみ側は油圧とス
プリングの併用式である。バルブやバルブスプリング、カムシャフトなどの材質は
M2と共通ながら、7500rpmまで許容回転数を確保している。キャブレターはM1が

ストロンバーグ型1基、M2型がSU型2基、MR型がソレックス双胴型2基である。

　ピストンはM2型は頭部が凹型だが、バルブ挟み角を大きくしたMR型では凸型になり、コンロッドボルトはひとサイズ大きくなり、炭素鋼鍛造製のクランクシャフトは5ベアリング、ジャーナル径は57mm、ピン径は45mmである。

　MR型は、最高出力125ps/6800rpm、最大トルク14.5kgm/5000rpmで、エンジン重量（乾燥）130kgである。

10-8. トヨタのDOHCエンジンの大衆化路線の先駆け

　以上に見てきた高性能エンジンは、メーカーのイメージアップのために少量生産され、コストがかかってもスポーティさを強調するエンジンだった。そのために、排気規制がエンジンの重要問題になることで、大半が姿を消す運命にあった。スポーツ性を強調し少量生産の高性能エンジンは、存在を許されないような状況となり、OHV型からOHC型へ、その先にDOHC型があるという構図は崩れていった。厳しい排気規制が実施されることになって、高性能化・高級化の流れが止まってしまった。

　そうした状況の中で、量産型にしてポピュラーなものにすることでDOHCエンジンをよみがえらせよ

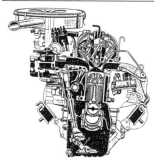

ベースとなったOHV型の
トヨタT型エンジン。

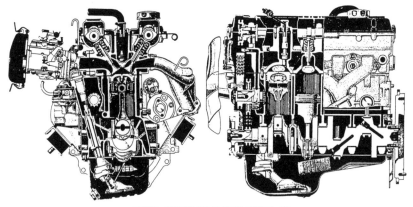

1600ccDOHCのトヨタ2T-G型エンジン。

うとしたのがトヨタである。それまで
の量産車をベースにしたDOHCエンジ
ンの多くは、設計段階からDOHCまで発
展させる計画があったものではなかっ
た。改造には高回転・高性能を保証する
各部の強度や剛性を上げるためにコス
トがかからざるを得ず、DOHCエンジン
搭載車は少数の目玉商品として位置づ
けられた。

セリカ/カリーナ及びレビン/トレノに
搭載された2T-G型エンジン。

　1971年に登場したセリカとカリーナ
に搭載された2T型シリーズエンジン
は、設計の段階からDOHCエンジンを量産
する計画が立てられた点で、それまでとは
異なる発想から誕生したエンジンだった。
スペシャリティカーとして登場する新機種
には、高性能であることをわかりやすくア
ピールするために、DOHCエンジン搭載車の
存在が必要だが、たとえ高性能エンジンで
あっても、生産コストを考慮して大衆化を
図ることが必要であるというのがトヨタの
発想だった。

　　トップメーカーとなったトヨタは、大衆

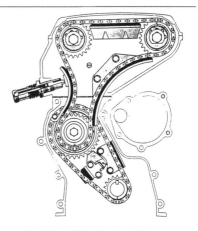

2T-G型の2段掛けタイミングチェーン。

車であるカローラやスプリンターの最高級車種であるレビン/トレノにもDOHCエ
ンジンを搭載することで、DOHCエンジン車を一気に増やす計画をたてた。

　計画の段階から、DOHCエンジンをシリーズのなかに加えることを前提にして設
計すれば、共用部品の数も多くすることが可能で、従来より大幅にコストダウンを
図ることができる。同じDOHCエンジンを複数の車種に搭載することで量産化する
のは、販売台数が多いトップメーカーでなくてはできない発想である。

　1970年にモデルチェンジされたカローラに最初に搭載された1400ccのT型エンジ
ンをベースにして、セリカやカリーナに搭載する2T型1600ccエンジンの計画が進行
した。

T型エンジンはボア80mm・ストローク70mmの1407cc、2T型はボアアップされて85mmになり排気量1588ccであるが、エンジン寸法は同じで、エンジン重量も135kgと136kgとほとんど同じであり、1600ccが設計の基準になっていることがわかる。

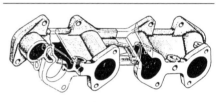
2T-G型用吸気マニホールド。

T型及び2T型は燃焼室は半球型であり、ハイカムシャフトのOHVタイプであった。シリンダーヘッドを別にしたDOHC2バルブの2T-G型では、鋳鉄製のシリンダーブロックにあるカムシャフトの位置が2段掛けのタイミングチェーンの中継点として利用されており、一次側チェーンは2T型と共通である。

このクラスの排気量ではOHCエンジンが多くなっている中で、OHVタイプでも燃焼室形状を半球型にし、吸排気をクロスフロータイプにすることで必要な性能にすることが可能で、コスト増を避けている。

2T-G型はソレックス双胴型サイドドラフトタイプのキャブレターを2基装着するが、ラリーやレースに出場する少数のマニアを対象にしたものではなく、高速ツーリングなどのスポーティな走行を楽しむように実用的な使いやすさを優先している。アルミ合金製シリンダーヘッドと動弁系部品は専用であるが、この部分は従来のDOHCエンジンとの共用が図られ、バルブリフターやバルブクリアランスの調整用シムを始め既成の部品を使用することで開発費用や生産コストの削減が図られている。タイミングチェーンの2段目はトヨタ1600GT用のDOHC9R型と同じ、テンショナーも同様である。

バルブ挟み角は66度にして、シリンダーヘッドの幅を小さくしており、燃焼室も比較的浅くなっている。

ピストン頭部の凸型も低く、ピストンやピストンリングにかかる熱負荷の低下を図っている。吸気ポートも狭くして混合気の流入を絞ることで混合気の流速を速めるとともに、急激なスロットルの開閉による混合気量の変動を少なくして、レスポンスの悪化と排気濃度の一時的な増加を少なくしている。吸気バルブ径43mm、排気バルブ径37mmとボアが大きい割に控えめで、バルブリフトは9.5mmである。

圧縮比は9.8、最高出力115ps/6400rpm、最大トルク14.5kgm/5200rpm、エンジン整備重量は152kg、全負荷最小燃費は224g/ps・hである。同じDOHC型としては、スカ

イラインGTR用S20型とはあらゆる点で対照的で、S20型が古典的オーソドックスな高性能エンジンであるのに対し、トヨタ2T-G型はDOHCの新しい考え方のエンジンであり、大衆化を図ったものとして注目される。

10-9. レースと高性能エンジンの開発

　1960年代の後半の日本グランプリレースでは、レーシングカーによるトヨタと日産の争いがよく知られているが、ともに大排気量のレーシングエンジンを開発してパワーを競い合った。そのほかには、ダイハツが1300ccながら本格的なDOHC4バルブエンジンをプロトタイプカーに搭載して出場し、三菱がフォーミュラー用に1500cc及び2000ccの純レーシングエンジンを開発している。

　いずれも、それぞれにメーカーの技術力をかけたエンジン開発で、リッター当たり100psを上回る出力を発揮している。トヨタの5000ccV型8気筒は、DOHC4バルブでバルブ挟み角を小さくしてコンパクトにまとめたエンジンで、海外からも引き合いがあったほどだ。4バルブエンジンではバルブ径の大きさにこだわらなくとも吸入効率が上げられるから、燃焼室形状が良くなるように設計することができる。1960年代の後半に現在の市販のDOHC4バルブエンジンの多くと似たペントルーフ燃焼室が現れるようになり、圧縮比を上げるためにピストンの頭部を凸型に盛り上げる燃焼室は旧型となった。

　トヨタのレース用エンジンはコスワースDFVエンジンを参考にしてバルブ挟み角の狭いエンジンレイアウトを採用。しかし、シャシー性能など全体的なポテンシャルで日産に後れをとったままグランプリレースが1969年に中断されて勝利することができなかった。とくに1970年に向けて5000ccエンジンにターボチャージャーを装

トヨタ7用5000ccV8レースエンジン。

日産R382用6000ccV12レースエンジン。

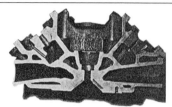

ダイハツ P5 用 1600cc 直 4 エンジン
とそのシリンダーヘッド。

着して 800ps を誇るエンジンをトヨタ 7 に搭載
して大幅にポテンシャルを上げたが、排気規制
を理由にいち早くレースへの出場を中止した日
産の作戦により陽の目を見ることがなかった。

　日産のレーシングカーは 1966 年に合併した
プリンス系の技術者によって開発され、エンジ
ンは R380 用の直列 6 気筒エンジンの開発の経験
を生かして V 型 12 気筒の 5000cc と 6000cc をつ
くった。パワーとトルクは大きいもののがっち
りと重いエンジンだった。

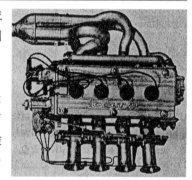

コルトフォーミュラ用 R39 型エンジン。

　それでも、トヨタとの対決では排気量の大きさでリードし、マシンとしての総合
能力でもまさって優位を保った。

　ダイハツも、1966 年と 67 年の日本グランプリレースに 1300cc 及び 1600cc の DOHC
エンジンを搭載したダイハツ P3 と P5 を出場させた。技術追求のまっとうな姿勢の
エンジン開発で、トヨタや日産のレース活動とは異なる決して派手とはいえないも
のだったが、トヨタとの提携により、その活動も中止された。

　フォーミュラカーのレースを中心にした三菱のレース活動は、レース用高性能エ
ンジンの開発が中心だった。1600cc と 2000cc の直列 4 気筒の DOHC4 バルブの本格
的な機構のエンジンで、三菱の中心的な技術者が開発に関わった点はトヨタや日産
と違うところである。エンジン開発が三菱の自動車部門で重要視されたことを物
語っており、技術的にリードしていこうという姿勢があって、先進的な技術開発に
熱心であるのが特徴である。

第11章
排気規制と1970年代のエンジン

11-1. 排気規制の実施

　工場からの排煙による大気汚染は、ロンドンなどで19世紀から問題視され、大気汚染防止法による規制が実施されていたが、自動車による汚染の防止法が施行されるのは1960年代に入ってからである。

　最初にアメリカのカリフォルニア州で排気規制が実施され、次いで全米で規制が進み、日本でも同様に規制の動きが見られるようになった。

　カリフォルニア州では、1964年12月からブローバイガスの防止装置取り付けが全車に義務付けられ、翌65年12月から2300cc以上の乗用車について、HCやCOの排出量を規制。全米では1968年型車から同様の排気ガス規制が実施され、輸入車も規制の対象となり、日本でも排気対策が本格化した。

　有害成分として規制の対象になったのは、炭化水素HCと一酸化炭素COが最初であったが、これに窒素酸化物NOxが加わった。

　NOxが規制される前は、GMやフォードなどを中心に二次空気噴射方式で排気規制に対応していた。空気ポンプを使用して新気を排気管内に送り込んで高温の排気で酸化を促進して排気の中に含まれる有害成分の減少を図るものだった。しかし、規制が厳しくなるにつれて、燃焼室形状や吸排気系の改良、圧縮比やバルブタイミングの変更などエンジンそのものの改良を進めざるを得なくなった。

　日本でも、 1966年9月から新型車に対してCOが規制されることになり、翌67年から新造車すべてに規制が実施された。主としてキャブレターの改善で対応し、ブローバイガス還元装置も対米輸出車に装備され、それが国内仕様にも採用されて

いった。

　ちなみに、有害物質の排出の計測は、当時はアメリカでは7モード試験法、日本では4モード試験法で実施されている。いずれもアイドリング時間を含めて、加速や減速、定速などをパターン化した走行モードで、アメリカは7モードの走行状態の変化で、日本はアイドリング、加速、定速、減速という単純な4モードだった。この後、より実際の走行状態に近づけるために高速走行などを加味して10モードや10・15モードなどの走行モードに移行していく。

　試験方法は、供試エンジンを台上で7モード（あるいは4モード）での運転を7回くり返し、そのデータから平均したHCやCOの濃度を算出する。シャシーダイナモには供試エンジンを搭載する車両の総重量に見合ったフライホイールを取り付け、5万マイル（8万km）の走行テストを最低4台について行い、4000マイル（6400km）ご

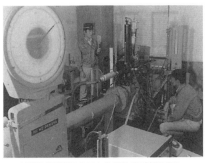

1969年当時のトヨタの排出ガス試験風景。

日産における実車による排ガス試験風景。

とにデータを採取、劣化係数を記録し、トータルの数値を出す。

　日本の4モードは東京都内の市街地走行によるパターンとして運輸省によって決められ、試験による数値の算出法はアメリカと同じである。その後、実際の走行状態と同じようにテスト台上での車両による試験方法が採り入れられ、排気の測定が実施されるようになった。

　各メーカーは、排気規制に対応するために新しく設備投資をする必要に迫られた。多くのテスト台（シャシーダイナモ）を揃えるだけでなく、各種のガス分析機器、排気される成分を検出して分析し、データをとる専用の計測装置が新しく導入された。同時にこれらの試験にかかわる技術者の数も多くなり、排気規制をクリアするエンジンの開発とともに、各メーカーは技術追求のかなりの部分をエンジン関係に集中することになる。

　クリーンエアアクト（Clean Air Act、大気浄化法）が改正されて、自動車からの
有害排気物質を1970年当時の10分の1に削減することを骨子とする、いわゆるマス
キー法が実施されることになって、排気規制は新しい段階を迎えた。それまでの削
減レベルとは異なり、1950年代の大気状況に戻すことを目的とした厳しい規制は、
従来のエンジンの改善程度ではクリアできるものではなく、自動車用動力の根本的
な見直しを迫るものだった。住民の生活を守ることを優先させ、メーカーが技術的
に規制をクリアできるかどうかを配慮することなく決定した規制である。

　日本でも1971年に新しく環境庁が発足し、アメリカにならった規制が実施される
ことが決められた。自動車の排気による公害問題がマスコミで大きくとり上げられ、
世論の盛り上がりに自動車メーカーが押し切られた。規制はマスキー法にならった
厳しいもので、1975年から10モードの走行状態での排出ガスが1kmあたりHC0.25mg
以下、COが2.18mg以下、NOx1.28mg以下と決められた。HCやCOに次いで規制の
対象となったNOxの削減は技術的に相当難しいもので、アメリカでも規制値をゆる
くするよう要望が出されていた。日本でも同様で、この問題をめぐって激しい議論
が実施され、最終的には段階的に規制を厳しくしていき、NOxを1970年当時の10
分の1である0.25mg以下にするのは1978年まで先送りされた。

　1975年（昭和50年）から始まる厳しい規制が50年規制、76年はNOxの規制がわ

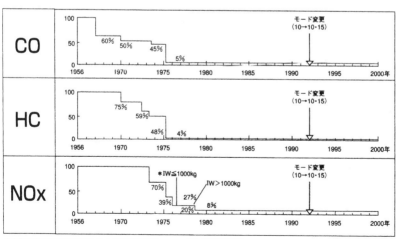

※未規制時の排出量を100としたときの割合を示す　　＊IW＝等価慣性質量

日本の乗用車の排ガス規制の推移。

ずかに進む51年規制、78年（昭和53年）にはNOxの厳しい規制となる53年規制が
実施されることになった。規制値は1台当たりの有害物質の重量を規制するもので、
その数値は排気量による区別はなかった。したがって、車両重量の大きい車ほどエ
ンジンに対する負荷が大きくなるから、規制をクリアするのが大変になる。この点
でみれば、アメリカ車と比較すると日本車の方が排気量の小さいエンジンが多いこ
とで少しは楽だといえるが、アメリカではNOxの規制が日本よりもゆるくなったか
ら、53年規制では世界で最も厳しい規制を日本ではクリアしなくてはならなかった。

　このため、1960年代に押し進められたエンジンの多様化、出力向上といった傾向
から一転して、70年代は自動車メーカーの技術的課題は排気規制への対応が最重要
となり、排気対策のための技術追求が優先される状況となった。

　アメリカのメーカーでも、排気規制を受けて、1970年代に入ると新開発エンジン
はほとんど姿を見せなくなり、排気量の増大などでエンジンバリエーションを増や
す動きもあまり見られなくなった。車種を増やすことには思いもよらず、車種の整
理統合が進んでいったのは日本と同様である。

11-2. 排気規制に対応するエンジンの問題

　排気対策で厄介だったのは、窒素酸化物NOxの削減をCOやHCと同時に実施し
なくてはならないことだった。一酸化炭素COと炭化水素HCを減らすには完全燃焼
させるように努力すると良いが、それではNOxは減らすことができず、高温で燃焼
するとかえって増えてしまう。そこで、燃焼温度をあまり上げずに燃やす方法が探
された。

　その結果、一つの答えが希薄燃焼だっ
た。空気と燃料の混合比は、14.7:1のとき、
燃料も吸入空気中の酸素も余らず反応する
ので理論空燃比と呼ばれているが、この理
論空燃比より薄い空燃比にする希薄燃焼で
あれば燃焼温度が下がってNOxの発生が抑
えられる。およそ17から18くらいの空燃
比で燃やすのがよく、それ以上に薄くする
と今度はミスファイアが発生してHCが増
えてしまう。しかし、薄い空燃比では安定

東洋工業のロータリーエンジン車の排気試験の様子。

した燃焼が得られにくい問題があり、これを解決しなくてはHCやCOを減らすことができない。

　NOxを減らすもうひとつの方法は、排気の再循環装置EGRの採用である。排気の一部をもう一度燃焼室に戻すことで、燃焼温度を下げるのが目的である。しかし、温度を下げようとたくさんの排気を戻したのでは燃焼が安定しなくなる。この矛盾をどう解決するかが排気対策の重要な課題だった。

　初期の段階では、まず完全燃焼に近づけることが目指された。これは排気対策というより燃焼効率を上げる問題で、性能向上のためにも有効である。そのためにキャブレターの改良が進められた。排気の有害成分が多くなるのはアイドリング時で、1970年代に入ると、アイドルリミッターやアイ

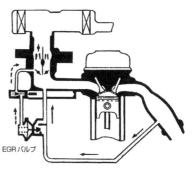

EGRバルブ

排気の一部を再循環させるEGRの仕組み。

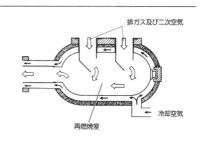

排ガス及び二次空気

冷却空気

再燃焼室

排気ポートの先に取り付けられるサーマルリアクター。高温になるので、空気で冷却する。

ドルコンペセーターを装備したキャブレターが使用されるようになった。高温時などにアイドルの不調を補正して空気をスムーズに送り込むようにするのがアイドルコンペセーターである。このほかにも改良が加えられ、それと連動して吸排気系とのマッチングが図られた。

　それでも、キャブレターではきめ細かい制御がむずかしいため、排気量の大きいエンジンから電子制御燃料噴射装置が採用されるようになる。

　排気規制に対応するために当初、有力視されたのがサーマルリアクター方式だった。燃焼室内部で発生したHCやCOを排気ポートから出たところで再び燃焼させる装置で、そのために空気を送り込む。排気はまだ充分に高温だから新気により燃焼してHCはH_2OとCO_2になり、COはCO_2になり無害化される。ロータリーエンジンのようにHCが多くNOxの発生の少ないエンジンでは有効であり、EGRと組み合わせればさらに効果的である。しかし、このシステムはサーマルリアクターが高温になることと、再燃焼させるのは可燃ガスが残っているからで、効率の悪いやり方で

燃費の悪化が避けられない。とくに1973年秋のオイルショック以降、燃費性能の善し悪しが問題視されるようになってからは見直しを迫られるようになる。

　注目されたのが触媒の採用である。HCとCO、それにNOxを同時に削減する三元触媒も1970年代の初めから、電子制御燃料噴射装置と組み合わせるアイデアはあったが、理論空燃比にきちんと制御することが不可能であると考えられていた。そこで、まず酸化触媒を採用して、別の方法でNOxを減らすことが考えられた。それでも、初めのうちは、失火した混合気が排気管内で燃焼して触媒が燃えたり、あるいは劣化したりで実用化を危ぶむ声がきかれた。

　いずれにしても、どのメーカーも厳しい排気規制をクリアするのは至難の業であるが、それでも解決しなくては生き残れないという必死の思いで取り組んだ。

11-3. ホンダシビックエンジンの登場とCVCCエンジン

　排気規制とそれに続くオイルショックという、各メーカーにとっての難題をプラスに転じて成長した企業の筆頭はホンダであろう。空冷エンジンのホンダ1300の不振で小型車部門からの撤退さえ考えたホンダにとって、厳しい排気規制の実施は逆にチャンスであった。技術的に解決の見通しが立たない状況というのは、すべてのメーカーが同じスタートラインに並んだことを意味し、ホンダが真っ先にクリアすることができれば、大きく立ち遅れた四輪部門で有利な地位を確保できる可能性があった。

　ホンダは排気問題が重要になったときにFF方式のホンダシビックを開発していた。1972年7月に発売、搭載する直列4気筒1200ccエンジンは水冷のロングストロークタイプ。空冷にこだわったり、高出力を追求するというホンダらしさから一転して、実用性を重視し、車両のコンセプトに

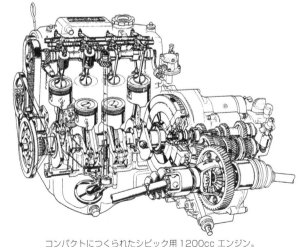

コンパクトにつくられたシビック用1200ccエンジン。

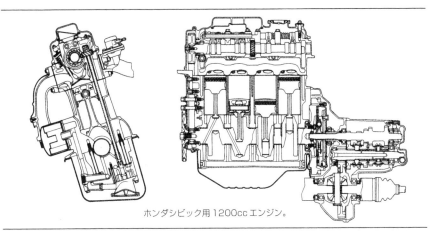

ホンダシビック用 1200cc エンジン。

合わせたエンジンとなった。ホンダの従来のあり方からすれば大きく変身したものといえる。

　FF車用に横置きされることを前提にして開発されたエンジンは全長を短くするために努力が払われ、シリンダーブロックまでアルミ合金製にし、機構的にもさまざまな工夫がこらされた。

　シビック用 1200ccEB 型エンジンは 1971 年に発売された、空冷エンジンのホンダ N360 に代わる軽自動車ホンダライフ用水冷2気筒エンジンの思想を受け継いでいる。ボア 70mm、ストローク 76mm、ボアピッチを縮めるためにシリンダーライナーは2気筒ずつつなぎ合わされている。オイルポンプ駆動はカムシャフトの回転を利用し、カムシャフトの中央部にギアを設けてベベルギアで角度を変え、シャフトを介してオイルパン中のポンプをまわす方式である。OHC、クランクシャフトは5ベアリング、カムシャフト駆動にコッグドベルト方式を採用したのもホンダの特徴である。シリンダーブロックはハーフスカートタイプ、60ps/5500rpm の EB1 型と 69ps/5500rpm の EB2 型があり、ホンダ 1300 のように高出力にこだわっ

アメリカ EPA の試験をクリアしたホンダ CVCC エンジン。

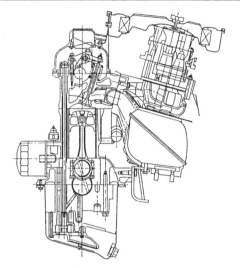
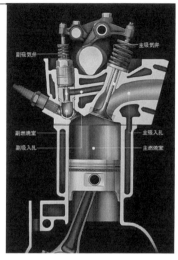

副吸気弁　　　　　　　　主吸気弁

副燃焼室　　　　　　　　主吸入孔
副吸入孔　　　　　　　　主燃焼室

ホンダ1300ccCVCCエンジン。

副燃焼室を持つホンダCVCCエンジン。
主燃焼室では希薄燃焼となる。

ていない。このEB1型とEB2型はバルブ径や圧縮比、キャブレターのベンチュリー径などが異なっている。空冷エンジが搭載されたホンダ1300クーペに、水冷のEB5型エンジンが、シビックの発売に合わせて搭載された。シビック用EB1型エンジンのボア・ストロークを72×78mm、1433ccにしたもので、80ps/5500rpm。これによりホンダ1300クーペはホンダ145となった。

　シビック用エンジンをベースにしたホンダCVCCエンジンが、アメリカ環境保護庁（EPA）によって75年マスキー規制をパスしたのはシビックが発売された3ヵ月後の1973年初めである。認証第1号として、大いに注目された。

　1975年からの排出規制が大幅に強化されるマスキー法に対し、アメリカの自動車メーカーは実施の延期を求めていたが、1972年にEPAが却下し、メーカー側はこれを不服として裁判所に提訴していた時期だっただけに、EPAは規制をクリアできるエンジンの出現を望んでおり、ホンダの認可申請はタイミングよく歓迎された。アメリカのメーカーが規制をクリアするエンジンをつくるのはむずかしいと主張していたために、規制をクリアした最初のエンジンとしてホンダCVCCエンジンの登場は大きなニュースになった。

　ホンダCVCC（複合過流制御燃焼方式）は、希薄燃焼させることで排気中の有害

成分を減らす方式である。副燃焼室を
持っているのが特徴で、濃い混合気を
副燃焼室に供給して着火し、その火炎
で薄い混合気を主燃焼室で燃え広がる
ようにする。

　副燃焼室には主燃焼室用とは別に吸
気バルブを備え、キャブレターも副室
と主燃焼室用と2基を組み合わせてい

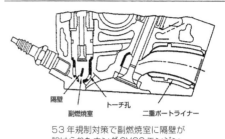

隔壁　　　　トーチ孔
副燃焼室　　　　二重ポートライナー
53年規制対策で副燃焼室に隔壁が
設けられたホンダCVCCエンジン。

る。ホンダCVCCエンジンの特徴は、触媒など排気対策用の装置を別に取り付けず
に規制をクリアしたことである。

　1973年秋に、50年規制用の低公害エンジンとしてCVCCエンジンがシビック4ド
ア車に搭載された。ボア74mm・ストローク86.5mm、1488ccのED型で、圧縮比は
7.7と低くし、最高出力63ps/5500rpmとなっている。

　1975年には、1500ccCVCCエンジンはシリンダーヘッドや吸排気系の改良、点火
時期制御を採用して、51年規制に対応、最高出力も70ps/5500rpm、最大トルク10.2kgm/
3000rpmから10.7kgm/3000rpmに向上している。

　1976年5月に、シビックよりひとクラス上の新型車アコードがデビュー、エンジ
ンはEF型1600ccを搭載、シビック用1500ccED型をベースにストロークを86.5mm
から93mmにのばして1599ccにしたもので、シビック同様FF車でエンジン横置きで
ある。最高出力80ps/5300rpm、最大トルク12.3kgm/3000rpm、もちろんCVCCである。

　53年規制は、副燃焼室のトーチノズルの穴径を9.7mm1個から6mm径2個にする
など構造を変更、吸排気系やキャブレターを改良してクリアしている。さらに1979
年にモデルチェンジされたシビック搭載のEJ型エンジンは72mm・ストローク82mm
の1335ccにし、圧縮比7.9、最高出力68ps/5500rpm、最大トルク10.0kgm/3500rpmと
している。

　アコードと新型スペシャリティカーとして登場したプレリュードに新しく搭載さ
れたEK型1800ccエンジンは、EF型のボアとストロークをアップし77×94mmにし
た1750ccとなった。EF型のボアピッチを変えずにボアを大きくしたためにサイア
ミーズ式となり、冷却に問題が出ないように斜めに水穴をあけている。EJ、EK型と
もトーチノズル穴を6mm径2個にしたCVCCである。

　1980年代の初めまで、ホンダはCVCCを改良したエンジンが中心だった。

11-4.東洋工業のロータリーエンジンの排気対策とオイルショックの影響

　ファミリアロータリークーペに続いて、ルーチェロータリー、カペラロータリー、サバンナロータリーと、軽自動車を除く主力乗用車に次々とロータリーエンジンを搭載した東洋工業は、排気対策でもホンダと並んで前向きに対処した。

　ロータリーエンジンは、レシプロエンジンと比較するとHCの排出量は多くなるが、NOxは少なくなる傾向が見られたため、COとHCの削減を中心として規制に取り組み、サーマルリアクター方式の採用を図った。

　ロータリーエンジンにサーマルリアクターを組み合わせたものはマツダREAPS（Rotary Engine Anti-Pollution System）と呼ばれ、1973年にホンダCVCCエンジンに次いでマツダは、アメリカのEPAのテストで1975年のマスキー法の規制をクリア。ホンダと東洋工業の2社は早々に規制に対応したエンジンを搭載した車両を市販すると発表、トヨタや日産を大きくリードした印象を与えた。

マスキー法を早々にクリアした13Bロータリーエンジン。

　1972年にはカペラ用12A型ロータリーエンジンは最高出力130ps/7000rpmにアップしたが、マツダREAPSを装着した排気対策の低公害エンジンは最高出力120ps/6500rpmと125ps/7000rpmだった。この後も、ファミリア、ルーチェ、サバンナと相次いで規制をクリアしたエンジンを搭載した車両を出し、シビックCVCCとともに低公害車として優遇税制の適用を受けている。二次空気噴射を併用したサーマルリアクター装置のほかに蒸発燃料制御装置、点火時期や一次及び二次空気系を集中した制御装置を採用している。

　サーマルリアクターの冷却対策として、高速時にリアクターのインナーシェル外側のエアジェットから強制的に二次空気を吹き付けている。エアポンプからの二

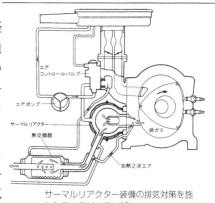

サーマルリアクター装備の排気対策を施したロータリーエンジン。

次空気を噴射ノズルからエア
ジェットに切り替えて噴き付け
るものである。

　ロータリーエンジンは、急速
暖機装置を備えるなどして排気
規制適合車の改善が引き続いて
実施されている。51年規制とし
てはガスシール性能の改善、吸
気ポート形状やポートタイミン
グの変更、サーマルリアクター

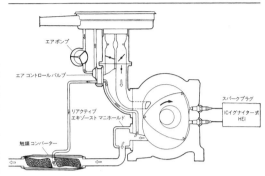

53年規制に対応した希薄燃焼型ロータリーエンジン。

の温度管理、点火時期の適正化、混合気の希薄化などが実施され、排気性能の向上
と燃費の改善が図られている。

　53年規制に対しては、従来の方式にEGR（排気再循環システム）を加えて適合し
たが、1978年になってサーマルリアクター方式から三元触媒を採用した希薄燃焼方
式に変更した。燃費の悪化が避けられないサーマルリアクター方式を断念、転換を
図らざるを得なかった。

　触媒による排気のクリーン化では、浄化率を落とさないために触媒の負担を軽く

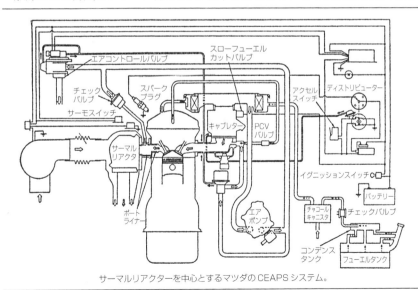

サーマルリアクターを中心とするマツダのCEAPSシステム。

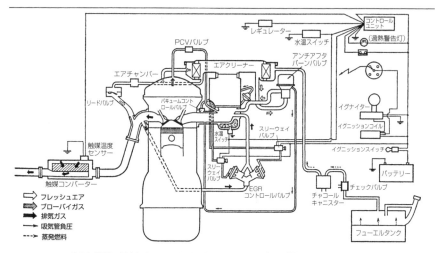

53年規制に対応したコスモ2000AP用MAエンジンの排気浄化システム。

する必要があると判断し、ロータリーエンジンでは多くなるHCの発生量をあらかじめ減らすように希薄燃焼型エンジンにしている。エンジンの基本的な改良のほかに高エネルギー点火装置とワイドギャップ点火プラグの採用、シャッターバルブ付き減速時制御装置、リアクティブ排気マニホールドの採用などにより、薄い混合気でも燃焼が

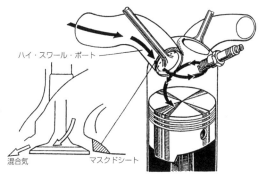

マツダの安定燃焼方式を採用したエンジンの燃焼室回りの構造。

促進されるようにしている。触媒はペレット式の2段方式のもので、1981年にモノリス式に変更されている。

　レシプロエンジンの排気対策にも当初はサーマルリアクター方式を採用、マツダCEAPS（Conventional Engine Anti-Pollution System）として、エンジンの改良にブローバイ還元装置や蒸発燃料制御装置とその制御システムで、ロータリーエンジン搭載車とともに1973年にはグランドファミリアが優遇税制の適用車に認定された。

　1973年秋のオイルショックにより燃費性能の良くなかったロータリーエンジンに

逆風が吹くようになり、レシプロエンジンを中心としたラインアップに切り替えざるを得なくなった東洋工業では、53 年規制の対応ではサーマルリアクター方式から希薄燃焼を可能にするマツダ安定燃焼方式に切り替えている。

　吸気ポートの形状ポートのスロート部の形状を工夫して混合気のシリンダー内への導入で積極的にスワールを起こすことで、空燃比を薄くしても燃焼を可能にしている。さらに EGR 量に対応して空燃比を自動的に補正して燃焼の安定を図り、これに三元触媒を採用している。

11-5. 三菱のエンジン展開と排気対策

　1970 年代に活発な動きを見せたメーカーのひとつが三菱である。1969 年にギャランとその革新的なエンジンをデビューさせたことをきっかけにして、さながら車両とエンジンとの関係方程式を見いだしたような感じで、それに則って次々に新型車両の登場やモデルチェンジなどのタイミングにあわせて、排気量を拡大するなどして異なるエンジンを次々に送り出した。機構的に共通したエンジン群で、ボアかストロークを同じ長さにすることによって部品の共用が図られた。

　ギャランは 1300cc と 1500cc でスタートしたが、やがて 1400cc と 1600cc になり、共通のシャシーをもつギャラン GTO に 1800cc が加わり、さらに 2000cc エンジンも搭載された。同様に、新型車として登場のランサーやクーペスタイルの FTO に搭載したエンジンもそれに連動するように排気量を大きくし、OHV ハイカムシャフトエンジンから OHC に代わった。

　軽自動車から 2000cc のデボネアまでの乗用車のフルラインアップを完成させることで、乗用車部門でもトヨタと日産の牙城に迫ろうとしているように見えた。

　排気規制への取り組みは、当初は東洋工業と同じようにサーマルリアクターの装着を中心としたものだった。

　吸入空気量を増やすことだけでなく燃焼をよくする機構にしていたエンジンであることが、三菱の排気対策を進める上で役に立っていた。半球型燃焼室でクロスフロー式の吸排気系統、燃焼を促

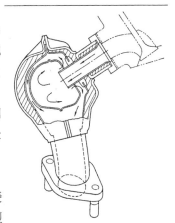

三菱エンジン用のサーマルリアクター。

169

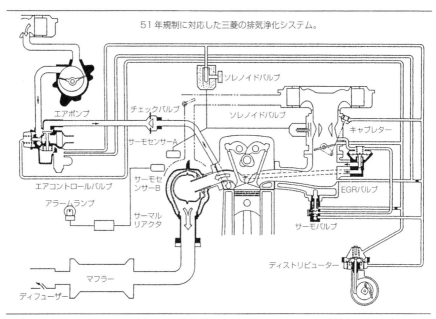

51年規制に対応した三菱の排気浄化システム。

エアポンプ　チェックバルブ　ソレノイドバルブ　ソレノイドバルブ　キャブレター　サーモセンサーA　サーモセンサーB　エアコントロールバルブ　アラームランプ　サーマルリアクタ　EGRバルブ　サーモバルブ　ディストリビューター　マフラー　ディフューザー

進するためのスワールの利用、温水加熱の吸気マニホールドの採用などである。そのため、エンジン本体の改良よりも、後付け装置で排気規制を乗り切る考え方で進められた。

　サーマルリアクターを中心とする排気対策されたエンジンは、MCAシステムと呼ばれた。エアポンプ、EGRの導入、点火時期調整などが加わり、これらをコントロールするシステムを進化させ、サーマルリアクター装着によるエンジンルーム内の冷却や室内への熱の遮断などが実施されている。初期には高温となるエンジンルーム内の雰囲気温度を低くするために冷却ファンま

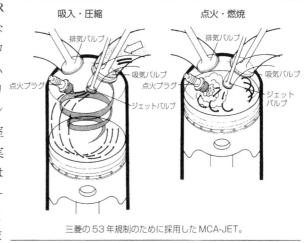

吸入・圧縮　　　　　点火・燃焼

排気バルブ　吸気バルブ　点火プラグ　ジェットバルブ

三菱の53年規制のために採用したMCA-JET。

で用意された。

　51年規制用のサーマルリアクターは、二次空気噴射装置とEGRを組み合わせて反応効果を向上させているが、二次空気量はエンジンの運転状態に合わせて精密に制御し、サーマルリアクターの構造も改良している。

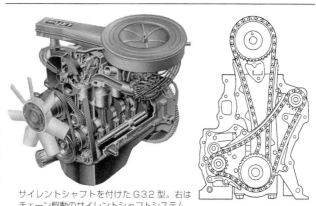

サイレントシャフトを付けたＧ３２型。右はチェーン駆動のサイレントシャフトシステム。

　NOxの規制が厳しくなる53年規制に対しては、一転して希薄燃焼方式と触媒の採用、EGRの採用でクリアした。サーマルリアクター方式では燃費のさらなる悪化が避けられず、MCA-JETと呼ばれる噴流制御希薄燃焼方式に取って代わった。積極的に燃焼を改善することを狙ったものである。燃焼室内にジェットバルブを設けてシリンダー内に空気や希薄混合気をジェット流として流入させ、燃焼を促進させる渦流を発生させ、同時に点火プラグ周辺を掃気する。縦の渦流であるタンブル流を利用する方法である。

　三菱は1977年に同社として初のFF車であるミラージュを発売したが、搭載された1200ccエンジンからデボネア用2600ccエンジンまでのすべての乗用車用エンジンは、MCA-JETとEGRと酸化触媒という組み合わせになっている。53年規制は、ペレット型触媒を採用したが、翌79年にはモノリス式触媒に変更、順次切り替えられていった。

　三菱エンジンで注目されるのは、直列4気筒エンジンに2軸バランサーが取り付けられたことである。直4の場合は二次の不平衡慣性力が残されていてその振動を消すことができなかったが、バランサーを取り付けることで消去するもの。クランクシャフト先端から2倍に増速されてチェーンで駆動される2本のバランスシャフト（三菱ではサイレントシャフトと呼ぶ）のうち1本は中間ギアによって逆回転し、お互いに反対方向に回転する。2本のシャフトのセンターをクランクシャフトからオフセットさせ、二次の上下振動とローリング振動を消すことに成功している。

新開発のギャラン/シグマ用にサイレントシャフトをつけたアストロン80エンジンは直列4気筒OHC、ボア84mm・ストローク90mm、1995cc、圧縮比8.5、115psである。また、デボネア用エンジンを2550ccでありながら、従来の直6エンジンからサイレントシャフトを採用した直4エンジンに切り替えている。ボア91.1mm・ストローク98mmという世界でもあまり例のない大きなシリンダーの直列4気筒エンジンを誕生させている。圧縮比8.2、最高出力120ps/5000rpm、最大トルク21.3kgm/3000rpmである。なお、サイレントシャフト用チェーンは後にコッグドベルトに置きかえられた。

11-6. トヨタのエンジン展開と排気対策

　車種が多くバリエーションも多様で、さまざまな機構をもったエンジンがそれぞれの目的や性格の違いに合わせて展開しているトヨタの場合は、排気対策も一様にいかず、規制をクリアするために大いなる試練に遭遇せざるを得なかった。

　排気量の小さいエンジンと比較的大きいエンジンの対応は同じではなく、異なる機構のエンジンでもそれぞれにふさわしい対応をする必要があり、狙いを定めて対策の方法を絞り込むわけにはいかなかった。

　ホンダやマツダが早々に50年規制適合車を出したのとは対照的にぎりぎりになってからの対応となり、監督官庁から注意される場面もあった。

　70年代になってから無鉛ガソリン使用による圧縮比の低下が進み、性能維持のために排気量の拡大が図られた。カローラ用の1100ccエンジンは3K型1200ccとなり、さらに後に1300ccの4K型も出現している。

　コロナ用のOHVの2R型1500ccは2.5mmボアを拡大して12R型1587ccとなり、クラウン用の2M型2253ccはボアを5mm拡大して2563ccの4M型となった。同様にマークⅡ用8R型1858ccはボアを2.5mm拡大して1968ccの18R型となり、1700ccの6R型はボアを2.5mm拡大して1808ccの16R型になっている。

　トヨタでは18R型にシングルとツインのキャブレター仕様のほかに、電子制御燃料噴射装置のエンジンを1972年に追加している。翌73年には直6エンジンでは日本初の電子制御燃料噴射装置をM型エンジンに装備、いずれもボッシュの開発したシステムをもとにし、ツインキャブ仕様から5〜10psほどの出力向上が図られている。

　トヨタは排気対策の本命は触媒装置であるととらえ、その開発・実用化に取り組んでいたが、GMを初めとするメーカーでもまだ目処が立っておらず、それだけに

固執しているわ
けにはいかな
かった。高熱や
振動による触媒
の劣化、触媒の
機能を発揮する
効果的な材料と
なる金属の追求
など難問が立ち
はだかってい
た。

　時間的に余裕
がない中で解決
を図るには、あ

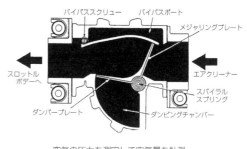

18R 型に採用されたトヨタの新 EFI システム図。

らゆる可能性を追求する必要が
あった。多くの車種とエンジンを
抱えるトヨタは、関連企業を巻き
込んでエンジンの改良からサーマ
ルリアクターなどの後付け装置、
さらにはロータリーエンジンの実
用化にも手を染めた。

　当時、複眼の思想と表現して、ト
ヨタは 50 年とそれに続く 51 年規制

空気の圧力を測定して空気量を計測
する方式のエアフローメーター。

には三つの方式で対応した。それぞれ TTC-C、TTC-V、TTC-L と呼ばれるシステム
を採用した。

　TTC-C は酸化触媒を装着して、EGR の導入と二次空気噴射の採用などの対応で、
大排気量エンジンを中心にしたもの。電子制御燃料噴射装置を採用している 4V 型や
M 型エンジンでは二次空気噴射はしておらず、排気量の比較的小さい T 型及び 2T 型
では EGR は使用しないなど、対応の仕方に細かい違いが見られる。なお、触媒はペ
レット型で、排気量の大きい直 6 と V8 エンジンは白金パラジウム系、直 4 エンジン
はパラジウム系の触媒を採用している。

TTC-Vは複合渦流方式、つまりホンダのCVCCエンジンと基本的には同じで、時間的な余裕がなく、自主開発していては間に合わなくなる恐れがあると面子にこだわっていられないと、ホンダと技術提携して採用している。ただし、この採用は直4の2000ccの19R型のみである。

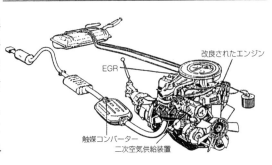

改良されたエンジン
EGR
触媒コンバーター
二次空気供給装置
トヨタの排気対策のTTC-Cの例。

TTC-Lは複合渦流方式同様に副燃焼室を備えたものであるが、こちらは乱流生成ポットと称し、ポット入り口近くに2極アース点火プラグを配置し、一系統のキャブレターから供給される薄目の混合気を燃焼させるもの。乱流生成ポット内で着火され副燃焼室内の混合気が燃焼

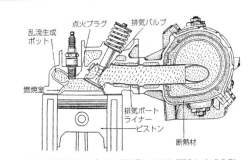

乱流生成ポット
点火プラグ
排気バルブ
燃焼室
排気ポートライナー
ピストン
断熱材
トヨタの乱流生成ポット（TGP）付きのTTC-L方式の例。

し、その火炎が主燃焼室内に噴き出して空燃比17から18の領域の希薄混合気を燃焼させるもので、触媒なしで規制をクリアしている。

この方式のエンジンは改良されてトヨタの排気量の比較的小さいエンジン用として採用されるが、当初装着されたサーマルリアクターは、のちに採用されなくなり、EGRや二次空気噴射などの装置も採用されていない。

53年規制では一歩進めて、直6とV8は電子制御燃料噴射装置と三元触媒とEGRで、直4DOHCエンジンは電子制御燃料噴射装置と三元触媒で、そのほかのエンジンは乱流生成ポットと酸化触媒とEGRの組み合わせとなっている。

後に排気規制の本命となる三元触媒の採用は、

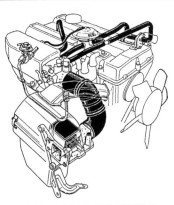

EFI採用の2T-GEU型の吸気系統図。

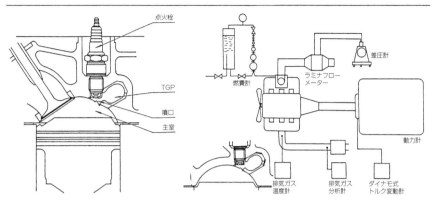

トヨタの排気対策用のTGP付きエンジンの構造。　　　　　排気対策用4気筒エンジンの試験装置。

電子制御燃料噴射装置と酸素センサーの組み合わせ、空燃比を精密に制御することで採用が可能になった。三元触媒を効果的に使用するには正確に理論空燃比に保つ必要があり、そのためには排気管内の酸素濃度を計測することで、燃料の噴射量をフィードバック制御することが欠かせなかった。

　これらのシステムはボッシュなどによって開発されたが、NOxの厳しい規制をクリアしなくてはならない日本のメーカーが実用化に取り組むことになり、苦労を重

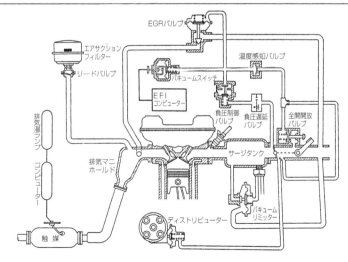

主として触媒とEGRを採用し53年規制対応のレビン/トレノ用2T-GEU型の排出ガス浄化システム。

ねて採用できるものに仕上げられた。

　トヨタは1970年代の初めにT型及び
それをベースにした2T-G型を開発して
いるが、1978年には新世代の軽量コン
パクトエンジンであるA型シリーズを
開発、新世代に属するエンジンの開発
として注目される。排気対策に多くの
資金と人員を投入している中で、新エ
ンジンの開発まで手が回らないのが各
メーカーの実状だったにもかかわらず、

三元触媒を採用して53年規制を
クリアしたM-EU型エンジン。

トヨタ初のFF車用エンジン（縦置き）として、排気規制とオイルショックという自
動車を取り巻く環境の激変に対応するための開発だった。

　それまでのエンジンは耐久性を優先してエンジン重量の増大をある程度容認する
設計だったが、コンピューターを駆使した有限要素法により無駄を排除してエンジ
ンの軽量化を図っている。贅肉をなくし、サイアミーズ式シリンダーにしてボア
ピッチを詰めてエンジン全長を抑え、カローラ用のK型より30kg以上の軽量化に成
功している。OHC、ウエッジタイプの燃焼室、ボア77.5mm・ストローク77mmとス
クウェアに近くなり、ショートストロークタイプからの転換が図られている。

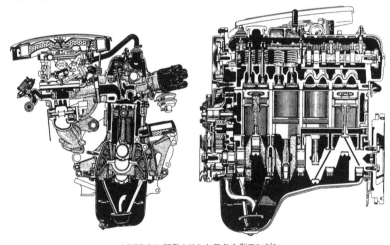

1978年に開発されたトヨタA型エンジン。

1452cc、クランクシャフト
は 5 ベアリング、クランク
ピンやジャーナルの幅を
詰め、カムシャフト駆動
はチェーンに代わって
コッグドベルトを採用。
コストが安く騒音に有利
であることで、このころ

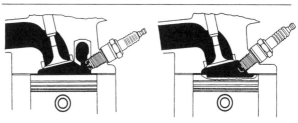

左図が乱流ポット付きの A 型エンジンで、右図のようにカロー
ラへの搭載にあたって、これをなくして性能向上が図られた。

からタイミングベルトが主流になっていく。

　排気対策は乱流生成ポットと酸化触媒の採用で、新型車として登場したターセル/
コルサに搭載された。最高出力 80ps/5600rpm、最大トルク 11.5kgm/3600rpm、エンジ
ン重量 101kg であった。

　ターセル/コルサ発売の半年後にモデルチェンジされたカローラにも A 型エンジン
が 3K 型とともに搭載されたが、乱流生成ポットのないエンジンに改良されてい
る。二次空気供給と EGR と酸化触媒で規制をクリアしており、乱流生成ポット付き
エンジンに比較して燃費の改善が図られた。最高出力は変わらないが、最大トルク
は 11.8kgm に向上している。この乱流生成ポットのないエンジンが、それ以前に 4K
型エンジンで例外的に開発されていたが、A 型もこれによって新世代エンジンとし
ての成果を発揮できるようになった。

11-7. 日産の排気対策と1970年代のエンジン展開

　1970 年代になってからもエンジン性能の向上が図られたものの、排気対策のため
に日産ではエンジンの整理統合が進められた。

　OHC の L13 型はストロークを伸ばして 1428cc の L14 になり、L16 と L18 の直 4 の
L 型は 3 種類になり、直 6 の L20 には L24 と L28 が加わり、フェアレディやセドリッ
ク/グロリアに搭載され、A 型も A12 に A14 が加わりパワーアップが図られている。
1971 年にブルーバード U 用の L18（1770cc）エンジンにボッシュ式の電子制御燃料
噴射装置付きがデビュー、翌 72 年には L16 にも採用されている。いずれもバルブリ
フト量やバルブタイミングなどが変更され、ツイン SU キャブレター仕様に対して
10ps ほどの出力向上が図られている。その後も Y44 型、L28 型、L20 型などにも採用
され、日産の電子制御燃料噴射装置付きエンジンは増えていった。1976 年には A14

型エンジンにも採用され、こ
のクラスのエンジンとしては
日本で最初である。

　キャブレター仕様のエンジ
ンでもガソリンの無鉛化への
対応やアイドル時の安定のた
めの改良などが実施されてい
る。

　日産では、排気対策のため
にプリンス系のG型シリーズ
とS20型エンジンの生産を
1974年までに中止して姿を消
した。したがって、サニーや
チェリー用のA型とプレジデ

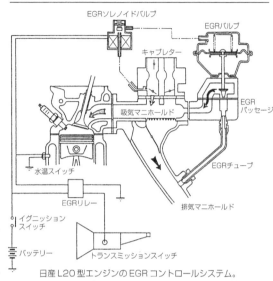

EGRソレノイドバルブ
EGRバルブ
キャブレター
EGR
パッセージ
吸気マニホールド
水温スイッチ
EGRチューブ
EGRリレー
排気マニホールド
イグニッション
スイッチ
バッテリー
トランスミッションスイッチ

日産L20型エンジンのEGRコントロールシステム。

ント用のY44型以外はすべて直4と直6のL型シリーズとなった。1970年代になっ
てから日産のDOHCエンジンはなくなり、新型エンジンも登場していない。

　トヨタ同様に車種の多い日産の排気対策は単純ではなく、サーマルリアクター方
式やホンダCVCCと同じ希薄燃焼を主とするNVCC、さらにはロータリーエンジン
の開発などが触媒の採用とともに検討された。NVCCエンジンやロータリーエンジ
ンの生産設備が整えられたが、直前に採
用が見送られ、50年規制ではNAPSといわ
れる酸化触媒を中心とするシステムと
なった。

　日産がNOxの削減の方法として最初か
ら熱心だったのがEGRである。NOxの削
減を図るためにEGR量を増やすには燃焼
が安定しなくてはならず、日産では燃焼
の改善に熱心に取り組んだ。

　当初はエンジンの使用状態に関わらず
一定のEGR量を送り込んでいたために低
負荷時では濃い混合気を供給しなくては

シリンダーヘッドを中心に改良されたZ18型エンジン。

178

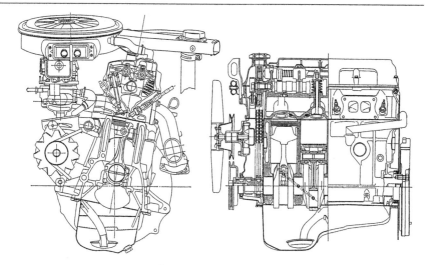

ブルーバード用Z18型エンジン。

ならず燃費が悪化し、排気にも問題があっ
た。吸気管負圧と排気管圧力の差を利用し
て高負荷時にEGR量を増やし低負荷時には
減らすことができるようになって解決した。
この方式と酸化触媒を組み合わせることで
50年規制をクリアした。白金系を使用した
触媒はペレット式、キャブレター仕様では
二次空気を供給し、電子制御燃料噴射装置
エンジンでは二次空気は供給されていない。

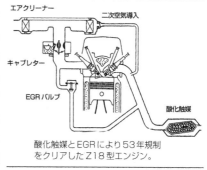

酸化触媒とEGRにより53年規制
をクリアしたZ18型エンジン。

　1977年にL18型エンジンをベースにしたZ18型エンジンが登場して、日産のエン
ジン技術の新しい展開が見られた。L型エンジンのシリンダーヘッドを大幅に改良
したもので、2プラグの半球型燃焼室の採用によって急速燃焼させることで燃焼の
安定が得られた。これによりEGR量を増やしてNOxの削減が図られた。

　従来の排気対策エンジンは、希薄燃焼のようにゆっくりと燃焼させるものが主流
で、燃費の悪化や性能の低下はある程度やむを得ないという考えだった。

　NAPS-Zと名付けられたこのエンジンは、急速燃焼させることで、せいぜい15%
だったEGR量を30%にまで増やすことが可能になった。これでNOxが厳しくなっ

た53年規制を酸化触媒
と組み合わせてクリア
している。

　直6のL20からL28型
とV8のY44型は三元触
媒を採用、トヨタ同様
に電子制御燃料噴射装
置と酸素センサーを組
み合わせて対応、EGR
もかけている。このク
ラスで燃料噴射装置を
採用していないエンジ

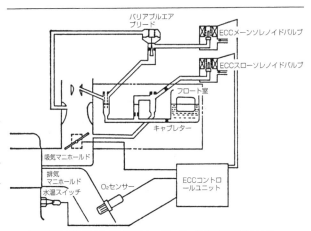

排気対策で開発された電子制御キャブレターの空燃比制御システム。

ンでは新しく開発された電子制御キャブレターの採用で三元触媒の採用を可能にし
ている。コンピューターを利用して燃料噴射量を制御するもので、電子制御燃料噴
射装置まで装備するにはコスト的につらいエンジンに採用されるようになる。

　排気量の小さいA型シリーズのエンジンは酸化触媒にEGR、二次空気供給装置の

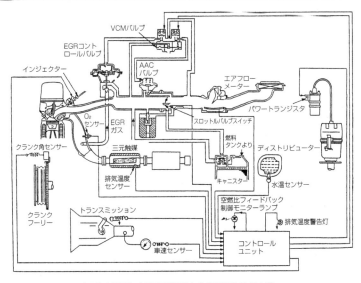

日産の集中制御による電子制御方式ECCSシステム図。

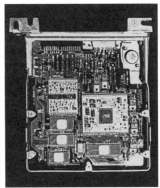

ECCS採用の日産L28型エンジンとそのコントロールユニット。

組み合わせである。

　1979年セドリック/グロリアのモデルチェンジに合わせてL28型エンジンにコンピューターによるエンジン集中制御装置ECCSが採用された。総合的なエンジンの電子制御システムがこれによって始まったといえる。エンジンの作動状態から、エンジン回転、アクセル開度、車速、ギア位置、バッテリー電圧、水温、エアコンスイッチなどの各種の情報をコンピューターで検出、排気成分や燃費、出力などが最適になるようにエンジンを制御するシステムである。制御されるのは、燃料噴射量、点火時期、EGR量、アイドル回転数である。エンジンの電子制御が可能になることで、エンジン開発は新しい段階に入った。

11-8. そのほかのメーカーの動き

　GMと資本提携したいすゞは、GMのワールドカー構想に沿ったオペルカデットがベースのジェミニを1974年10月に発売した。エンジンはベレット用の1584ccをもとにシリンダーヘッドを中心に改良を加えたもので、バルブのV型配置、半球型燃焼室、吸排気はクロスフロータイプとなり、圧縮比8.7、シングルキャブで排気規制に備えた仕様になっている。

　排気規制には、エンジンの改良と酸化触媒の装着、EGRの導入、二次空気導入などで対応、I・CASと呼ばれた。78年に1800ccエンジンが追加され、同様のシステムだったが、翌79年には電子制御燃料噴射装置でフルトランジスター式点火装置付きの1800ccDOHCがジェミニと117クーペに搭載され、酸素センサーによるフィード

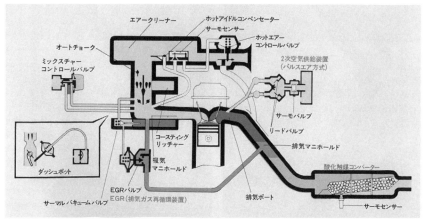

いすゞの酸化触媒とEGR、二次空気供給装置の採用によるI・CASシステム。

バック制御される三元触媒を採用したものになっている。出力は130ps、トルクは16.5kgm、圧縮比9.0だった。

スバルは1970年にエンジンを1300ccに拡大して80psと93psにしたが、1971年10月にモデルチェンジされてレオーネになった。このときにボアを3mmアップさせて85mm、ストローク60mm、1361ccとなり、1100ccエンジンと2本立てになった。

1973年に1100ccがボアアップされ1200ccになっている。初めは酸化触媒を中心にし

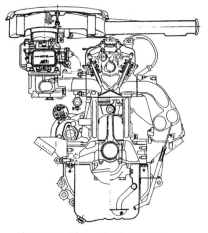

ジェミニ用1600ccエンジンの断面図。

た対策を立てたが、エンジンの改良を中心にしたものに変更された。ボアの大きい水平対向エンジンはNOxの排出量が多くないことに着目して、吸気管の全長にわたって温水予熱して混合気をリーン寄りにセットし、それに合わせたエンジンの改良と二次空気の導入でクリア、触媒もEGRも採用していないのが特徴である。

1975年にボア92mmにアップした1595ccエンジンが新たに加わったが、これも同様である。このシステムはSEEC-Tと呼ばれた。1600ccと1400ccエンジンとなったレオーネは53年規制では、EGRの導入が追加された。1979年には1800ccエンジン

が加わり、三元触媒とEGRと二次空
気導入システムに切り替わった。

　トヨタと提携したダイハツは、カ
ローラやサニーが排気量を大きくし
て高級化を図る中で、軽自動車と大
衆ファミリーカーとの大きくなった
隙間を埋めようと1000ccのシャレー
ドを 1977 年 11 月に発売した。エン
ジンは 4 ストロークでは初の直列 3
気筒、ボア76mm・ストローク73mm、

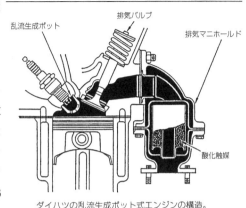

乱流生成ポット　　　排気バルブ　　　排気マニホールド

酸化触媒

ダイハツの乱流生成ポット式エンジンの構造。

最高出力55ps/5500rpm、最大トルク7.8kgm/2800rpm、振動を軽減するためにバランス
シャフトを装着している。排気対策は乱流生成ポットとEGRの導入、二次空気の導
入、さらに排気マニホールド内に小さい酸化触媒を組み入れている。また、一回り
大きいシャルマンにはトヨタのK型シリーズとT型シリーズエンジンが搭載されて
おり、排気対策はトヨタと同じ方式を採用している。

第12章
1980年代のFF車用を中心とした軽量エンジン

12-1. 排気規制を乗り越えた新時代の到来

　排気規制をくぐり抜けた1980年代になると、エンジンの運転状態に応じた空燃比や点火時期などの最適制御の重要さがさらに増した。吸入空気量を増やすことに懸命だった時代から、従来は両立させることがむずかしかった低中速域の性能と高速域の性能の両立を図ることがエンジンに課せられた問題になった。そのために吸気系の可変制御や可変動弁機構に代表される各種の可変システムの導入が進んだ。単純な行動しかできない生物から、目的をもって行動できる生物に進化したことになる。こうした進化は1980年代に入ってから促進された。

　この場合のエンジンの神経細胞の役目を果たしたのがコンピューターである。エンジンの運転状態を的確に把握するために、エンジン回転やスロットル開度や水温や吸入空気量などの情報をコンピューターにインプットし、それをもとに、それぞれの異なる状況に応じてもっとも好ましい指令を発することで、きめ細かい制御ができるようになり、エンジン開発は新しい段階に入った。排気規制をクリアするのに四苦八苦することにより身につけた電子制御技術を駆使して、エンジンはさらに発展し続けた。

　1980年代に入るころの大きな流れのひとつは、小型車のFF化の進行によるエンジンの軽量コンパクト化の要求の高まりである。

　もともと日本は小型車が主流で燃費がよいことが特徴で、オイルショックによる世界的な低燃費化傾向の流れに乗って輸出を大幅に伸ばしていた。大きな打撃を受

けたアメリカでは、省エネルギー対策としてCAFE（Corporate Average Fuel Economy）という企業別平均燃費基準を策定して、この基準に達しないメーカーには罰金を課すという規制を実施することになった。利益の大きい大型車を中心にしていたアメリカのメーカーは、燃費の良い小型車の開発に熱心でなかったが、この規制によっ

横置きにされた日産 CA 型エンジンとトランスアクスル。

て小型車開発に真剣に取り組まざるを得なくなった。最大手のGMがサイズの割に室内空間を広くすることが可能なFF化を打ち出したことで、一気にFF化の流れが世界的に大きくなり、日本でも1970年代の後半からFF車の開発計画がスタートしていた。

　富士重工業や本田技研の小型車はそれ以前からFF方式が採用され、搭載するエンジンもそれにふさわしいものが開発されていた。また、東洋工業でも、大衆車部門でトヨタや日産に先がけてFF化を果たし、ファミリアのヒットでロータリーエンジン車の不振による打撃から立ち直りつつあった。同様に世界の流れに敏感な三菱も、率先してFF化の方向を打ち出した。

　日産とトヨタを比較すると、トヨタの方が模様眺めをしてから動く姿勢で、数年の違いはあったもののブルーバードやコロナクラス以下の乗用車はほとんどFF化された。FF車となれば、エンジン全長が小さいことが重要で、それまで以上に軽量エンジンの開発が重要になり、新世代エンジンの誕生が促進された。エンジンの軽量コンパクト化に重要な働きをしたのが

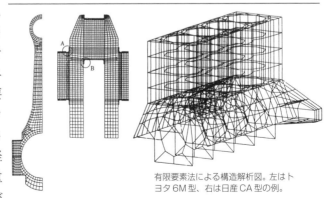

有限要素法による構造解析図。左はトヨタ 6M 型、右は日産 CA 型の例。

設計や各種のテストデータの解析にコンピューターの導入である。燃焼状態や混合気の流れをシミュレーションすることで、進化したエンジンとしての設計が可能になり、シリンダーブロックやヘッドの剛性や強度と軽量化とのバランスをうまく保つために有限要素法が使われた。エンジンの電子制御も排気量の小さいエンジンにも及ぶようになり、最適制御することで燃費をよくして排気もきれいにし、性能的にも従来のエンジンより優れたものにすることが可能になった。

　この章ではFF車用を中心とする軽量コンパクトエンジンについて、次章でターボ化とDOHC化によるパワー競争の展開、さらにその次でV型6気筒エンジンを中心にしたV型エンジンについて見ることにしたい。

12-2. 日産の新型エンジンの登場

　1970年代、シリンダーヘッドを変えたZ型を除けば、日産は新規に開発されたエンジンはなかった。その反動であるかのように1980年代に入ると次々にFF車用の新型エンジンを登場させた。

　第一弾が1981年3月のパルサー/ラングレー用及び、モデルチェンジでFF化されるサニー用のE13&15型エンジン、第二弾はその3ヵ月後の6月のバイオレット/オースター用のCA16 & 18型エンジンである。

　E13&15型エンジンは、サニー用に開発されたA型シリーズの後継で、ボア・ストロークやボアピッチなどの仕様はA型と同じ。OHCとなり、燃焼室は半球型で吸気

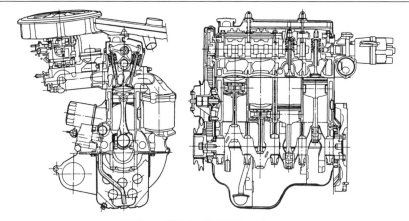

日産サニー / パルサー用E15型エンジン。

ポートはスワールを発生させる形状にして
いる。シリンダーヘッドはアルミ合金製、
シリンダーブロックは鋳鉄製と変わりない
が、ロッカーアームやオルタネーターブラ
ケットなどのアルミ化、フロントカバーや
外装部品のプラスチック化が図られてい
る。軽量化の中心はシリンダーブロックで
ある。シリンダー間隔の縮小などで全長の
短縮を図り、薄肉化や贅肉の除去により、
従来型と比較して E13 型で 15kg、E15 型で
13kg の軽量化を達成している。E15 型の高

OHC1500cc E15 型エンジン。

性能仕様は圧縮比9.3、ノックセンサーが装着されて点火時期の最適化による性能向
上が図られている。電子制御キャブレターを採用して酸素センサーと組み合わせ空
燃比の制御を実施、燃焼の改善などで燃費をよくしている。E15 型には電子制御燃
料噴射装置付きがあり、バルブタイミングなどは変更されている。

　CA16&18 型は L 型を改良した Z 型の後継で、徹底した軽量化が図られているのが
特徴である。CA16 型はボア 78mm・ストローク 83.6mm の 1598cc、CA18 型はスト
ロークは同じでボアを 83mm にして 1809cc、4 連サイアミーズ式のシリンダー、ハー

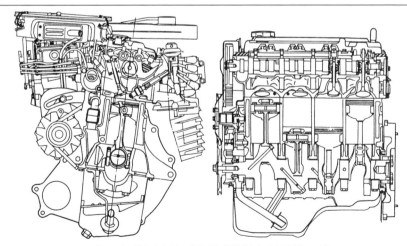

ブルーバードやバイオレットなどに搭載された CA18 型エンジン。

フスカート式のシリンダーブロックとし、バルブ1本に至るまで軽量を優先して設計された。世界中のエンジンの中で最軽量をめざそうと日産の技術の総力が集中され、Z18型に比較してCA18型は30kg軽量化され、最も軽量なCA16S型は113kgに収まっている。寸法も大幅に縮小されている。Z型から引き継いで2プラグ式のウエッジ式燃焼室、カムシャフト駆動はコックドベルトを採用、酸化触媒は排気マニホールド内に納められ容量を小さくしている。

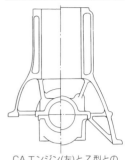

CAエンジン(左)とZ型とのブロックの比較。

　新型車のマーチ用として1982年10月に新開発されたのが1000ccMA10型の直列4気筒エンジン。ボア・ストロークとも68mmのスクェア、OHC、半球型燃焼室、バルブの挟み角は狭く、ピストン頭部を凹ませて点火プラグを中央よりにして、スワールポートと9.5という高圧縮比で燃焼の改善を図っている。特徴的なのはシリンダーブロックをアルミダイキャスト製としたことで、鋳鉄ライナー付きの4連サイアミーズ式シリンダー、クランクシャフトも中空化され、軽量コンパクトを実現している。

MA10型のシリンダーブロック。

一体型のメインベアリングキャップ。

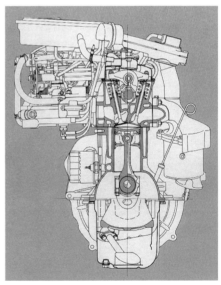

マーチ用のOHCMA10型エンジン。

日産のFF車用エンジン諸元

諸元\型式	総排気量\(cc)	ボア×ストローク\(mm)	圧縮比	最高出力\(ps/rpm)	最大トルク\(kgm/rpm)	全長×全幅×全高\(mm)	整備重量\(kg)
E13S	1,270	76.0×70.0	9.0	75/6000	10.7/3600	665×531×656	97
E15E	1,487	76.0×82.0	9.0	95/6000	12.5/3600	665×519×613	108
CA16S	1,598	78.0×83.6	9.0	90/5600	13.6/2800	541×549×657	113
CA18E	1,809	83.0×83.6	8.8	110/5600	16.5/3600	601×551×653	120
MA10	987	68.0×68.0	9.5	57/6000	8.0/3600	609×563×625	71
A14	1,397	76.0×77.0	9.0	80/6000	11.5/3600	600×651×670	127
Z18	1,770	85.0×78.0	8.8	105/6000	15.0/3600	635×630×700	150

※A14型とZ18型は比較のために掲載。Sはキャブレター仕様、Eは電子制御燃料噴射装置付きエンジン。

　これらのエンジンはいずれもOHC2バルブ、カムシャフト駆動はコッグドベルトを用いている。その後、それぞれに改良が加えられ、シリンダーヘッドを中心に大幅な変更を受けたり、ターボ化されたりして、性能向上が図られるが、軽量化が優先されたためにエンジンの騒音振動では不利なところがあった。E13&15型は1987年に後継のGA型エンジンに道を譲り、CA型は1989年にSR型に代わっている。

12-3. トヨタの軽量コンパクトエンジン

　日産を初めとする多くのメーカーがFF化の波に率先して乗ろうとするなかで、トヨタはFF化に慎重な姿勢を見せた。しかし、ターセル/コルサ用に開発した直4のA型シリーズは軽量コンパクトになったエンジンとして2A-U型や3A-U型へと発展してFF車に搭載された。トヨタは旧型となりつつあるエンジンを改良しながら使用し、順次新型に切り替えていく作戦で、日産のとった短期集中的な変更方式とは対照的だった。

　1980年代になって登場した最初の直4のエンジンは1S-U型エンジンである。1981年7月のFR車のセリカ/カリーナのモデルチェンジに合わせて登場した。翌年にデビューしたトヨタの最初のエンジン横置きFF車であるビスタ/カムリに搭載されており、FF車に使用することを前提に開発したものである。ボア80.5mm・ストロー

トヨタレーザーエンジンの1S-U型エンジン。

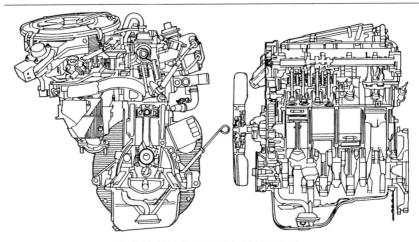

ビスタ / カムリなどに搭載された 1S-U 型エンジン。

ク 90mm とロングストローク、1832cc であ
る。OHC、ウエッジ型燃焼室、圧縮比 9.0、
鋳鉄製のシリンダーブロックは薄肉化さ
れ、カムシャフトやクランクシャフトは
中空化され、ピストンやコンロッドも軽
量化が図られている。

　カムシャフト駆動はコッグドベルト、
油圧式ラッシュアジャスターがつけられ
ている。バルブの開閉によるバルブシー
トの摩耗やバルブリフターなどの接触に
よる摩耗などでバルブクリアランスが変
化し、バルブタイミングが狂ってしまう
ために、定期的にクリアランスを調整す
るメンテナンスが必要だった。

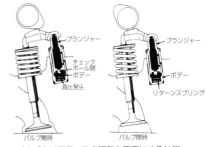

バルブクリアランスの調整を不要にする油圧
式ラッシュアジャスターを装着した 1S 型。

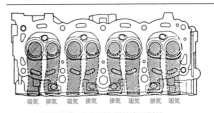

吸気　排気　吸気　排気　排気　吸気　排気　吸気

吸排気ポート配列と燃焼室の形状。

　エンジンの高回転化に伴い、このメンテナンスの必要性が増してきたが、エンジ
ンを分解しなくてはできない調整なので、これを不要にする対策が施された。油圧
によってこのクリアランスを一定に保つことが可能な油圧によるラッシュアジャス
ター機構（油圧調整式バルブリフター）が、各メーカーで採用されるようになるが、

190

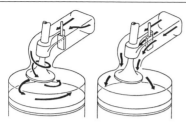

3A-LU型に採用された吸気制御SCV機構。
左が閉の場合で強いスワール流が発生する。

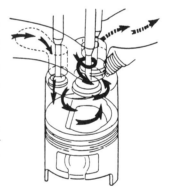

カローラやターセル／コルサなどに搭
載されたレーザーエンジンの3A-U型。

トヨタがいち早くこのエンジンで採用した。

ボアを大きくして2000ccとなった2S-U型があまり時間をおかないで出ている。

このエンジンには3A-LU型に採用されたスワールコントロールバルブ（SCV）付きのヘリカルポートが採用され、1S-U型にも同様に採用されている。吸気ポートがらせん状（ヘリカル状）になっており、その流路の途中に吸気負圧によって開閉するSCVが設置され、低負荷時に閉じられることによってスワールを発生して、急速燃焼を可能にする。高負荷時には開いて吸気抵抗を少なくするもので、低速域と高速域の両立を図ろうとするシステムである。

1984年8月にスターレットのモデルチェンジの際に登場したのがFF車用の1300cc直4の2E型エンジン、ボア73mm・ストローク77.4mmのロングストローク、OHC、吸気バ

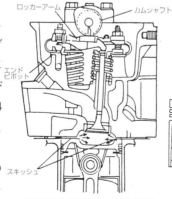

ロッカーアーム　　カムシャフト

エンドピボット

スキッシュ

2E型エンジンのシリンダーヘッドと燃焼室。

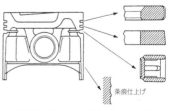

2E型のパーシャルリーンシステムのヘリカルポート。

条痕仕上げ

2E型のピストン及びピストンリング。

トヨタの軽量コンパクトエンジン諸元

諸元型式	総排気量(cc)	ボア×ストローク(mm)	圧縮比	最高出力(ps/rpm)	最大トルク(kgm/rpm)	全長×全幅×全高(mm)	整備重量(kg)
3A-U	1,452	77.5×77.0	9.0	83/5600	12.0/3600	550×684×635	108
2A-U	1,295	76.0×71.4	9.0	74/5600	10.7/3600	550×684×635	108
1S-LU	1,832	80.5×90.0	9.0	100/5400	15.5/3400	695×664×669	127
2S-ELU	1,995	84.0×90.0	8.7	120/5400	17.6/4000	646×590×648	123
2E-LU	1,295	73.0×77.4	9.5	81/6000	11.0/4400	639×562×613	90
4K-U	1,290	75.0×73.0	9.0	72/5600	10.5/3600	545×617×647	98
21R-U	1,972	84.0×89.0	8.5	105/5200	16.5/3600	724×639×694	163

※U型は排気規制をクリアしたエンジンに付けられ、LはFF車搭載を意味する。Eは電子制御燃料噴射装置付き。

ルブはメインバルブ以外に小さいサイズのサブバルブがあり、排気バルブと合わせた3バルブ式、燃焼室はピストン頭部の中央が凹んだパンケーキ型ともいう形状で、ピストン端部にスキッシュエリアを設けて積極的にスキッシュを起こし、ヘリカルポートによるスワール流とともに燃焼を促進させることで、燃費の低減と出力の向上の両立を図っている。

シリーズには電子制御燃料噴射装置と可変ベンチュリーキャブレター仕様があり、さらにパー

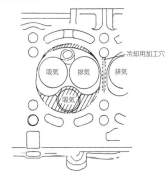

2E型の3バルブシステム。

シャルリーンシステム付きの空燃比19という希薄領域で燃焼可能なエンジン仕様もあり、これは10モード燃費でリッター当たり23kmを達成している。

12-4. マツダの新開発軽量コンパクトエンジン

1980年6月にマツダはサニーやカローラに先駆けてファミリアをFF化したのに伴い、エンジンも新開発した。1300ccと1500ccの2本立てで、ボアは共通の77mm、ストロークは1300のE3型が69.6mm、1500ccのE5型が80mm、OHC型、多球型燃焼室でバルブ配置はV型、カムシャフト駆動はチェーンを使用、排気対策はマツダの安定燃焼方式を採用、三元触媒はモノリス型になり、排気抵抗を軽減している。シリンダーブロックの贅肉の除去、ウォータージャケットの適正化、運動部品の軽量化、ロッカーアームのアルミ化などで、従来エンジンよりE3型10kg、E5型8kgの

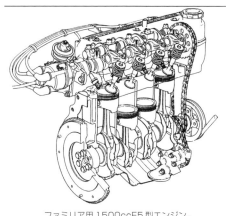

ファミリア用 1500ccE5 型エンジン。

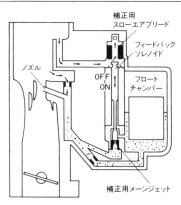

E5 型の電子制御式キャブレター。

軽量化が図られ、エンジンサイズも小さくなっている。運動部品の軽量化によるメタル幅の縮小、ピストンリングの張力低減、バルブスプリングの荷重低減、ウォーターポンプの小型化などでフリクションロスが軽減され、性能向上と低燃費が図られている。E3 型は最高出力 74ps/5500rpm、最大トルク 10.5kgm/3500rpm、E5 型は最高出力 85ps/5500rpm、最大トルク 12.3kgm/3500rpm、圧縮比は E3 型が 9.2、E5 型が 9.0 である。

　5 年後のモデルチェンジでは基本的機構に変更はないが、シリンダーヘッドや吸排気系を変更して性能向上が図られた。同時にシリンダーブロックのスカート部の形状を見直して剛性を高めて騒音の低減を図っている。

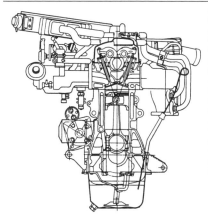

マグナムエンジンとも称された
マツダカペラ用 FE 型エンジン。

1982年9月にFFのカペラのモデルチェンジに合わせ横置きされるエンジンとして直4OHCのFE型エンジンが新しくデビューした。これにF6型の1600ccボア81mm・ストローク77mm、F8型1800ccのボア86mm・ストローク77mmが加わっている。FE型の2000ccはボア・ストロークとも86mm、FE型はシングルポイントの電子制御燃料噴射装置を採用、キャブレター仕様のF6とF8型はマツダ安定燃焼方式の吸気系で対応している。シリンダーブロックの薄肉化や運動部品の軽量化などで、FE型では従来のMA型に比較して28kg軽量化され136kgの重量となっている。Fシリーズエンジンのファ Full Rangeの頭文字をとったもので、全領域にわたってパワーとレスポンスに優れたものにしたという意味が込められている。圧縮比はともに8.6、最高出力はF6型90ps、F8型100ps、FE型120psとなっている。

12-5. 三菱の新しいエンジン

　1969年にデビューしたギャラン用のエンジンを源とする三菱のロングストロークで半球型燃焼室を持つエンジンは、新世代を予期した仕様のエンジンであり、軽量化や各種の制御機構の採用などの改良を加え、新しく始まった出力競争にはこのエンジンをベースにして排気量の変更、及びターボ化やDOHC化で対応している。

　1980年に従来のアストロンエンジンシリーズは軽量化されたシリウス80エンジンとなった。1800ccのG62B型、2000ccのG63B型で、G63B型には電子制御燃料噴射装置ECIが設定された。2000ccは19kg、1800ccは21kg軽量化され、エンジン全長65mm、全高26mm縮小された。カムシャフト駆動とサイレントシャフトの駆動はチェーンからコッグドベルトに変更、クランクシャフトは8ウエイトにしている。三元触媒はモノリス

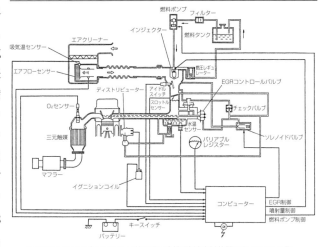

シリウス80に採用された三菱の電子制御燃料噴射装置ECIシステム図。

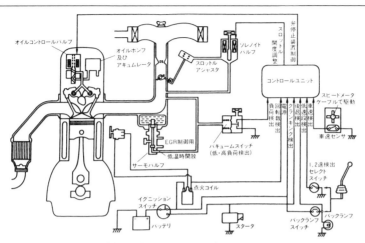

気筒数を制御するMDエンジンのシステム図。

式に変更された。ECI仕様は、空気量の計測にカルマン渦検出式のアフロメーターを採用、シングルポイント方式である。

　ミラージュやランサーフィオーレなどに搭載され、1982年に発表された三菱MD（Modulated Displacement）は、1400ccエンジンを可変排気量にしたもので、運転条件によって4気筒の内2気筒を休止させて燃費の向上を図ろうとし、日本では最初の試みである。切り替えは吸入負圧とエンジン回転数による

三菱シリウス1800ccエンジン。

が、発進時や冷間時などには4気筒運転になる。2気筒運転時の振動軽減はフライホイール慣性モーメントの増大、アイドルスピードコントロールシステム、流体封入マウントの採用などで対応している。しかし、切り替え時のショックなどスムーズな運転を保証することができず、生産は数年で中止された。

12-6. ホンダのシティ用を始めとする新エンジンの登場

　1981年に登場したシビックより一回り小さいシティ用のERエンジンは、超ロングストロークで高圧縮比にした特徴的なものだった。直4OHC3バルブ、ボア66mm・

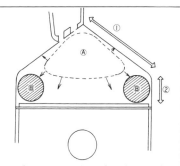

ホンダシティ用ER型エンジンは新ファンネル
型燃焼室、センターのAゾーンからコーナー部
のBゾーンまでの距離を短くできるのが特徴。

ストローク90mm、圧縮比10.0である。この時代にあっては群を抜いた高圧縮比で、
これを達成するのにCOMBAX（Compact Blazing Combustion Axiom：高密度速炎燃焼
原理）と命名されたエンジンにしている。具体的にはファンネル型の燃焼室にして
CVCCの原理に基づいたトーチ型の副燃焼室からの火炎が素早く主燃焼室の隅まで
達するような形状にして、ノッキングなどの異常燃焼を起こりにくくすることで、
圧縮比を高めている。ボアが小さいので燃焼室はコンパクトになり、燃焼は速めに
終了する。シリンダーブロックもアルミ合金製、エンジンの軽量化のためにアルミ
合金を多用するのがホンダの特色となっている。このER型エンジンは、圧縮比10.0、

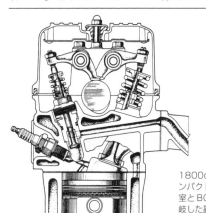

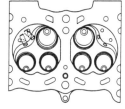

1800ccEK型エンジンはコ
ンパクトなルーフタイプ燃焼
室とBCトーチと称される分
岐した副燃焼室を持ったエン
ジンで、3バルブ式。2孔トー
チからの火炎で主燃焼室の燃
焼時間を短くする狙いである。

63ps/5000rpm と 67ps/5500rpm の仕様がある。

その後の改良でも燃費の良さが追求されており、ピストンリングを2本にしてフリクションロスを小さくし、2ステージの吸気マニホールドにした改良型を登場させた。さらに、1985年にはLLRシステムの採用と、FRMコンロッドを使用したエンジンを登場させた。LLRとはリーン、リーン、リッチの略で、CVCCシステムのリーンをベースにして、低負荷時には二次空気を導入することでさらにリーン化、高負荷時や冷機時はリッチにすることで省燃費を達成

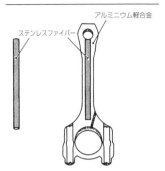

改良されたER型に採用された
FRMコンロッド。

しようとするもの。また、FRMコンロッドはステンレス鋼線を一体成形したアルミ合金製のコンロッドのロッド部をFRMで強化したもので、鍛造製のコンロッドより30%軽量化されているという。この成果を生かしてクランク軸径の幅縮小などでフリクションロスの軽減が図られている。

アコード用の1600ccEP型、1800ccEK型はシリンダーヘッドのバルブ配列を変更、バルブ径を大きくして性能向上が図られた。コンパクトルーフ型といわれる燃焼室にBCトーチ（Branched Conduit Torch）と称される副燃焼室を組み合わせたエンジンである。主燃焼室には吸気バルブ2本と排気バルブ1本の3バルブだが、同じカム

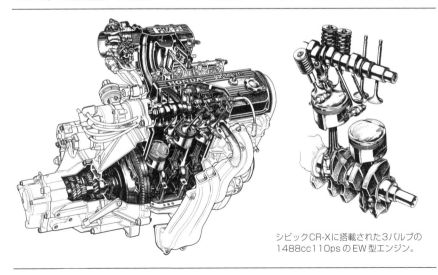

シビックCR-Xに搭載された3バルブの
1488cc110psのEW型エンジン。

で駆動される小さなバルブが副燃焼室にもあり、ここで点火されて分岐された二つの穴を通って火炎が燃焼室に入って燃焼する。燃焼時間を短縮するために燃焼室はコンパクトにして、圧縮比は9.4と高めの設定。エンジン高を低くするために2連サイドドラフトCV

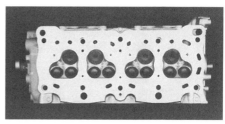

ホンダEV型3バルブエンジンのシリンダーヘッド。

キャブと直立タイプのエアクリーナーを採用している。

1982年11月のプレリュードのモデルチェンジの際に登場した1800ccES型エンジンもコンパクトな燃焼室にして高圧縮比を達成したエンジンである。ボア80mm・ストローク91mm、120psと125psとあり、圧縮比は9.4である。1984年にアコード/ビガー用に搭載された際にホンダ独自の電子制御燃料噴射装置（PGM）が採用された。

1983年にシビック及びCR-X用に同じような機構をもつ新設計の1300ccEV型（80ps）と1500ccEW型（110ps）のOHC3バルブが搭載されるなど、1980年代に入ってホンダのエンジンバリエーションは大幅に増えていった。この後、ホンダではDOHCエンジンや4バルブエンジンが中心になっていくが、3バルブエンジンはその過渡期のもので、いずれも酸化触媒を採用している。

12-7.FFジェミニ用1500ccエンジンそのほか

1985年5月にFFとなったジェミニ用に開発されたもので、徹底した軽量化が図られている。ボア77mm・ストローク79mmとスクウェアに近く、バルブの挟み角を狭くとって燃焼室をコンパクト化している。直4OHC2バルブ、キャブレター仕様、1471cc、圧縮比9.8と高めの設定である。

特徴的なのはピストンリングが2本であること。トップリングにガスのシール機能だけでなく、オイル掻き落とし機能も持たせており、2本にすることによりピストンの大幅な軽量化を図っている。それによってコンロッドやクランクシャフトの軽量化を図ることが可能になり、

FFジェミニ用4XC1型エンジン。

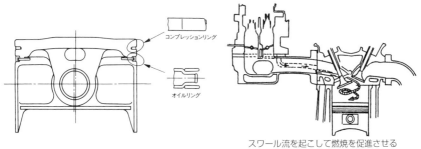

ジェミニ用4XC1型の2本リングピストン。

スワール流を起こして燃焼を促進させる
いすゞのミックスチャージェット方式。

ひいてはクランクピンやメインベアリングの幅
を縮小することでフリクションロスの軽減が図
られている。これにより15%ロスを減らし、出
力で3psの向上がみられたという。

　クランクシャフトは鋳造による中空で、往復
運動部分の質量の低減はシリンダーブロックの
軽量化にもつながり、騒音や振動にも好結果を
もたらしている。シリンダーブロックは薄肉化
されているが、ディープスカートタイプにして
剛性を高め、曲面形状による外壁剛性の向上も
図られた。小型軸流エアクリーナーの採用、ブ
ラケット類のアルミ化、発電機やスターターの
小型化なども軽量化に貢献しており、乾燥重量
85kgとこのクラスのエンジンでは当時トップの
軽さだった。また、吸気ポート内にあるジェット
ノズルから超音速で混合気を燃焼室に送り込む
ミックスチャージェット式急速乱流燃焼を用い
て燃焼効率を高めた。最高出力86ps/5800rpm、最
大トルク12.5kgm/3600rpmである。

　その2年前にフローリアンがモデルチェンジ
されてアスカが誕生、1800ccの4ZB1型（105ps、
15.5kgm）とボアアップされた2000ccの4ZC1型

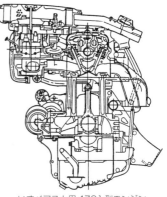

いすゞアスカ用4ZC1型エンジン。

ダイハツ1000ccディーゼルCL10型エンジン。

エンジンが搭載された。4ZC1型にはミックスチャージェットノズルと呼ばれる通路が設けられていて急速乱流による燃焼方式となっている。電子制御キャブレター仕様は最高出力115ps/5400rpm、最大トルク17.5kgm/3600rpmである。

　ダイハツでは経済性を優先させたものとして1000ccガソリンエンジンの直列3気筒に続いて同じく3気筒のディーゼルエンジンを開発、1983年からシャレードに搭載して発売した。副室式燃焼室で精巧なインジェクターを使用することで、排気量の小さい乗用車用ディーゼルエンジンを完成させた。最高出力38ps/4800rpm、最大トルク6.3kgm/3500rpm、コンパクトで低燃費エンジンとして注目された。

第13章
ターボ化とDOHC化による高性能エンジンの出現

13-1. 新しい高出力の追求競争の展開

　1979年10月にターボチャージャーが装着された日産L20型エンジンが登場して新しい出力アップ競争の幕が切って落とされた。過給装置をつけて吸入空気を大幅に増やせば出力の向上をもたらすが、空燃比のコントロールが正確にできなければ、とても採用に踏み切ることはできなかったはずで、これを可能にしたことにより排気規制を達成しながら高性能エンジンの開発が進められた。

　L20ET型という我が国最初の市販ターボエンジンは、セドリック／グロリアに搭載され、排気規制対応エンジンを搭載してパワフルでないクルマという印象を払拭して、大きなインパクトを与えた。ターボ化により2000ccでありながら2800ccエンジンの出力とトルクを発揮。その余裕を生かして低回転で走らせることにより低燃費を実現する狙いでもあった。しかし、市場ではターボ化によるパワーの向上が注目され、フェアレディZやスカイラインにも搭載されるに及んで、ターボエンジンはパワー向上の有効な手段として認識されブームになった。

　高性能エンジンは吸入空気量を増大させることが必須条件であるが、その手段は過給機の装着と、マルチバルブ化つまりDOHC（なかにはシングルOHC4バルブもある）化がある。1980年代になってターボエンジンに続いてDOHCエンジンも多く登場するようになり、高出力化の手段としてターボかDOHCかという議論が盛んに行われた。しかし、1982年には早くもDOHCにターボチャージャーが装着されたエンジンが現れ、一段と出力競争が加速された。ターボ化は日産が仕掛け、DOHC化の大衆化はトヨタが先導、高性能エンジンの存在が珍しいものではなくなった。

ターボエンジンでは、アクセル開度の増大に対してパワーが発揮されるまでに時間的遅れが生じる。ターボラグといわれるこの問題を解決するための方法やシステムが開発され、荒々しかったターボエンジンも次第に洗練されていった。ターボそのものの改良とともに、インタークーラーの装着、ツインターボ、セラミックターボなどが採用された。

　エンジンとしての洗練度でいえばターボより DOHC4 バルブにすることの方が有利だった。応答性をよくすることやきめ細かい制御で燃費性能と出力性能の両立が図ら

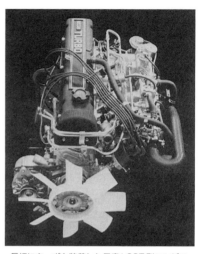

最初にターボを装着した日産 L20T 型エンジン。

れ、やがて主流となる DOHC エンジンも 2 バルブから次第に 4 バルブが増えてきた。

13-2. 日産の高性能エンジン開発とターボエンジンの展開

　わが国最初の市販ターボエンジンは日産直6L20型に装備され、ノーマルエンジンの 130ps、17kgm に対して 145ps、21kgm と出力で 11.5%、トルクで 23.5% アップしている。バルブオーバーラップを比較的小さくして中低速域を重視したセッティング

になっており、中低速域での燃費の低減を意識している。過給圧は 300mmHg で圧縮比は 8.8 から 7.3 に下げられている。ターボはアメリカのギャレットエアリサーチ社製を使用しているが、1980 年代中ごろから日産は生産設備

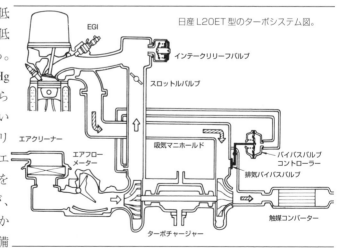

日産 L20ET 型のターボシステム図。

EGI
インテークリリーフバルブ
スロットルバルブ
エアクリーナー
エアフローメーター
吸気マニホールド
バイパスバルブコントローラー
排気バイパスバルブ
触媒コンバーター
ターボチャージャー

を整えて自社製に切り替えている。

翌1980年にはZ18型にもターボが装着され、ブルーバードに搭載された。このエンジンにはノックセンサーがつけられ、センサーがノッキングを感知すると電子制御により点火時期をずらしてノッキングの発生を抑えるものである。これにより、圧縮比はターボエンジンとしては高めの8.3に設定されている。この後のターボエンジンにはL20ET型も含めてノックセンサーが採用されている。

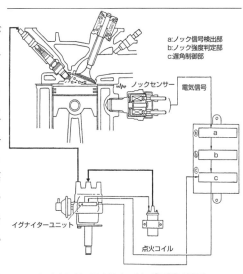

a:ノック信号検出部
b:ノック強度判定部
c:遅角制御部

ノックセンサー　電気信号

イグナイターユニット

点火コイル

ノックセンサーによるノッキング回避システム。

その後ターボ化されたCAエンジンが登場、1982年9月にサニーにもターボエンジンが搭載され、日産の乗用車用エンジンのターボ化が完成する。電子制御燃料噴射装置付きのE15型1500ccのターボ化では、エンジンに見合った小型ターボが装着され、バルブタイミングは中低速トルクを優先させている。過給圧制御は排気バイパスバルブ方式を採用。エンジンの出力は95psから115psとなり21%、トルクは12.5kgmから17.0kgmと36%と向上している。

ターボエンジン以外にも日産は高性能エンジンを登場させた。

1981年10月には、かつてのスカイラインGTRに搭載された直6のS20型以来の2000ccDOHC4バルブFJ20型を発表。直列4気筒、ボア89mm・ストローク80mm、

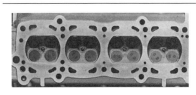

FJ20型エンジンの燃焼室。

DOHC4バルブの日産FJ20型エンジン。

1990cc、燃焼室はペントルーフ型である。特徴的なのはベースエンジンの改良によりシリンダーヘッドを変えたDOHCエンジンとは異なり、設計の段階から4バルブの高性能を目指したエンジンとして開発されたことだ。デビューしたときはDOHC4バルブエンジンは他になく、150ps/6000rpmという誇れる性能だった。

ターボを装着した日産FJ20T型エンジン。

日産のエンジン電子集中制御システムECCSに加えて、各シリンダーの吸気バルブの開閉に応じてシリンダーごとに燃料を噴射するシーケンシャルインジェクションを採用、ターボエンジン同様にノックセンサーを装着して圧縮比9.1にしている。

シリンダーブロックは剛性の確保のためにディープスカート式、チューニング用に余裕のある冷却性能を確保するようにフルジャケット化されている。バルブ挟み角は60度、カム駆動は2段掛けのチェーン、排気規制をクリアして電子制御されたDOHC、トヨタの量産を前提とするポピュラーなDOHC路線とは対極にあるものだ。

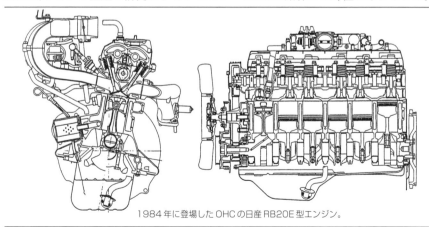
1984年に登場したOHCの日産RB20E型エンジン。

FJ20型はスカイラインRSに搭載されたが、トヨタでターボを装着したDOHCの高出力エンジンを出したのに対抗して、1983年にターボを装着して190psに、さらに翌84年にはインタークーラーを付けて205psとし、ライバルの上をいくパワーを実現させた。

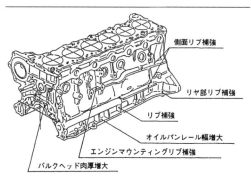

側面リブ補強
リヤ部リブ補強
リブ補強
オイルパンレール幅増大
エンジンマウンティングリブ補強
バルクヘッド肉厚増大

RB型シリンダーブロックの補強図。

インタークーラーで吸気を冷却することで圧縮比の向上を可能にし、従来の8.0から8.5にしている。プラズマ点火装置と呼ばれる新点火システムを採用、エンジンの回転に応じて放電時間を電子制御する点火装置である。プラグギャップ近くの混合気をイオン化することによって着火を確実にして燃焼の安定を図り、低温始動性やアイドリングの安定を確保するもの。しかし、古典的なDOHCであるFJ20型は次に紹介するRB型などに道を譲り、エンジンとしては短命に終わった。

1983年には2000ccと3000ccの日本では最初のV型6気筒のVG20及び30型エンジンが登場するが、これについては次章に譲ることにする。

次いで翌84年10月にモデルチェンジされたローレルに搭載されてデビューした直列6気筒RB20型の登場によって、L型シリーズは姿を消し、日産乗用車用エンジンはすべて新型になった。

直6L20型エンジンの後継である2000ccのRB20型は、L20型及びVG20型とボア・ストロークは同じ、旧来の

DOHCとなったRB20DE型(上)とターボ仕様のRB20DET型。

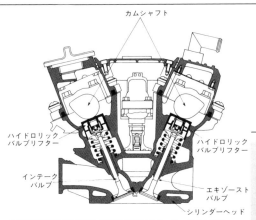

カムシャフト

ハイドロリック
バルブリフター

ハイドロリック
バルブリフター

インテーク
バルブ

エキゾースト
バルブ

シリンダーヘッド

RB20DE型DOHCエンジンに装着された油圧ラッシュアジャスター。

油圧ラッシュアジャスター。

RB20DE型用の主運動部品。

生産設備を使用できるよう配慮されている。小
型軽量化が図られ運動部も軽くなっているが、
シリンダーヘッドはアルミ合金製、シリンダー
ブロックは鋳鉄製、DOHC化やターボ化を想定
して剛性の高い設計である。シリンダーブロッ
クを台形にしてスカート部の表面を各気筒ごと
に丸みをもたせた形状にし、ベアリングビーム
を採用、剛性を確保している。OHC、半球型燃
焼室、油圧ラッシュア
ジャスターを採用、
ロッカーアームはアル
ミダイキャスト、カム
シャフト駆動はコッグ
ドベルトを用いている。
　翌85年にはRB型に
DOHC4バルブ及びその
ターボ装着エンジンが
登場した。バルブ挟み
角は46度と当時にあっ

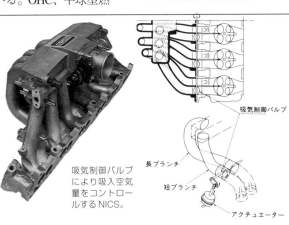

吸気制御バルブ

長ブランチ

短ブランチ

アクチュエーター

吸気制御バルブ
により吸気空気
量をコントロー
ルするNICS。

ては狭く、当初のOHC2バルブエンジンよりバルブ開口面積が吸気系で25%排気系で29%増大している。直動式で油圧式ラッシュアジャスター付き4バルブエンジンである。

特徴はNICS（Nissan Induction Control System）という可変吸気システムを採用、長さの異なる吸気管で低速域と高速域でそれぞれトルクが得られるシステムにしている。さらに強力な火花を飛ばせる

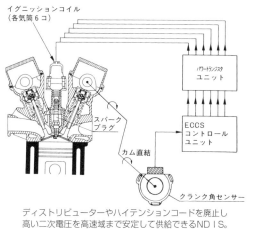

イグニッションコイル
（各気筒6コ）

パワートランジスタ
ユニット

スパーク
プラグ

カム直結

ECCS
コントロール
ユニット

クランク角センサー

ディストリビューターやハイテンションコードを廃止し
高い二次電圧を高速域まで安定して供給できるNDＩS。

ようにNDIS（Nissan Direct Ignition System）を採用、電子制御により各気筒への点火信号を直接出すシステムである。

ターボ化されたRB20DET型エンジンは、吸気用カムは低速と高速用の異なるプロフィールをもち、低速側はバルブの作動期間が短く、高速側は長くなっており、NICSの採用との相乗効果を狙っている。ピストン冷却のためにオイルジェットを採用、空冷式インタークーラー、6気筒なのでノックセンサーを2個装着、過給圧は電子制御される。OHC型は130ps、DOHC型は165ps、同ターボ仕様は210psである。

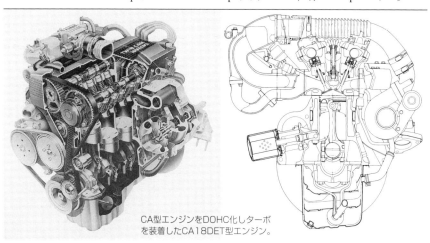

CA型エンジンをDOHC化しターボ
を装着したCA18DET型エンジン。

なお、2600ccにしてツインターボにした280psのRB26DETT型が1989年に復活したスカイラインGT-Rに搭載された。セラミックターボ、クーリングチャンネル付きピストン、ナトリウム封入式排気バルブを採用、バルブクリアランスを調整するために設けられていた油圧ラッシュアジャスターをなくしている。

日産でターボチャージャーを内製するようになって、後述するジェットターボをはじめ、慣性質量を低減するためにセ

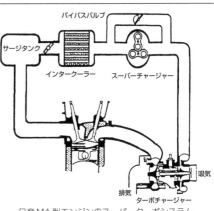

日産MA型エンジンのスーパーターボシステム。

ラミック製のタービンローターの、いわゆるセラミックターボなどを開発している。いずれも低回転領域から高回転域までスムーズに運転でき、ターボラグを小さくする試みである。

1980年代の中盤から後半にかけて、日産でも次々とシリンダーヘッドの改良によるDOHC化が進んでいく。1985年にはCA型シリーズにDOHCターボのCA18DET型が登場、RB型と同様のコンセプトでつくられたエンジンである。

機構的に特徴のあるのはマーチ用MA10型にターボとスーパーチャージャーの両方を装備したハイブリッド過給エンジンMA09ERT型である。

日産ターボ及びDOHCエンジン諸元

諸元／型式	配列・動弁機構	燃焼室形状	総排気量(cc)	ボア×ストローク(mm)	圧縮比	最高出力(ps/rpm)	最大トルク(kgm/rpm)	搭載車種
L20E・T	直6 OHC	ウエッジ型	1,998	78.0×69.7	7.3	145/5600	21.0/3200	セドリック/グロリア
Z18E・T	直4 OHC	半球型	1,770	85.0×78.0	8.3	135/6000	20.0/3600	ブルーバード他
E15E・T	直4 OHC	半球型	1,487	76.0×82.0	8.0	115/5600	17.0/3200	サニー他
FJ20	直4 DOHC	ペントルーフ型	1,990	89.0×80.0	9.1	150/6000	18.5/4800	スカイライン他
FJ20E・T	直4 DOHC	ペントルーフ型	1,990	89.0×80.0	8.0	190/6400	23.0/4800	スカイライン他
CA18E・T	直4 OHC	ペントルーフ型	1,809	83.0×83.6	8.0	135/6000	20.0/3600	ブルーバード他
CA18DET	直4 DOHC	ペントルーフ型	1,809	83.0×83.6	8.5	145/6400※	20.5/4000※	ブルーバード他
RB20DE	直6 DOHC	ペントルーフ型	1,998	78.0×69.7	10.2	165/6400	19.0/5600	スカイライン他
RB20DET	直6 DOHC	ペントルーフ型	1,998	78.0×69.7	8.5	210/6400	25.0/3600	スカイライン他
RB25DE	直6 DOHC	ペントルーフ型	2,499	86.0×71.7	10.0	180/6000※	23.0/5200※	スカイライン他
RB26DETT	直6 DOHC	ペントルーフ型	2,569	86.9×73.7	8.5	280/6800※	36.0/4400※	スカイラインGTR
MA09ERT	直4 OHC	半球型	930	66.0×68.0	7.7	110/6400※	13.3/4800※	マーチK10

• ※はネット値、その他はグロス値。

　ボアを66mmに縮小して930ccにしているのは、過給装置付きエンジンのレース区分における排気量換算が1.7倍になるからで、1600cc以下のクラスのクルマにするためである。モータースポーツに参加するためのハイブリッド過給によるパワーアップで、全域におけるトルクの拡大とレスポンスの向上のために、ふたつの異なるタイプの過給機を一緒に装着したのは初めてで、ネット値で110psを発揮する。

　なお、1986年からエンジン出力とトルクの数値がそれまでのグロス値からネット値に変更された。ネット値はエアクリーナーからマフラーまで、エンジンを車両に搭載する状態にして計測したもので、それらをはずしたグロス値よりも10〜15%低い数値となっている。1986年以降はすべてネット値で表示されている。

13-3. ツインカム路線でトレンドをつくったトヨタの動き

　ターボエンジンの展開に関してトヨタは、その役割を限定して高性能エンジンの中心的存在にする考えはなく、必要に応じてDOHCエンジンと使い分け、ターボエンジンは限定されて搭載された。

　1981年になって6気筒M型2000ccエンジンにターボを装着してクラウンに搭載、ATとの組み合わせで低速トルクの増大を狙い、圧縮比は8.6から7.6に下げ、最高出力は125ps/6000rpmから145ps/5600rpmに、最大トルクは17kgm/4400rpmから21.5kgm/3000rpmに向上。ターボは日産同様アメリカのギャレットエアリサーチ製である。

　トヨタは6気筒エンジンを一気に新型と切り替えずに、2000ccを最適な排気量とした新型と、主として3ナンバー車用に重くて大トルクに耐えられるM型シリーズ

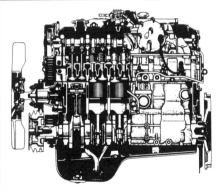

トヨタのレーザーエンジンとして登場した1G-EU型エンジン。

トヨタの吸気制御 T-VIS、左がバルブを閉じた低速時、右がバルブを開けた高速時。

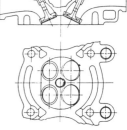

DOHC 化した 1G-GEU 型の燃焼室。

の改良という役割分担をしている。

1981年3月に新車クレスタの登場にあわせて直6の1G-EU型がデビュー、すぐにマークⅡやチェイサーにも搭載された。

ボア・ストロークは2000ccM型と同じ75mmのスクウェア、ボアピッチを詰めシリンダーブロックの高さは2000ccで最適になるようにし、運動部品の小型化でフリクションロスの軽減が図られている。圧縮比8.8、ウエッジ型燃焼室、OHC、油圧式ラッシュアジャスター付きとして登場した。各部の剛性にも配慮し、静粛なエンジンになっている。整備重量は154kgと直6としては軽量で、直4の1S型とともにトヨタ新世代エンジンの総称であるLASRE（レーザー）エンジンとしてアピールしている。

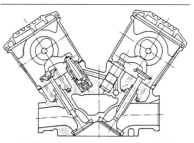

6M-GEU型のシリンダーヘッド。油圧調整式バルブリフターが取り付けられている。

1G型エンジンは翌82年にはDOHC化された。それまでのトヨタDOHCと違うのは、4バルブになっていることで、燃焼室はペントルーフ型、高出力追求型ではなく実用性を重視している。

可変吸気システム T-VIS を採

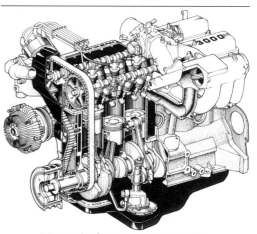

DOHC4バルブとなった 7M-GE 型エンジン。

用、吸気マニホールドが 2 分割されて一方に吸気制御バルブがあり、この開閉で吸気をコントロールする。この機構を持つエンジンはセリカなどの小型車枠のスポーツタイプ車にも搭載された。低速域のトルク低下を防ぐためで、点火プラグの電極部に白金を用いることで 10 万キロの無交換を保証している。この他、デュアルダンパープーリーやカム駆動に丸型コッグドベルトを採用している。

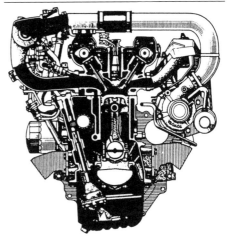

DOHCとターボを最初に組み合わせたトヨタ3T-GTEU型エンジン。

　これとは別に、従来からある 2800cc の 5M 型をベースに、1981 年 2 月に新型車のソアラの発売にあわせて DOHC 化され 5M-GEU 型が登場した。2 バルブ式、多球型燃焼室でプラグの位置が中央寄りになり、バルブ挟み角を大きくし、バルブ径も拡大して吸入効率を上げている。油圧式ラッシュアジャスターを採用、カム駆動はコッグドベルトを使用、大排気量による大トルクの DOHC エンジンで、クラウンやセリカ XX にも搭載された。1983 年に改良が加えられて 175ps、24.5kgm となり、1984 年にはボア 83mm のままでストロークを 91mm に伸ばして 2954cc の 6M-GEU 型

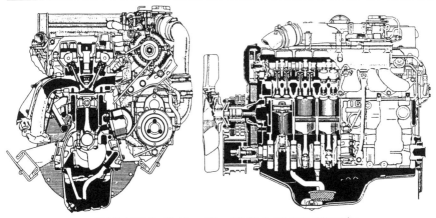

DOHC となりスーパーチャージャーを装着した 1G-GZEU 型エンジン。

となり、クラウンに搭載され
ている。

　さらにシリンダーヘッドを
大幅に改造してDOHC4バルブ
とした7M-GE型が登場、クラ
ウンやモデルチェンジしたソ
アラに搭載された。ノンター
ボでネット値は190ps、ターボ
仕様は230psである。

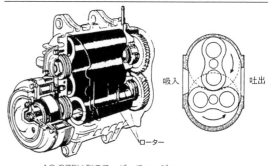

吸入　　吐出

ローター

1G-GZEU型のスーパーチャージャー。

　日本で最初にDOHCとターボを組み合
わせたのが3T-GTEU型エンジンである。T
型の流れを汲むエンジンでDOHC2バルブ
である。ターボと組み合わせて1800ccなが
ら160psと、この時点では群を抜くリッ
ター当たりの出力を実現させた。カム駆動
はチェーン、半球型燃焼室で火炎の伝播速
度を速めるために2プラグとし、過給圧を
高めにして圧縮比は7.8と低い設定。重量
のあるエンジンであるためにターボと組み
合わせたもの。

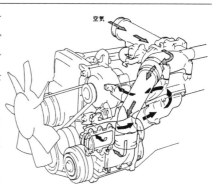

空気

1G-GZEU型の吸気系のレイアウト。

　このエンジンの出現がトヨタと日産の出力競争をあおり、これ以降DOHCとター
ボの組み合わせが盛んになった。

　DOHCの1G型エンジンに過給機が付くのは1985年のことだが、クラウンに搭載
するに当たって、排気を利用して過給するターボチャージャーではなく、クランク
シャフトの回転を利用するスーパーチャージャーと組み合わせた1G-GZEU型を誕生
させている。

　クランクシャフトから動力をとっているのでパワーロスがあるが、ターボの泣き
どころであるタイムラグがなく、低速から過給効果が得られる利点に目を付けたも
のである。過給機のローターの樹脂コーティングと電磁クラッチ制御による中低速
域のロス軽減を図り、騒音対策として過給機本体の精密加工や吸気系の最適化や吸
気レゾネーターの追加運動部品の軽量化や剛性向上による最適化、エンジンマウン

トに工夫を凝らすな
どして実用化した。
最高出力は160psで
ある。

　もう一つのターボ
装着エンジンは1G-
GTEU型でソアラに
搭載された。こちら
はターボラグを小さ
くするためにツイン
ターボにして、一つ
のターボを小型化す
ることで低回転時か

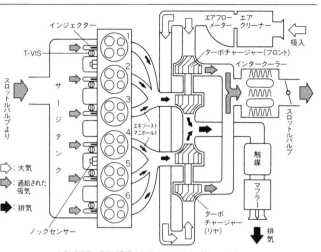

1G-GTEU型に採用されたツインターボシステム。

らターボが効くようにしている。排気マニホール
ドも2分割され排気干渉を小さくし、インター
クーラーを装着。最高出力185psである。

　このふたつの過給機付きエンジンにはDLI
（Distributer Less Ignition）という同時点火方式が採
用されている。ディストリビューターをなくしイ
グニッションコイルから直に点火プラグに電流を
送り込むシステム。タイミング良く点火するため
にカムポジションセンサーが取り付けられ、クラ
ンク角度を検出する。

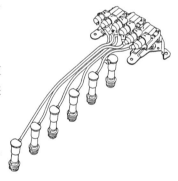

1G-GTEU型のイグニッションコイルの構成。

　FF車用に開発された軽量コンパクトなA型とS型のシリーズにも1983年と84年
に相次いでDOHCエンジンが登場した。いずれもFFのスポーツタイプ車用として
である。

　カローラやターセル、さらにはセリカやMR2に搭載される4A-GEU型は、1983年
に誕生、3A-EU型をベースにボアを3.5mm拡大して81mm・ストロークは同じ77mm
のショートストロークである。ベースエンジンのボア77.5mmから81mmに拡大され
ているが、シリンダーピッチは最初から切りつめられていたから、ぎりぎりまで拡
大されたことになる。

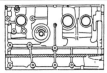

🔲 補強部分

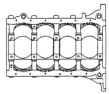

レーザーエンジンとして登場した 4A-G 型エンジン。

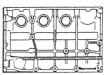

DOHC 化に当たって 4A-G 型の
シリンダーブロックの補強個所。

　1600ccはセリカやコロナクラスにも搭載するために必要な排気量の確保で、コンパクトなDOHCエンジンで重量も123kgと軽量である。流用される鋳鉄製のシリンダーブロックはリブなどの補強が入れられ、クランクシャフトは鋳鉄製から炭素鋼の鍛造製になり剛性向上が図られている。T-VISやTCCSの採用で、高速域だけでなく中低速でも使いやすくなるよう配慮されている。軽量で吹き上がりの良いエンジンとして、1970年代の2T-G型にかわって1980年代のトヨタのモータースポーツ用エンジンとしても活躍した。

　1984年にビスタ/カムリに搭載された3S-GELU型は、1800ccの1S型をベースに2000cc

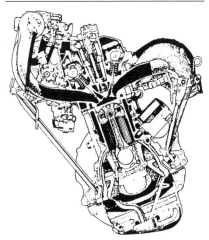

FF車用DOHCの3S-GELU型エンジン。

にしたもので、ボアとストロークが86mmのスクウェア、ボアとストロークがともに変更されている。160psという当時にあっては高性能で、軽量エンジンとしての強みがあり、レスポンスの良いきびきびとした走りを保証、低速域のトルクもあって実用性に優れている。

4A-GEU型と3S-GELU型は、どちらも4バルブ、ペントルーフ型燃焼室、バルブ挟み角は50度、アルミ合金製シリンダーヘッド、タイミングベルト使用、寿命の長い白金プラグが採用されている。

1985年までのトヨタのDOHCエンジンは、ポピュラー化したとはいえ高性能エンジンであった。しかし、ハイメカツインカムの登場はDOHCエンジンの概念を大きく変えた。

DOHC4バルブにすることで高出力が可能になるものの、燃焼効率のよさを追求して低燃費とエンジンとしての実用性を優先した仕様にすることで、従来のシングルOHC型の実用エンジンの性能を総合的に大きく上回ったものにした。DOHC4バルブエンジンにすることによるメリットを、実用領域でも積極的に生かそうとする思想である。

DOHC4バルブにすればカムが2本になりバルブ数も倍になり、シリンダーヘッドが複雑になるからコストがかかり重量も嵩み、限定された機構の高性能エンジンであるという認識が一般的だった。

この常識を破って、エンジン機構の底上げを一気に図って高級化させることで、燃費と性能の向上、さらには排気のクリーン化も押し進めようとしている。これを可能にしたのは1980年代の自動車産業の業績がきわめて良い状況だったことだ。トップメーカーであるトヨタの余裕が生んだ高級化である。

実用的エンジンのDOHC化はハイメ

最初のハイメカツインカムとして
登場した3S-FE型エンジン。

215

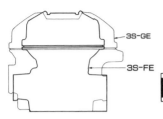

シリンダーヘッドのサイズ比較。

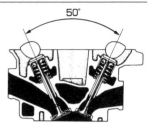

左の 3S-FE 型と右の 3S-GE 型のバルブ挟み角比較。

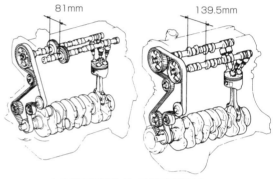

左の 3S-FE 型はシザースギアを使用する。

カツインカムと呼ばれ、FF車として上級クラスに位置するクルマに搭載される2000ccの3S-FE型エンジンがその第一弾として登場した。従来からのDOHC4バルブの3S-GE型はスポーティツインカムと呼ばれ区別されている。

実用車のエンジンとして2000ccの2S-E型エンジンからハイメカツインカムの3S-FE型エンジンにバトンタッチされ、トヨタの乗用車用エンジンはDOHC4バルブが主流になる道が開かれた。多くのメーカーではシングルOHC2バルブエンジンが中心で、吸気バルブを2本にした3バルブエンジンを企画したり市販しているところだったから、トヨタのツインカム路線の展開は、他のメーカーのエンジン戦略の見直しを余儀なくさせるほどのものとなった。

ハイメカツインカムの特徴は、コンパクトなペントルーフ燃焼室にしたことである。スポーティツインカムの3S-GE型はバルブ挟み角が比較的大きいのに対し3S-FE型は狭くなり、シリンダーヘッドをコンパクトにしている。2本のカムシャフトの間隔は狭くなり、カムシャフト駆動はシザースギアを使用する特殊な方法を採っている。

タイミングベルトにより回転させるのは吸気側カ

デュアルモードダンパー付きのクランクシャフト。

トヨタ1980年代前半の主要高性能エンジン諸元

諸元 型式	気筒数・弁配置	燃焼室形状	総排気量 (cc)	ボア×ストローク (mm)	圧縮比	最高出力 (ps/rpm)	最大トルク (kgm/rpm)	整備重量 (kg)
3T-GTEU	直4 DOHC2※	半球型（2プラグ）	1,770	85.0×78.0	7.8	160/6000	21.0/4800	166
4A-GEU	直4 DOHC4	ペントルーフ型	1,587	81.0×77.0	9.4	130/6600	15.2/5200	123
2S-ELU	直4 SOHC4	くさび型	1,995	84.0×90.0	8.7	102/4800	16.2/3600	123
3S-GE	直4 DOHC4	ペントルーフ型	1,998	86.0×86.0	9.2	140/6200	17.5/4800	143
3S-FE	直4 DOHC4	ペントルーフ型	1,998	86.0×86.0	9.3	120/5600	17.2/4400	138
1G-GEU	直6 DOHC4	ペントルーフ型	1,988	75.0×75.0	9.1	160/6400	18.5/5200	152
1G-GZEU	直6 DOHC4※※	ペントルーフ型	1,988	75.0×75.0	8.0	160/6000☆	21.0/4000☆	186
1G-GTEU	直6 DOHC4※	ペントルーフ型	1,988	75.0×75.0	8.5	185/6200☆	24.5/3200☆	178
5M-GEU	直6 DOHC2	多球型	2,759	83.0×85.0	8.8	170/5600	24.0/4400	205
6M-GEU	直6 DOHC2	多球型	2,954	83.0×91.0	9.2	190/5600	26.5/4400	197
7M-GEU	直6 DOHC4	ペントルーフ型	2,954	83.0×91.0	9.2	190/5600☆	26.0/3600☆	197

• ☆はネット値、その他はグロス値。　• ※はターボチャージャー付き、※※はスーパーチャージャー付き。

ムシャフトのみで、排気側カムシャフトはカムシャフトに設けられたギアの回転により駆動される。ギアのかみ合い時に生じる隙間によるガタ打ち音を消すために、駆動される側のギアにもう一枚ギアを追加し、スプリングの力でかみ合うギアを押しつけながら回転して隙間を埋めている。4バルブにしたことによる吸排気効率の向上を生かし、バルブタイミングは低速型にして低中速域のトルクを膨らませている。

　クランクシャフトデュアルモードダンパーを採用、クランクシャフトのねじれや曲げを小さくして振動や騒音を低減させている。

　ハイメカツインカムは、4E-FE型、4A-FE型と拡大され、それにともなって旧型のエンジンが姿を消していった。

　エンジンの高回転化に伴って、バルブクリアランスの調整を不要にするために、多くのエンジンに油圧式ラッシュアジャスターが付けられるようになったが、トヨタではツインカムエンジンを主流にするにあたって、この装置がなくても調整しなくてすむエンジンにしている。バルブの傘部と当たることによるバルブシートの摩耗と、カムとリフターが接することによる摩耗でバルブクリアランスが変化するが、これらの部分に特殊な加工や材料を用いることで摩耗をなくすようにした。まったく摩耗しないわけではないが、バルブシート部とリフター部の摩耗の進行具合が同じ程度ならクリアランスが変わらず調整は不要になる。

13-4. ホンダのターボとDOHCエンジンの開発

　1960年代の高性能エンジンメーカーという、ホンダのイメージとは異なり、シビックやシティに搭載されたエンジンはロングストロークタイプで、クルマ全体の企画にマッチしたエンジン開発であり、エンジンが存在を主張するのとは逆である。

　その意味では、シティに搭載されたER型に装着されたターボエンジンは、ホンダのなかでは飛び抜けた高性能エンジンであり、一部のマニアのために開発された特別製である。過給圧が高く、圧縮比は10.0から7.5と大きく下げられており、自然吸気エンジンの67psから100psと49%も出力が向上し、トルクも10kgmから15kgmに上げられている。ターボユニットはIHI製、その後ホンダはターボエンジン全盛のF1レースにエンジンメーカーとして参加するが、その準備としての開発と思われるような、市販エンジンとしては少量生産であった。ホンダの高性能はあくまでも4バルブ方式である。

　ホンダがDOHCエンジンを開発して主力車種に搭載し始めるのは、1984年から85年にかけてのことで、1960年代のホンダスポーツ用エンジンからは長いブランクがあった。しかし、これらのエンジンもDOHCのもつ高性能をアピールするというより、燃費と性能を両立させようとした、この時代にふさわしい洗練度を追

シティターボ用ER型エンジン。

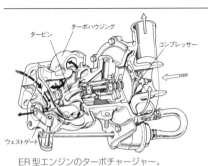

ER型エンジンのターボチャージャー。

ER型ターボの触媒は効果を発揮するように
ターボの直下に小型化されて装着された。

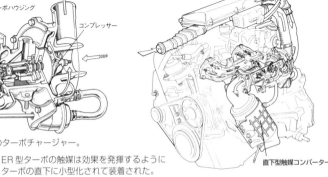

直下型触媒コンバーター

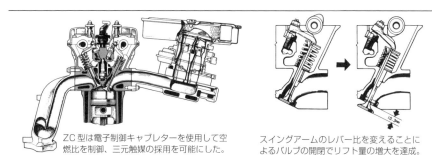

ZC型は電子制御キャブレターを使用して空燃比を制御、三元触媒の採用を可能にした。

スイングアームのレバー比を変えることによるバルブの開閉でリフト量の増大を達成。

求したエンジンである。

　ホンダの新世代DOHCエンジンは1984年10月にシビックに搭載されて姿を見せた1600ccZC型でスタートした。直列4気筒、ホンダの電子制御PGM-FIとキャブレター仕様とある。このエンジンが登場するまでのエンジンは副燃焼室をもつCVCCの改良型ともいえるOHCエンジンであったが、ZC型の登場によって、排気対策に関しても他のメーカー同様に酸素センサーと三元触媒を組み合わせた方式に転換、それによってDOHC4バルブを初めとするマルチバルブエンジンの登場する道が開かれた。

　ホンダDOHCエンジンもロングストロークで、ボア75mm・ストローク90mmとFF車用エンジンとして初代シビック以来の伝統のコンパクトな燃焼室になっている。

　低速時のトルクを重視、燃費性能の向上に配慮している。ボアが小さい分吸排

ホンダのDOHC4バルブのZC型エンジン。

アルミ合金製のZC型シリンダーブロック。

気バルブ径を大きくできないが、それを補っているのがスイングアーム式のバルブ開閉機構である。DOHC4バルブエンジンの場合はトヨタや日産に見るようにカムが

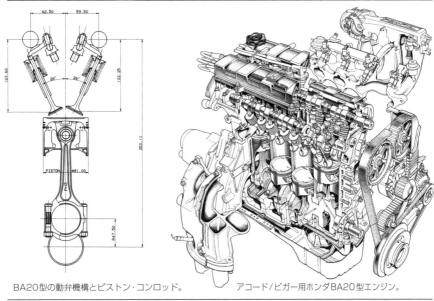

BA20型の動弁機構とピストン・コンロッド。　　　アコード／ビガー用ホンダBA20型エンジン。

直接リフターに接
する直動式が多い
が、ホンダではスイ
ングアームを介す
ることでバルブリ
フト量を大きくし
て吸排気効率を向上
させている。

4連サイアミーズ式シリンダーブロック。

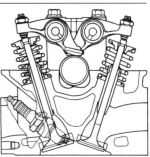

　シリンダーヘッド
だけでなくシリン
ダーブロックもアル
ミ合金製で、積極的
にアルミ合金を多用

合金添加による高強度クランクシャフト。

1800cc3バルブエンジン
の吸排気の流れ。

してエンジンの軽量化を図っている。

　次のDOHCエンジンは1985年6月にアコード／ビガーに搭載されたBA20&BA18
型である。2000ccと1800ccでボアが81mmの共通、ストロークが異なっている。BA20

1980年代ホンダ主要エンジン諸元

諸元型式	バルブ配置	燃焼室形状	総排気量(cc)	ボア×ストローク(mm)	圧縮比	最高出力(ps/rpm)	最大トルク(kgm/rpm)	搭載車種
ERターボ	OHC3バルブターボ	ファンネル型	1,231	66.0×90.0	7.5	100/5500	15.0/3000	シティ
ZC	DOHC4バルブ	ペントルーフ型	1,590	75.0×90.0	9.3	135/6500	15.5/5000	シビック、CRX他
BA18	DOHC4バルブ	ペントルーフ型	1,834	81.0×89.0	9.4	130/6000	16.5/4000	アコード／ビガー
BA20	DOHC4バルブ	ペントルーフ型	1,958	81.0×95.0	9.4	160/6300	19.0/5000	プレリュード、アコード他

型のストロークは95mmと長く、ZC型同様ロングストローク、基本的には同じ思想に基づくエンジンである。ロングストロークエンジンとしては高出力であるが、ZC型と同じく低速トルクのあるエンジンで、トヨタや日産のDOHCエンジンに採用されている吸気制御機構はまだ採用されていない。ZC型とBA18型のキャブレター仕様も電子制御により空燃比が制御されている。ほかにコストパフォーマンスの良さを狙った1800ccの一気筒3バルブのエンジンも開発されてアコードに搭載された。

13-5. ロータリーエンジンの新しい展開とマツダのDOHCエンジン

　主流エンジンの位置から退いたもののロータリーエンジンは、ルーチェやコスモ、さらにはRX-7といったスポーツカー用として発展した。主要な課題は燃費の向上、時代にあった高性能の実現で、1980年代からのマツダロータリーエンジンで注目されるのは、吸気制御の6PI、ターボ化、そして3ローターエンジンの登場である。
　1981年10月に12A型ロータリーに吸気を制御して全域での性能向上を図る6PIシ

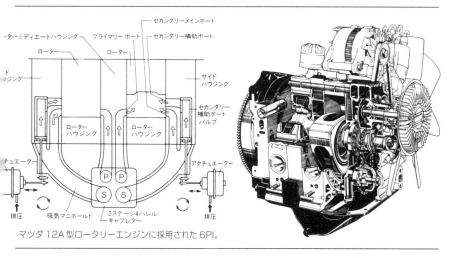

マツダ12A型ロータリーエンジンに採用された6PI。

ステムが装着された。6つのポートをもつインダクションとして、プライマリー、セカンダリーメイン、同補助の三つのポートが1ローターにあり、計6つのポートとなる。これを利用して、エンジンの負荷によって吸入空気量をコントロールする。低速時はプライマリーポートのみからの吸入で、ポートの開くタイミングを遅らせることによりオーバーラップが小さくなりトルクが膨らみ、燃焼も安定する。高速域では補助ポートを含めた3つのポートが開いて混合気の流速が速くなり、性能向上が見込まれる。

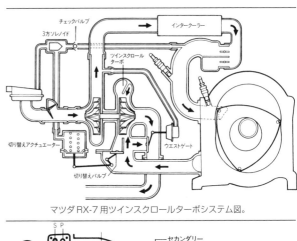

マツダRX-7用ツインスクロールターボシステム図。

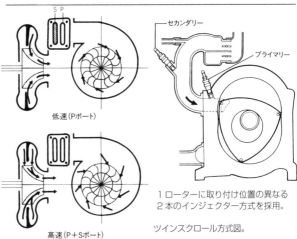

低速(Pポート)

高速(P＋Sポート)

セカンダリー

プライマリー

1ローターに取り付け位置の異なる2本のインジェクター方式を採用。

ツインスクロール方式図。

　ロータリーエンジンのターボ化は1982年に始まった。ピストンエンジンと異なり排気バルブがなくストレートに排気がタービンに導入されるので、排気の利用率は高くなり、ロータリーのターボ化は有利な点もあったが、吸入空気量を増やすのはもともと得意な機構だったから、吸入空気量の調整システムがいろいろと工夫された。

RX-7に搭載された13B型ターボエンジン。

　ターボの採用で6PIが廃止され、ロータリーエンジンでは初めて電子制御燃料噴射装置を採用、デジタル制御により燃費の向上が図られている。圧縮比は8.5、過給圧は低めの設定で性能の向上率もピストンエンジン並である。

　この1年後に改良され、ピストンエンジンと同様のタービンブレードからロータリーエンジンにマッチした形状のブレードになった。インパクトターボと称され、5psの向上が得られるとともに中低速トルクも向上した。12A型ターボはコスモ、ルーチェ、RX-7に搭載されたが、これとは別に6PIと電子制御燃料噴射装置と動的過給吸気の導入装置とを組み合わせた13B-SI型（スーパーインジェクション）も搭載された。

　2ローターとして最大の排気量である13B型にターボが装着されたのはRX-7のモデルチェンジに合わせた1985年9月のこと。ツインスクロールターボと称され、低速時と高速時に排気の流入量が異なる

ユーノスコスモ用3ローター20B-REW型エンジン。

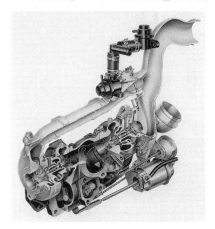

シーケンシャルツインターボユニット。

ように制御される。可変A/Rターボと同じように低速域と高速域の両立を図るもので、吸気管長やポートタイミングなども見直され、出力の増大に見合う燃料の供給量を増やすためにインジェクターは1ローター2本にしている。

　ロータリーエンジンの極めつけともいうべき3ローターシーケンシャルツインターボエンジンを搭載したユーノスコスモが登場したのは1990年。単室654ccローターを3個並列させ、小型ターボを2基装着、低速では1基のみ、高速で2基とも作動する。空冷式インタークーラーを装着。燃料噴射や点火時期に加えて、ターボの切り替えや可変排気システムの制御など総合制御される。しかし、ロータリーエンジンはポピュラーなものではなくなり、シェアも小さくなっていった。

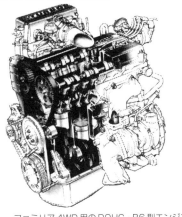
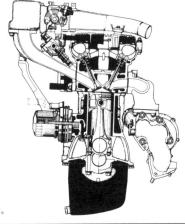

ファミリア 4WD 用の DOHC・B6 型エンジン。

　時代の流れにあわせて、マツダでも小型車用
の DOHC4 バルブの B6 型エンジンを開発、1985
年 10 月にファミリア 4WD に搭載され、やがて
FF 車にも普及した。他のメーカーと異なるのは
最初からターボ付きで出てきたことで、後に
ターボのない自然吸気仕様が追加されている。
ボア 78mm・ストローク 83.6mm とロングスト

FE 型の動弁機構。

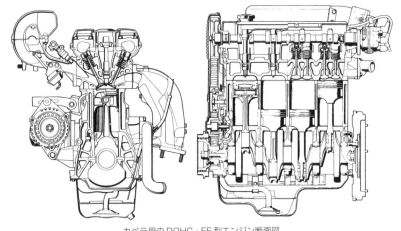

カペラ用の DOHC・FE 型エンジン断面図。

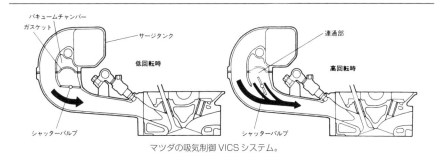

マツダの吸気制御VICSシステム。

ロークとし、ペントルーフ型燃焼室、油圧
調整式バルブリフターを採用、バルブクリ
アランスの調整を不要にし騒音を小さくし
ている。吸気マニホールドは等長にし、吸
気ポートは流速増幅型にしている。なめら
かな絞りを与えるポート形状にすることで、
低速時には流速を速め、高速時には抵抗を
小さくして、高速性能と中低速性能の両立

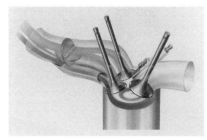

可変吸気システムを採用した3バルブエンジン。

を図っている。ターボには空冷のインタークーラーが装着されている。

　DOHC4バルブエンジンには積極的に可変吸気システムが採用されている。自然吸
気（ノンターボ）のB6型にVICSを採用、吸気管の途中に設けた連通管を開閉する
ことで吸気管の長さを実質的に変えて、低速と高速の両立を図っている。ファミリ
アにはこのほかに電子制御されたキャブレターを使用した1300ccのB3型と1500cc

マツダ・ロータリーエンジン主要諸元

年	型式	総排気量 (cc)	圧縮比	最高出力 (ps/rpm)	最大トルク (kgm/rpm)	搭載車種	備考
1981	12A	573×2	9.4	130/7000	16.5/4000	カペラ	6PI仕様
1985	13B	654×2	8.5	185/6500	25.0/3500	RX-7	ターボインタークーラー付き
1990	20B-REW	654×3	9.0	280/6500	41.0/3000	コスモ	3ローター・ツインターボ付き

1980年代マツダ主要直4エンジン諸元

型式	バルブ配置	燃焼室形状	総排気量 (cc)	ボア×ストローク (mm)	圧縮比	最高出力 (ps/rpm)	最大トルク (kgm/rpm)	整備重量 (kg)	搭載車種
B6	DOHC4バルブ	ペントルーフ型	1,597	78.0×83.6	7.9	140/6000	19.0/5000	136	ファミリア
F8	OHC3バルブ	半球型	1,789	86.0×77.0	8.8	82/5500	13.6/2500	135	カペラ
FE	DOHC4バルブ	ペントルーフ型	1,998	86.0×86.0	9.2	140/6000	17.5/5000	161	カペラ

・出力・トルクはネット値。

のB5型のOHCエンジンがあり、DOHCのB6型は上級仕様という位置だった。

1987年5月にカペラのモデルチェンジの際にOHCだった2000cc直4のFE型がDOHC4バルブとなって登場した。VICSを採用、レスポンス向上のためにシーケンシャル燃料噴射にして全域での性能向上を狙っている。同時に1800ccのF8型エンジンはOHC3バルブとなり、電子制御燃料噴射装置と電子制御キャブレター仕様がある。いずれも油圧式ラッシュアジャスターが装着されている。

13-6. フルラインターボを基本にした三菱の路線

日産と並んでターボエンジンに熱心だったのが三菱。小型乗用車用エンジンはすべてが1980年代の前半にターボ化され、フルラインターボと呼ばれた。

1980年に登場した2000ccのシリウス80シリーズのG63B-ECI型は、すぐにターボが装着され、ギャラン・シグマ/ラムダに搭載された。三菱重工製で2300ccのディーゼルターボと同じ仕様のものを用い、ノックセンサーをつけ、圧縮比も8.5から8.0とわずかに下げて出力は20%アップ。

三菱のエンジンはロングストロークで燃焼室がコンパクトで耐ノック性に優れており、低回転域の使いやすさをスポイルしない範囲でターボを効かそうとしており、過給圧をあまり高くしていない。

三菱G12Bターボエンジン。

1982年に1800ccのG62B型にもターボがつけられたが、圧縮比はノンターボの自然吸気エンジンと同じ8.0、電子制御燃料噴射装置にしている。さらに、1600ccのG32B型と1400ccのG12B型エンジンにもターボが装着された。いずれも圧縮比は自然吸気エンジンと変わらず、過給圧もあまり高くしていない。ターボを効かすことで高速性能を上げるより、低中速トルクを大きくすることが狙いである。翌83年には軽自動車のミニカにもターボエンジンを搭載、フルライ

三菱G32B型ターボエンジン。

ンターボ路線が完成している。

　1983年に我が国で最初のインタークー
ラー付きターボのG63B型がスポーツタ
イプ車のスタリオンに搭載された。吸入
空気の温度を下げることにより空気密度
を高くしたもので、翌84年にはこれを
ベースにして、シリウスダッシュと呼ば
れる3×2システムの可変バルブ機構を
採用している。

　2本の吸気バルブを2ステージで作動
させることで低速と高速の両性能をよく
しようと狙ったシステム。2500rpm以下
の低速域ではプライマリー吸気バルブの

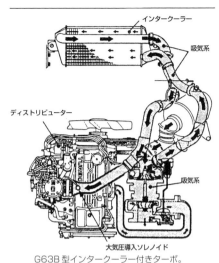

G63B型インタークーラー付きターボ。

みを開かせ、それ以上ではセカンダリー吸気バルブも開くように制御して効果をあ
げている。三菱は、前記したMDシステムにも見られるように可変制御機構の開発
には熱心である。

　また、同じ2000ccG63B型エンジンに一回り大きいターボを装着して高速性能を優
先した仕様もあり、スポーツイベ
ントへの出場を意識したエンジン

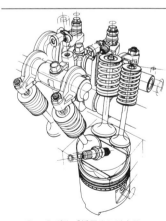

3×2バルブ採用のシリウス
ダッシュエンジンの動弁機構。

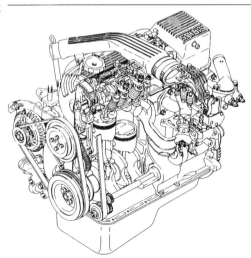

シリウスダッシュG63B型エンジン。

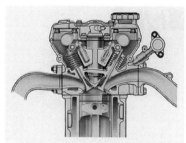

DOHC4バルブの4G63型の燃焼室。

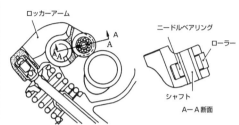

ローラー付きロッカーアーム。

で、乗用車用のターボエンジンとは狙いが違い、最大出力280psを発揮するもの。

　1980年代前半の三菱の高性能はターボエンジンが受け持つことになり、DOHC4バルブエンジンが新しく登場するのは1987年10月の4G61＆63型まで待たなくてはならなかった。4G61型はボア82.3mm・ストローク75.0mm、1595ccと従来の伝統を破りショートストロークになっている。4G63型はボア85mm・ストローク88mmの1997cc、自然吸気仕様とターボ仕様がある。

　油圧ラッシュアジャスター付きで

サイクロン1600の三菱4G63型エンジン。

ディストリビューターレス点火などDOHC4バルブの新世代エンジンである。ターボ仕様はインタークーラー付き、可変吸気システムを採用している。

三菱の1980年代ターボ＆DOHC主要エンジン諸元

諸元 型式	配列・ 動弁機構	燃焼室形状	総排気量 (cc)	ボア×ストローク (mm)	圧縮比	最高出力 (ps/rpm)	最大トルク (kgm/rpm)	燃料供給装置
G12Bターボ	直4 OHC	半球型	1,410	74.0×82.0	9.0	105/5500	15.5/3500	キャブレター
G32Bターボ	直4 OHC	半球型	1,597	76.9×86.0	8.5	115/5500	17.0/3000	キャブレター
G63Bターボ	直4 OHC	半球型	1,997	85.0×80.0	8.0	145/5500	22.0/3000	キャブレター
4G61	直4 DOHC	ペントルーフ型	1,595	82.3×75.0	9.2	125/6500	14.0/5200	ECI
4G61ターボ	直4 DOHC	ペントルーフ型	1,595	82.3×75.0	8.0	145/6000	21.0/2500	ECI

　1989年には高速型カムを採用してバルブタイミングを変更、排気系の見直しやバルブリテーナーにチタン合金を採用するなどの改良を加えて性能を向上させている。同時に1800ccDOHC4バルブエンジンが追加された。

13-7. そのほかのメーカーの高性能エンジンの登場

　スバルレオーネ用1800ccエンジンにターボが装着されたのは1982年、電子制御燃料噴射装置を採用して油圧ラッシュアジャスター付きとなり、シングルキャブ仕様、ツインキャブ仕様と3本立てとなった。ツインキャブ仕様が110psに対してターボ仕様は120ps圧縮比7.7である。

　1984年にモデルチェンジされたレオーネに搭載された水平対向4気筒1800ccEA型OHCエンジンは油圧ラッシュアジャスター付きのピボットタイプのロッカーアームを採用、キャブ仕様の100ps/15.0kgmに対してターボ仕様は135ps/15.3kgmとなった。

　その後、1987年にアルシオーネを発表して2気筒分を加えた水平対向6気筒2700ccのエンジンを出している。ボア92mm・ストローク67mm、OHC2バルブ、シリンダーブロックはアルミ合金製、最高出力150ps/5200rpmである。さらに、1989年2月に新発売されたレガシィに

アルシオーネ用水平対向6気筒ER27型エンジン。

スバルレガシィ用EJ20型ターボエンジン。

EJ20型用のシリンダーブロック。

229

2000ccの水平対向4気筒DOHC4バルブエンジンのEJ20型が搭載された。自然吸気仕様とターボ仕様があり、ボアは92mmと変わらず、ストロークは75mmである。自然吸気仕様には可変吸気システムが採用され、ターボ仕様は水冷インタークーラー付きとなっている。性能は自然吸気仕様は最高出力150ps/6800rpm、最大トルク17.5/kgm/5200rpm、ターボ仕様は最高出力220ps/6400rpm、最大トルク27.5kgm/4000rpmである。

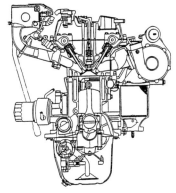

ダイハツシャレード用CB70型エンジン。

　いすゞは1970年代から引き続いて117クーペから後を継いだピアッツァに2000ccのDOHC2バルブエンジンが搭載されており、電子制御燃料噴射装置を採用するなどして改良が加えられた。1983年にフローリアンにかわって登場したアスカに搭載された4ZC型2000ccエンジンについては前章でも触れたが、ターボ装着エンジンは最高出力150ps/5000rpm、最大トルク23.0kgm/3000rpmとなっている。電子制御ウエストゲートバルブ方式による過給圧制御を採用しており、翌84年にはピアッツァに搭載され、出力で30psのアップをみた。

OHC4バルブのカルタス用G16A型エンジン。

　1983年にはダイハツのシャレードにもターボが装着され、1989年には直列3気筒ボア76mm・ストローク73mmの997cc、バルブ挟み角は65度、インタークーラーターボ付きで105psを発揮する。

　1984年にはスズキのカルタス用の水冷3気筒1000ccにターボ仕様が追加された。カルタスには同時にこのエンジンを4気筒にした1300ccの73psエンジンも加わっている。さらに1989年にカルタスには1600ccのOHCでありながら4バルブ方式のエンジンにしたG16A型が登場した。ボア75mm・ストローク90mm、圧縮比9.5、最高出力100ps/6500rpm、最大トルク13.5kgm/4000rpm、性能向上とエンジンのコンパクトさの両立を図ろうとしたものである。

第14章
V型エンジンの登場とその普及

14-1.1980年代の好景気により進んだエンジンの高級化

　前章で見たように、1980年代の後半になってDOHC4バルブエンジンが多くなったのは日本の大きな特徴である。アメリカやヨーロッパでも以前よりDOHCエンジンは増えてきているものの主流といえるほどの普及ではない。排気規制による技術開発で進められた電子制御技術がエンジンの効率追求に向けられ、DOHCエンジンは、実用性をないがしろにせずに高性能が達成できる方向に進んだ。また、燃費の悪化は高出力を得るための代償だったが、その悪化の度合いは次第に小さくなった。

　エンジンの効率を求める際に重要なのは軽量コンパクト化である。性能が同じなら軽量エンジンのほうが優れたものであるのは言うまでもない。　方で高性能を求めるなら、マルチシリンダーにすることが必要になる。排気量の大きいエンジンでは気筒数が少なければ一つのシリンダーの排気量が大きくなり、燃焼室や運動部品が大きくなるのは避けられず、性能追求の観点から得策とはいえない。

　1960年代に、エンジンの高級化を図るために2000ccクラスでは直列4気筒に代わり直列6気筒エンジンが相次いで登場したが、小型車のほとんどはFR車であり、エンジンが長くなっても、それほどの不都合は感じなかった。むしろ、エンジンの出力があることが重要視され、ロングノーズ・ショートデッキスタイルがかっこいいうえに、直6エンジンは等間隔燃焼するのでスムーズに回転し振動に対しても有利であり、高性能エンジンとして歓迎された。しかし、全長が長くなりコストもかかるもので、大メーカー以外に開発に手を染められないものだった。

FF車が増えてくるにつれて、軽量コンパクト
とはほど遠い直6エンジンは少数派にならざる
を得なかった。1980年代になって直6エンジン
を新しく開発したのはトヨタと日産だけであ
る。車両の高級化が進むなかで、2000ccを超え
る排気量エンジンの必要性が以前より高まり、
V型6気筒が登場する素地がつくられた。

V6エンジンは、全長が短くなりFF車に搭載
可能であり、直6エンジンに比較すると幅広く
いろいろなクルマに搭載できる。

直6エンジンには振動面で劣るものの、エン
ジンマウント技術の進化などでそのマイナス面

日産VG30DE型エンジンのシリンダーブロック。

はカバーされるようになったことも大きい。片側3気筒であるからエンジン全長を
切りつめる要求は厳しくなく、ボアを大きくすることが可能であり、冷却水通路な
ども余裕を持って設計できる利点もある。6気筒エンジンの主流がV型になるのは
自然の流れだった。

14-2. 先頭を切って開発した日産のV型エンジンの展開

1980年代の高性能エンジンとしてターボブームをつくるきっかけとなった日産は、
V型エンジンの開発でも先頭を切り、この分野でリードした。

日本最初のV型6気筒の登場は1983年のことで、FR車であるセドリック/グロリ
アに搭載された。まずは伝統のある高級乗用車に搭載することで、V6エンジンのイ
メージの良さをアピールするのが日産の狙いだった。

設計の段階からターボを装着することを前提にし、2000ccと3000ccが自然吸気仕
様とターボ仕様と同時に開発され、最初からバラエティに富んだエンジン展開とな
り、多くの車種に搭載する計画が立てられた。2000cc車とそれ以上の車種に搭載す
る日産のエンジンは、V6エンジンが加わったことで直列6気筒のRB型シリーズ、
直4DOHC4バルブのFJ20型に加えて、それぞれのシリーズエンジンにターボ仕様が
あり、複雑化した。

VG20型は、ボア78mm・ストローク69.7mmの1998cc、VG30型はボア87mm・ス
トローク83mmの2960cc、いずれもOHC2バルブでスタートしている。半球型燃焼室、

VG20型OHCエンジンの燃焼室。

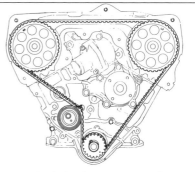

OHC型のベルトによるカムシャフト駆動。

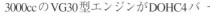

Ｖバンク角は60度、回転をスムーズにするためにオフセットクランクピンにしている。ターボ仕様はスポーツ性の高いフェアレディＺとシルビアに搭載された。

　1985年にマイナーチェンジされたセドリック/グロリアに搭載されたVG20ET型にはジェットターボが採用された。タービンノズル部にフラップを設けて低速と高速でターボの仕様を変えることで、広範囲にわたって効果的な過給性能を得ようとする可変ターボである。

　3000ccのVG30型エンジンがDOHC4バルブ化されたのは1986年のことである。トヨタのハイメカツインカムが登場しており、日産でもエンジンのDOHC化を図ってきた時期である。

　このVG30DE型には日産のフラッグシップエンジンとして最新技術を導入している。可変バルブタイミング機構NIVCS、吸気制御システムNICS、各気筒にノックセンサーを設置しノッキングの検知と点火時期を制御する気筒別燃焼制御、ディストリビューターレスにしたNDISなどであ

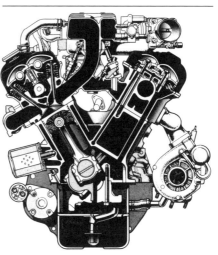

ターボ装着のOHC・VG30ET型エンジン。

ジェットターボの構造。

233

る。NIVCSはエンジンの使用条件によりバルブタイミングを変えるもので、吸気側カムシャフトとカムプーリーを連結するヘリカルスプラインを油圧により動かし、クランクシャフトとカムシャフトの回転に位相差を生じさせることでタイミングを変化させる。可変バルブタイミング機構は、低速性能と高速性能の両立を図る装置として各メーカーで採用されていくものである。

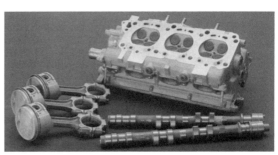
DOHC化されたVG30型のシリンダーヘッドなど。

2000ccVG20型がDOHC化されるとともにターボが装着されるのは1987年で、セドリック／グロリアに搭載された。小型のセラミックターボを用いて応答性をよくし、

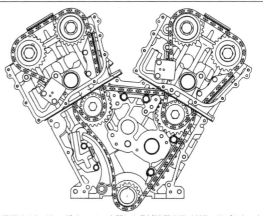
2段掛けのタイミングチェーン。中間にある減速用のアイドラースプロケットをまず回し、さらにそこから各バンク2本ずつのカムスプロケットを回す。

NIVCSの採用とともに改良したNICSは吸気管を長くして低回転時のトルク特性にマッチさせ、高回転で短くなるよう切り替え制御を加味して高出力化を図っている。さらに、デュアルモードマフラーを採用して低速時と高速時の排気の流れを切り替えることで全域での排気抵抗を小さくし騒音の低減も図っている。

その後も、VGエンジンシリーズの高性能化が進んだ。3000ccのVG30DET型DOHCターボが1988年にセドリック／グロリア及びシーマに搭載された。機構的にはVG20DETと同様である。

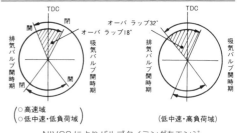
NIVCSによりバルブタイミングをエンジンの使用域によって図のように変化させる。

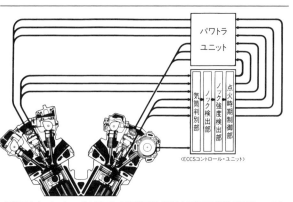

翌89年にはツインター
ボ仕様のVG30DETT型が
フェアレディZに搭載さ
れて登場、吸気系を改良
して両バンクにそれぞれ
ターボとインタークー
ラーを装着、ピストン頭
部近くを重点的に冷却す
るためにクーリングチャ
ンネル付きのピストンを
採用、280psという出力を
達成している。

気筒ごとにノッキングを検知し低下時期を制御する気筒別燃焼制御システム。

　1989年には、VIP用乗用車であるプレジデントとならぶ日産のフラッグシップ
カーとして開発されたインフィニティQ45用に新しくＶ型8気筒DOHC4バルブの
VH45DE型エンジンが誕生した。ボア93mm・ストローク82.7mmの4500cc、シリン
ダーブロックはアルミ合金製、油圧調整式バルブリフターを採用、ローラーロッ
カーアームの採用でフリクションロスの低減を図っている。

　可変バルブタイミング機構を採用し、カムシャフト駆動はチェーンを用い、排気
バルブは冷却のためにナトリウム封入式。自然吸気のままで280psを発揮する。

DOHCターボのVG20DET型エンジン。

DOHCインタークーラー付きツインターボのVG30DETT型。

燃費性能の向上と小型化を図る
ためにストロークを6.7mm縮小し
て4100ccにしたVH41DE型が1991
年にシーマに搭載された。カムシャ
フト駆動が2段掛けになり、補機類
のレイアウト変更などで全幅
60mm、全高10mm短縮している。

　日産の新しいV6エンジンである
VQ型が登場するのは1994年のこ
と。それまで培った技術を生かして
内容的に一歩進んだ機構が織り込
まれている。

　エンジンの軽量化は重要課題とし
て常に取り組まれており、信頼性や
安全性、コストなどとの兼ね合いで
無難なところに落ち着かざるを得な
かったが、その点で大きく踏み込ん
だ設計となっている。

　無駄な部分を取り除くことが主眼
の軽量化ではなく、レース用エンジ
ンに使用される部品の軽量化と同じ
ようにバランスをとりながら可能性
を追求して実現させたところに違い
がある。

　運動の要となるピストンを重点的

インフィニティQ45用VH45DE型エンジン。

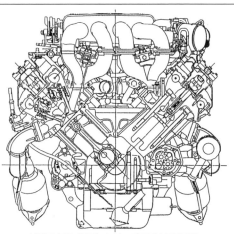

V型8気筒プラズマシリーズのVH45DE型。

に軽量化することで、コンロッドやクランクシャフトを軽量化することを可能にし
ている。冷却経路も必要なだけ、つまりピストンの周囲でも高熱にさらされる部分
を中心に冷却水通路を設け、よけいなところまで冷却しないようにして効率を高め
ている。冷却水量が減ればウォーターポンプのロスも小さくなる。冷却は2系統シ
ステムとして、シリンダーヘッドなどの熱的に厳しい部分を重点的に冷却している。
シリンダーブロックはアルミ合金製、軽量化だけでなくアルミの放熱性の良さを計

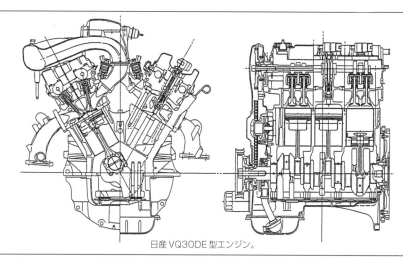

日産 VQ30DE 型エンジン。

　算して冷却系の効率を徹底して追求している。フリクションロスの軽減に対しても留意され、さらに厳しくなる環境問題を意識して開発された最初のエンジンということができる。設計から生産技術までコンピューターを駆使して、材料の吟味から工作精度の向上や各種の制御技術の進化とその普及などの背景があって生まれてきたものである。

　VQ型エンジンは、2000cc、2500cc、3000ccとあり、DOHC4バルブ、各機種のストロークは共通で73.3mm、ボアが2000ccのVQ20DE型が76mm、2500ccのVQ25DE型

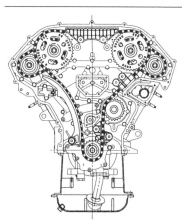

新方式の2段掛けのタイミングチェーン。

新世代エンジンとして登場したV6日産VQ型エンジン。

VQエンジンのアルミ合金製シリンダーブロック。

上が旧型のクランクシャフト、下がVQ型のクランクシャフト。

軽量化されたコンロッド。下が旧型。

VQ型のピストンユニット。右は2本リング。

が85mm、3000ccのVQ30DE型が93mmである。ストロークを共通化することでクランクシャフトなどの大物部品の共用が図られるほか、シリンダーブロックも構造的に変わらないもので合理化を可能にしている。

　アルミ合金製のシリンダーブロックは薄肉鋳鉄のライナーを鋳ぐるみにしたオープンデッキ、オイルパン兼用のロアクランクケースはアルミ製で、給油通路やオイルフィルターのブラケット内蔵、エアコン用のコンプレッサーも取り付けて補機類のレイアウトの合理化とコンパクト化が図られている。

　ピストンの軽量化のためにピストンリング幅も薄くし、VQ25DE型では2本リング仕様もあり、VQ30DE型では二硫化モリブデンコートをしたピストンを使用している。フリクションロスの低減のためにクランクシャフトやカムノーズ部分をマイクロフィニッシュ加工で表面粗さを小さくしている。

　V型のDOHCなのでカムシャフトは4本になるが、その駆動は両バンクの吸気側カムスプロケットをチェーンで駆動し、吸気側カムシャフトと排気側カムシャフト

日産主要V型エンジン諸元

諸元 型式	バルブ配置	燃焼室形状	総排気量 (cc)	ボア×ストローク (mm)	圧縮比	最高出力 (ps/rpm)	最大トルク (kgm/rpm)	年	搭載車種
VG20E	V6·OHC2バルブ	半球型	1,998	78.0×69.7	9.5	130/6000	17.5/4400	1983	セドリック他
VG20E·T	V6·OHC2バルブ	半球型	1,998	78.0×69.7	8.0	180/6000	22.5/4000	1983	セドリック他
VG30E	V6·OHC2バルブ	半球型	2,960	87.0×83.0	9.0	180/5200	26.5/4000	1983	セドリック他
VG30E·T	OHC2バルブ·ターボ	半球型	2,960	87.0×83.0	7.8	230/5200	34.0/3600	1983	セドリック他
VG30DE	V6·DOHC4バルブ	ペントルーフ型	2,960	87.0×83.0	10.0	185/6000※	25.0/4400※	1986	レパード他
VG30DETT	V6·DOHC4バルブ	ペントルーフ型	2,960	87.0×83.0	8.5	280/6400※	39.6/3600※	1989	フェアレディ他
VH45DE	V8·DOHC4バルブ	ペントルーフ型	4,494	93.0×82.7	10.2	280/6000※	40.8/4000※	1989	インフィニティQ45
VH41DE	V8·DOHC4バルブ	ペントルーフ型	4,130	93.0×76.0	10.5	270/6000※	37.8/4400※	1991	シーマ他
VQ20DE	V6·DOHC4バルブ	ペントルーフ型	1,995	76.0×73.3	9.5	135/5600※	18.7/4000※	1994	セドリック他
VQ25DE	V6·DOHC4バルブ	ペントルーフ型	2,496	85.0×73.3	10.0	190/6400※	22.8/4000※	1994	セドリック他
VQ30DE	V6·DOHC4バルブ	ペントルーフ型	2,988	93.0×73.3	10.0	220/6400※	27.2/4000※	1994	セドリック他

• ※はネット値、その他はグロス値。

をそれぞれのバンクごとにチェーンでつなぐ方式である。VQ型エンジンは日産の
エースエンジンとして、生産工場が新設され、幅広く使用されることになる。

14-3. ホンダのＶ型エンジンの展開

　1985年11月に誕生したレジェンドに搭載されて、ホンダからV6エンジンがデ
ビューした。日産のV6エンジンの登場の2年後である。ホンダのエンジンは搭載さ
れるクルマのコンセプトを実現することを優先して仕様が決められるところがある
が、この場合も車両のスタイルをよくするためにボンネットを低くする要求に応え
てバンク角90度のV6にして、幅は広くなるが全高を抑えている。

　2000ccのC20A型はボア82mm・スト
ローク63mm、1996cc、2500ccのC25A型
はボア84mm・ストローク75mm、2493cc
で特徴的なのはシングルOHCながら4バ
ルブにしていることだ。各バルブにある
1本のカムシャフトにより2本ずつの吸
排気バルブをスイングアームで開閉する
もので、DOHCエンジン同様にバルブリ
フト量を大きくしており、事実上は
DOHCと同当の機構をもつエンジンであ
る。シングルカムシャフトの採用により

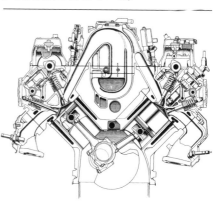

OHC2700ccのホンダC27A型エンジン。

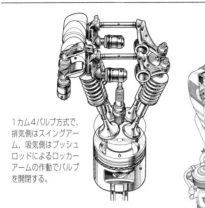

1カム4バルブ方式で、排気側はスイングアーム、吸気側はプッシュロッドによるロッカーアームの作動でバルブを開閉する。

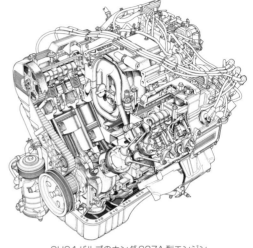

小型化された油圧ラッシュアジャスター。

OHC4バルブのホンダC27A型エンジン。

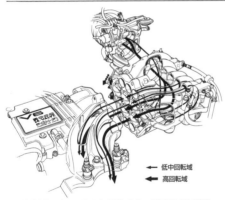

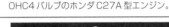

← 低中回転域

← 高回転域

複合制御吸気システムと呼ばれるホンダの可変吸気機構。

V6OHCのCA型シリーズのシリンダーブロック。

シリンダーヘッドがコンパクトになることを利用し、バンクの谷間に複雑な制御機構をもつ吸気管を配置している。負担のかかるカムノーズの表面にクロームやモリブデンなどの特殊合金粉末を溶射し高温プラズマ状態にして鉄と溶着させて摩耗を防いでいる。バルブクリアランスの調整を不要にするためにピボット部に油圧ラッシュアジャスターを採用。シリンダーヘッド及びシリンダーブロックはアルミ合金製。吸気系の複合制御は、3500rpmを境にして中低速域では吸気慣性効果を期待できるように吸気管を長くし、高速域では吸気抵抗を小さくできるよう吸気管を太く

短くするように制御している。

1987年に C25A型のボアを3mm 拡大した2675ccの
C27A型をレジェンドに搭載、動力性能の向上が図ら
れた。このエンジンには2000ccの C20A型と同じよう
な複合可変吸気システムを採用、吸気制御バルブを3
段階に制御してなめらかなトルク特性にしている。

88年には C20A型にターボが装着された。低速と高
速でターボの効き方を変化させる可変ターボである。
ウイングターボと呼ばれるもので、タービンブレード

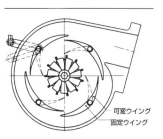

低速から高速までターボの効きを
よくするシステムとして考案され
たホンダの可変ウイングターボ。

の周囲に4枚のウイングを配置して、その位置を変えることで、ノズルの面積を調
整しターボのA/Rを可変にしている。水冷インタークーラー付き、190psという高性
能を達成している。

1990年に本格的なスポーツカーである NSX に搭載された3000ccの C30A型は C27A
型をスケールアップしたものだが、DOHC 化され、各種の新機構を導入したホンダ
のフラッグシップエンジンである。

少量生産のスポーツカー用として贅沢なエンジンである。ホンダの特徴である可
変装置の VTEC を採用、共鳴
チャンバーの容量切り替え機構
をもち、コンロッドはレース用
として使用されている軽くて強

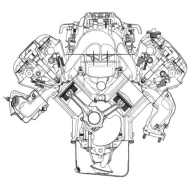

90度Ｖ型の C30A型エンジン。

NSX 用の DOHC 化した C30A 型エンジン。

ホンダV型6気筒エンジン（1980年代）主要諸元

諸元 型式	バルブ配置	燃焼室形状	総排気量 (cc)	ボア×ストローク (mm)	圧縮比	最高出力 (ps/rpm)	最大トルク (kgm/rpm)	搭載車種
C20A	OHC4バルブ	ペントルーフ型	1,996	82.0×63.0	9.2	145/6500	17.0/5500	レジェンド
C20Aターボ	OHC4バルブ	ペントルーフ型	1,996	82.0×63.0	9.0	190/6000	24.5/3500	レジェンド
C25A	OHC4バルブ	ペントルーフ型	2,493	84.0×75.0	9.0	165/6000	21.5/4500	レジェンド
C30A	DOHC4バルブ	ペントルーフ型	2,977	90.0×78.0	10.2	265/6800	30.0/5400	NS-X
C32B	DOHC4バルブ	ペントルーフ型	3,179	93.0×78.0	10.2	280/7300	31.0/5300	NS-X

•出力・トルクはネット値。

いチタン製、カバー類などに軽量化のためにマグネシウムを多用している。

14-4. 三菱のＶ型６気筒エンジンの展開の仕方

　日産、ホンダに継いでＶ型６気筒エンジンを発表したのは三菱で、大きく分けて2系統のＶ型６気筒エンジンを開発している。

　最初は1986年7月にデボネアやギャランシグマに搭載された2000ccの6G71型と3000ccの6G72型である。ストロークは76mmと共通、ボアは74.7mmと91.1mmで部品の共用化が図られている。Ｖバンクは60度、OHC2バルブ式、FF車に搭載することでコンパクト化が図られている。燃焼を促進させる噴流制御燃焼用ジェットバルブを採用、このエンジンから従来のシングルポイント式インジェクションではなく、各シリンダーへ独立して噴射するマルチポイント式になり、順次三菱エンジンに採用されていった。

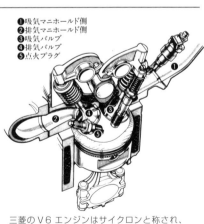

❶吸気マニホールド側
❷排気マニホールド側
❸吸気バルブ
❹排気バルブ
❺点火プラグ

三菱のＶ6エンジンはサイクロンと称され、6G72型は3000cc、OHC2バルブ、スキッシュを利用したコンパクトな燃焼室をもつ。

242

翌1987年には小型車枠のデボネア
の動力性能向上のために6G71型に
ルーツタイプのスーパーチャー
ジャーが装着された。クランクシャ
フトの駆動によるパワーロスを低減
するために低回転時に必要に応じて
電磁クラッチでオフにし、高回転で
はバイパスバルブを制御するシステ
ムを採用している。

　1988年には同じくデボネア用の
3000cc6G72型がDOHC4バルブ化さ
れた。油圧式ラッシュアジャスター
を支点にするローラーロッカーアー
ム式を採用、200psを発揮する。

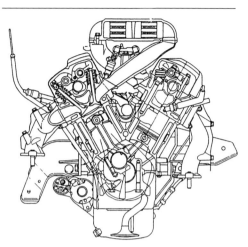

2000ccの三菱6G71型エンジンの断面図。

　90年にはボアを83.5mmにした2500ccの6G73型DOHCエンジンが追加され、パ
ワーアップされた3000ccの6G72型とともにニューモデルのディアマンテに搭載さ
れた。このときから可変吸気システムが採用されている。

　これらとは別に、新しいV型6気筒シリーズは1600ccという小排気量エンジンと
して1991年に6A10型が誕生している。ミラージュ/ランサーという大衆車への搭載
で、直4エンジンと併用されている。V6エンジンにする必然性があるというより、
他のメーカーがやらない高級感をアピールする意味の開発である。ボア73mm・ス
トローク63.6mmとシリンダーは小さくなるかわりに部品点数は多く、当然直4より

三菱主要V型6気筒エンジン諸元

諸元 型式	バルブ配置	燃焼室形状	総排気量 (cc)	ボア×ストローク (mm)	圧縮比	最高出力 (ps/rpm)	最大トルク (kgm/rpm)	搭載車種
6G71	OHC2バルブ	半球型	1,998	74.7×76.0	8.9	105/5000	16.1/4000	デボネア
6G72	OHC2バルブ	半球型	2,972	91.1×76.0	8.9	150/5000※	23.5/2500※	デボネア
6G72	DOHC4バルブ	ペントルーフ型	2,972	91.1×76.0	10.0	210/6000	27.5/3000	ディアマンテ他
6G73	DOHC4バルブ	ペントルーフ型	2,497	83.5×76.0	10.0	175/6000	22.6/4500	ディアマンテ他
6A10	DOHC4バルブ	ペントルーフ型	1,597	73.0×63.6	10.0	140/7000	15.0/4500	ランサー、ミラージュ
6A12	DOHC4バルブ	ペントルーフ型	1,998	78.4×69.0	10.0	170/7000※	19.0/4000※	ギャラン系
4G93	DOHC4バルブ	ペントルーフ型	1,834	81.0×89.0	8.5	195/6000	27.5/3000	ランサー

●※はネット値、その他はグロス値。

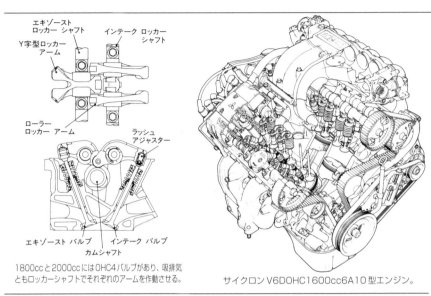

エキゾースト
ロッカー シャフト
Y字型ロッカー
アーム
インテーク ロッカー
シャフト

ローラー
ロッカー アーム
ラッシュ
アジャスター

エキゾースト バルブ　　インテーク バルブ
カムシャフト

1800ccと2000ccにはOHC4バルブがあり、吸排気
ともロッカーシャフトでそれぞれのアームを作動させる。

サイクロン V6DOHC1600cc6A10型エンジン。

重量は嵩む。三菱の開発した電子制御可変吸気システムの MIVIC を採用、1本のタイミングベルトで4本のカムギアを駆動する。多気筒化による高回転により最高出力は 140ps と自然吸気エンジンとしては高性能である。

　翌92年にはギャラン/エテルナに搭載するために排気量アップが図られた。ボア・ストロークを拡大して 1800cc の 6A11 型と2000cc6A12型となり、1800cc は OHC4 バルブ、2000cc は OHC と DOHC があり、どちらも4バルブ、DOHC にはターボ仕様もある。

　その後三菱の V6エンジンは改良が加えられたが、6A シリーズは2000ccが中心となり、それより小さい排気量の V 型エンジンは姿を消していった。

14-5. マツダの V 型エンジンの積極的な展開

　マツダの V 型6気筒は1986年9月にモデルチェンジされたルーチェに搭載されて登場している。2000cc の JF 型で、ボア74mm・ストローク77.4mm、OHC3バルブ式、自然吸気仕様とターボ仕様がある。ボアはV6としては小さめでシリンダーヘッドもコンパクトである。吸気マニホールドは長めで、各バンクごとに分割された吸気チャンバーを連絡する通路を開閉するマツダの吸気制御システムTICSを採用、Vバンク65度の谷間の上部に吸気系がくるのでエンジン全高は大きくなるが、全幅は抑

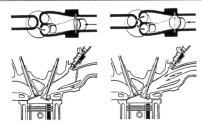

マツダの3バルブエンジン用の吸気制御機構TICS。左が低負荷域、右が高負荷域。

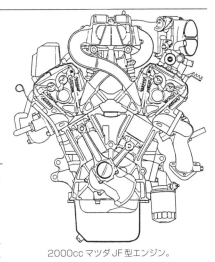

2000cc マツダ JF 型エンジン。

えられており、その分エンジンルームを小さくできる。油圧ラッシュアジャスター、油圧式タイミングベルトオートテンショナー、メタルヘッドガスケットが採用されている。ターボ仕様にはロータリーエンジンと同じツインスクロールターボを採用、低負荷時にスワールを発生させるTICSも採用されている。

1987年8月にルーチェ用に3000ccV6エンジンが加わった。2000ccのV6のボアを16mm拡大して90mmにしたもので、欧米への輸出も考慮してトルクと出力の大幅な

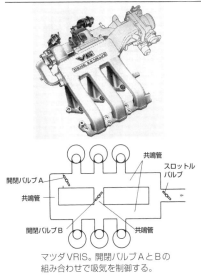

マツダVRIS。開閉バルブAとBの組み合わせで吸気を制御する。

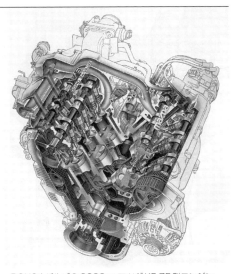

DOHC4 バルブの2000cc マツダ KF-ZE 型エンジン。

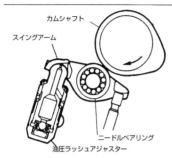

カムシャフト

スイングアーム

ニードルベアリング

油圧ラッシュアジャスター

マツダの DOHC エンジンのローラー付きのロッカーアームによるバルブ開閉機構。

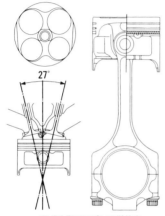

27°

JE-ZE 型エンジンの燃焼室及びピストン＆コンロッド。

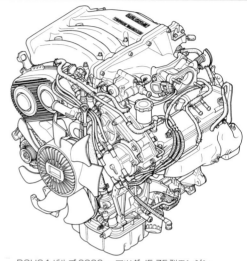

DOHC4 バルブ 3000cc マツダ JE-ZE 型エンジン。

アップを自然吸気エンジンで達成している。

翌88年にはこの3000ccV6がDOHC4バルブ化されJE型となった。高性能化されたので、低速トルクの確保のために可変共鳴過給システムを採用、吸気チャンバーの容量を小さくしてレスポンスの向上を図っている。バルブの開閉はロッカーアーム式、ロッカーアームにニードルローラーが内蔵、油圧ラッシュアジャスターが取り付けられている。

1991年にマツダは販売チャンネルを一挙にふやしたことにより、V6エンジンも改

マツダ主要V型6気筒エンジン諸元

諸元 型式	バルブ配置	燃焼室形状	総排気量 (cc)	ボア×ストローク (mm)	圧縮比	最高出力 (ps/rpm)	最大トルク (kgm/rpm)	搭載車種
JF	OHC3バルブ	半球型	1,997	74.0×77.4	9.2	110/5500	17.1/4000	ルーチェ
JE	OHC3バルブ	半球型	2,954	90.0×77.4	8.5	160/5500	24.0/4000	ルーチェ
J5-DE	DOHC4バルブ	ペントルーフ型	2,494	82.7×77.4	9.0	160/6000※	21.5/3500※	センティア
JE-ZE	DOHC4バルブ	ペントルーフ型	2,954	90.0×77.4	9.5	200/6000※	27.7/3500※	センティア
KF-ZE	DOHC4バルブ	ペントルーフ型	1,995	78.0×69.6	10.0	160/6500※	18.3/5500※	クロノス
KL-ZE	DOHC4バルブ	ペントルーフ型	2,496	84.5×74.2	10.0	200/6500※	22.8/5500※	クロノス

•※はネット値、その他はグロス値。

良が加えられ、高性能を追求した仕様と軽量コンパクトを狙ったものにして、2000cc、3000cc に加えて 2500cc エンジンを追加して発表された。センティアにはスチールクランクシャフト、アルミ製オイルパン、モリブデンコートピストンなどの採用で剛性の確保や静粛性の向上が図られた 3000cc の JE-ZE 型、2500cc の J5-DE 型が搭載された。クロノスなどに搭載された 1800cc の K8--ZE 型、2000cc の KF-ZE 型、2500cc の KL-ZE 型はアルミ合金製シリンダーブロックのオープンデッキ、中空カムシャフト、軽量ピストン、タイミングベルトとカム間のギア駆動の 2 ステージでカムシャフトを回転させている。いずれも DOHC4 バルブエンジンである。

14-6. 後発となったトヨタのＶ型6気筒の登場とその後の展開

　トヨタ初のＶ型6気筒は 1987 年に初めて発表されている。日産の VG 型の登場の 3 年後のことで、トヨタは FR 車用には新旧の直6エンジンの DOHC 化や過給で性能向上を図り、FF 車は直4と明確に使い分け、FF 用として V6 が加わった。国内よりも輸出車用として開発せざるを得ない状況になって始めたもの。アメリカでの販売を伸ばすために、ある程度の大きさのある FF 車の投入が必須となり、V6 エンジンは欠かせないものとなった。最初は 2000cc としてデビューしたが、FF 車のサイズアップに対応して順次排気量アップが図られた。

　トヨタの 2000ccV6 は 1VZ-FE 型と称され、ハイメカエンジンシリーズ

直4並のエンジンルームに搭載するためにコンパクトにまとめられている。

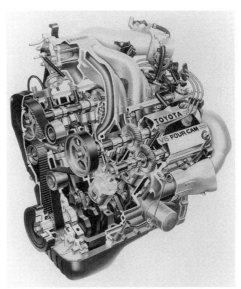

トヨタ初の V6 は DOHC4 バルブの 1VZ-FE 型。

として位置づけられ、直4エンジンのDOHC4バルブと同じ機構をもっている。Vバンク角は60度、バルブ挟み角を小さくして2本のカムシャフトをシザーズギアで結び、シリンダーヘッドのコンパクト化を図っている。ボア78mm・ストローク69.5mmとショートストロークになっており、バルブ傘径も大きくなり、トータルのバルブ開口面積では直6の1G-GE型を上回っている。実用性を優先したハイメカシリーズのDOHCエンジンであるが、スポーティツインカムの1G-GE型と同じ

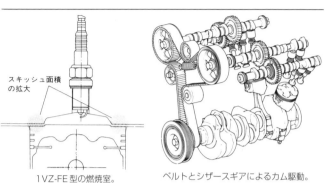

1VZ-FE型の燃焼室。

ベルトとシザーズギアによるカム駆動。

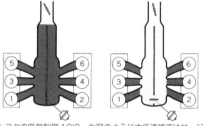

トヨタの吸気制御ACIS。左図のように中低速域ではサージタンク内のバルブを閉じることでタンク内が吸気管の役目を果たし、通路が長くなり、高速域では右図のように短くなる。

140psを発揮、吸排気効率が上がっている分を中低速域の性能向上に振り向けることで実用性を高めている。

ACISと呼ばれる可変吸気システムを採用、サージタンク内のバルブの開閉で低速

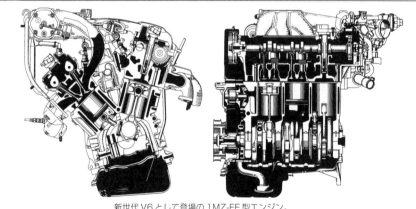

新世代V6として登場の1MZ-FE型エンジン。

域と高速域の吸気管の長さを変え、脈
動の周期を変化させることで高回転時
の出力の維持と中低速回転時のトルク
の増大を図っている。静粛性に対して
は、クランクシャフトを支えるベアリ
ングキャップの採用、クランクシャフ
トデュアルモードダンパーの採用、5点
支持エンジンマウント、さらには各部
の剛性を図って対応している。

　1991年にはビスタ／カムリとウィン
ダムに搭載された2500ccの4VZ-FE型と
3000ccの3VZ-FE型が登場、いずれも
1VZ型をベースにしたもの。1987年に
1VZ-FE型が誕生したときに輸出用ハイ
ラックスに搭載した3000ccのOHC2バ
ルブエンジンの3VZ型が一緒に開発さ
れており、3VZ-FE型は、そのDOHCバー
ジョンである。

　トヨタが、新しい世代のV6として徹
底した軽量化と低燃費、高品質を狙っ
て1995年に登場させたのが3000ccの
1MZ-FE型エンジンである。日産のVQ

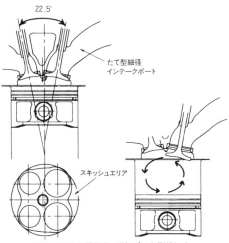

1MZ-FE型の燃焼室。吸気ポート形状による渦流を発生させて燃焼を促進させる。

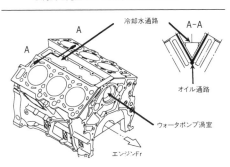

アルミ合金製シリンダーブロックと冷却水通路。

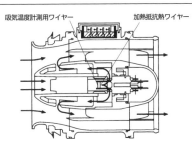

吸気温センサー一体で流体抵抗の少ない流路構造のホットワイヤー式エアフローメーター。

新旧ピストンの比較。右が1MZ-FE型。

エンジンと狙いは同じで、運動部品の大幅な軽量化によって全体の軽量コンパクト化を図ろうとしたもので、トヨタの最新鋭エンジンである。

シリンダーブロックはVZシリーズが鋳鉄製だったのに対してアルミ合金製となり合金鋳鉄ライナーが圧入され、剛性を高めるためにディープスカート、クローズドデッキタイプとしている。ウォーターポンプへの冷却水通路をVバンクの谷間に設置、オイル通路をこれに隣接させることで冷却効果

セルシオ用V8のトヨタ1UZ-FE型エンジン。

をあげオイルクーラーを廃止、コンパクト化に貢献している。シリンダーブロック関係で50%、全体で20%軽減効果があったという。燃焼室や動弁系は基本的には従来のV6と変わりないが、吸入空気量を計測するエアフローメーターを流路抵抗の少ないホットワイヤー式とし、空気量計測範囲を拡大して計測精度を高めるなど、随所できめ細かい改良を加え、効率を向上させ燃費の低減を図っている。

アメリカでの販売を増やすために開発された高級乗用車セルシオ（レクサス）に搭載されるV型8気筒の4000cc1UZ-FE型が1989年に登場している。Vバンクは90度、シザースギアを使用したバルブ挟み角の小さいDOHC4バルブ式、シリンダー

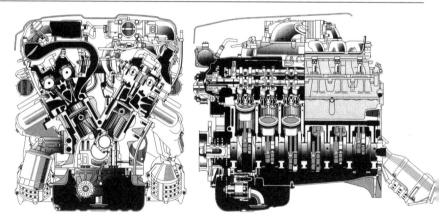

センチュリー用V12のトヨタ1GZ-FE型エンジン。

ブロックやオイルパンはアルミ合金製、補機類
を効率よく駆動するサーペンタイン式タイミン
グベルトの採用などで軽量コンパクト化が図ら
れているが、アメリカの大型車の燃費規制措置
のガスガズラー税をかけられない燃費性能にす
るためでもある。ボア87.5mm・ストローク
82.5mm、圧縮比10.0、冷却ファンは油圧駆動で
回転数は電子制御されて最適な風量になるシス
テムが採用された。

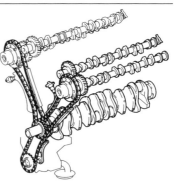

1GZ-FE型のカムシャフト駆動方式。

　Ｖ型エンジンとして最高峰に位置するのがＶ
型12気筒、直6エンジンを二つ並べた贅沢な機構で、これを市販しているメーカー
は限られている。トヨタがその仲間入りしたのは1997年4月、20年振りにセンチュ
リーがモデルチェンジされた際のことである。VIP用の車両に搭載されるエンジン
として高級な機構や材料が使用され、技術的にも最高のものになっている。

　ボア81mm・ストローク80.8mmのスクウェアに近く、4996ccVバンク角は60度、
DOHC4バルブ、カムシャフト駆動はチェーン、重量253kg。連続可変バルブタイミ
ングのVVT-i、電子制御スロットルのETCS-i、斜めスキッシュ燃焼室、可変吸気シ
ステムのACIS、イリジウム点火プラグ、左右バンク独立電子制御などが採用されて
いる。モデルチェンジされるまでは1967年開発の3V型の流れを汲むOHV型のV8
エンジンである5V型が1982年から搭載されており、最高出力190ps（ネット値165ps）/
4800rpmの性能だったが、一気に最高出力280psになっている。

トヨタ主要V型エンジン諸元

諸元 型式	バルブ配置	燃焼室形状	総排気量 (cc)	ボア×ストローク (mm)	圧縮比	最高出力 (ps/rpm)	最大トルク (kgm/rpm)	年	搭載車種
1VZ-FE	V6・DOHC4バルブ	ペントルーフ型	1,992	78.0×69.5	9.6	140/6000	17.7/4600		カムリ プロミネント
3VZ-FE	V6・DOHC4バルブ	ペントルーフ型	2,958	87.5×82.0	9.6	200/5800	28.0/4600	1991	ウィンダム他
1MZ-FE	V6・DOHC4バルブ	ペントルーフ型	2,994	87.5×83.0	10.5	200/5400	29.0/4400	1995	セリカ他
1UZ-FE	V8・DOHC4バルブ	ペントルーフ型	3,968	87.5×82.5	10.0	260/5400	36.0/4600	1988	セルシオ
1GZ-FE	V12・DOHC4バルブ	ペントルーフ型	4,996	81.0×80.8	10.5	280/5200	49.0/4000	1996	センチュリー

• 出力、トルクはすべてネット値。

第15章
1990年代の新エンジンと技術

15-1. 燃費性能と排気性能の向上が必須となる中で

　1980年代は日本の自動車メーカーがもっとも元気があった時代で、1990年代を迎えてからは、生産台数は横這いから下降線をたどるようになった。いわゆる成熟期を迎え、右肩上がりを前提にした開発や生産体制の見直しを迫られた。

　それにもかかわらず、自動車とそのエンジンの進化は停滞せずに加速した状況が続いた。エンジンに関してみれば、電子制御技術はさらに進歩を見せ、ガソリンエンジンの完成度は高まり、総合的な性能向上は著しいものとなった。一方で生産台数の伸びが期待できない時代となって、メーカー間の優劣が次第に明らかになってきており、先行技術の開発に対する投資を積極的にできるところとそうでないところが出てきて、市販されるクルマや搭載されるエンジンの開発の進行に微妙な影響を与えている。

　技術的に注目されるのは、リーンバーンエンジンの登場と普及、さらにその延長線上にある筒内噴射エンジン（直噴エンジンともいわれる）の出現、中低速域と高速域の両立を図る技術として可変バルブタイミングシステムに代表される可変動弁機構の普及などである。これらは、燃費性能の向上、並びに従来からの重要課題だった全領域での性能の効率的なパフォーマンス向上を目指す技術である。

　1990年代に普及したリーンバーン（希薄燃焼）エンジンは、1970年代に排気性能向上のために研究が進んだが、それとは明らかに目的が異なっている。燃費性能向上が主目的で、それによる排気性能の低下を防ぎ、排気清浄化に配慮したものだ。燃費を良くするために、低速域で絞っていた吸入空気量を増やすことによりポンピン

グロスを減少させ、希薄燃焼により熱損失を小さくすることでムダをなくし、燃費をよくするものである。従来普及しなかったのは、空燃比が20以上という領域では燃焼が安定しなくなるからで、それを解決するためにスワールやタンブル流といった渦流を発生させている。幼稚なたとえだが、七輪に火吹き竹で吹いて良く燃やすようなものである。

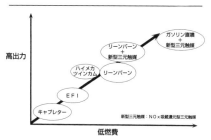

低燃費と高出力の変遷(トヨタ資料より)。

　吸気マニホールドから燃料を噴射していた従来の方法に対し、筒内噴射エンジンは、シリンダーの中に直接噴くエンジンである。吸気ポートからは空気だけをシリンダーに別に送り込み、リーンバーンエンジン以上に薄い空燃比にする。安定した燃焼を得るために、高圧燃料ポンプと精巧なインジェクターが必要になり、その分コストのかかるエンジンになるという問題がある。

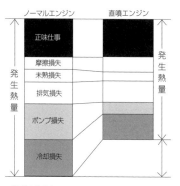

燃費が低減される原理。希薄燃焼も同じ。

　リーンバーンエンジンでも筒内噴射エンジンでも、効果があるのは中低速域でのことである。エンジン出力をフルに発揮させようとすれば、理論空燃比かそれよりわずかに濃いめの空燃比にする必要があり、この領域では効果がない。つまり、燃費がよくなるのは中低速域で、高速域では圧縮比を高くしたりしたことで上がった効率の分はよくなるが、その幅はごく小さいものである。

　また、エンジンの進化に伴って各種の可変装置が導入されるようになったのも大きな特徴である。

　1990年代になって普及して

トヨタの筒内噴射エンジン(左)と従来エンジン。

きた可変動弁機構は、エンジン性能に直接的に影響するバルブ機構を可変化することで、全域で最適な状態に近づけようとするシステムである。バルブタイミングをエンジンの負荷の状態に応じて変化させたり、バルブリフト量を変えて吸入空気量を調節する働きをする。吸気制御システム以上の効果を発揮するもので、低速から高速まで全域の効率の向上を図ることが可能になる。

1990年に自動車税が改定されて小型車とそれ以上の普通車の税金の差がわずかになり、排気量の大きいエンジンを搭載するクルマが増えたこともエンジンの開発に影響を与えている。

1980年代になるとセダンを中心とする乗用車が主流だった時代から、次第にレクリエーショナルビークル（RV車）が増える傾向が現れ、1990年代になると一つのジャンルとして確立、新しい需要を喚起し、実用的で高級感のあるクルマが求められるようになり、これらの車両に適したエンジンとして進化したものもある。

15-2. 全領域でリードした技術を見せたトヨタ

DOHC4バルブエンジンの大衆化を図ってからのトヨタは、エンジンの技術開発でトレンドを左右する影響力を持ち、先頭を走ることを意識した行動をとるようになっている。1990年代のエンジン状況を見た場合、あらゆる分野でトヨタは最先端の技術をものにして、その開発の早さと普及の度合いは他の追随を許さないほどである。新型エンジンの導入についても積極的であり、1990年代の初めと終わり近くで複数の新型エンジンを送り出している。

（1）1990年代初めの新型エンジン

1995年に登場した新世代のV型6気筒エンジンについては前章で触れているので、ここでは1990年にエスティマに搭載された直列4気筒の2TZ-FE型とマークⅡやクラウンなどFR車用直列6気筒の1JZ&2JZ-GE型を中心にする。

2代目エスティマの登場により、初代のために開発された2TZ-FE型エンジンはトヨタの"鬼っ子"的な存在だったことになるが、車両のコンセプトに合致させたエンジン開発として興味あるものである。

レクリエーショナルビークルでありながら、エンジンをミッドシップに搭載したエスティマは、室内空間を最大限に確保、床の位置をフラットにし採り回しのいい車体にするためにエンジンを狭い空間に押し込めている。

コンパクトでパワーのあるエンジンが必要ということで、バルブ付きの2スト

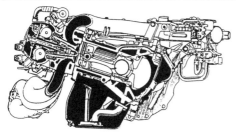

初代エスティマ用2TZ-FE型エンジン。

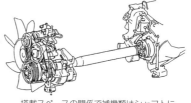

搭載スペースの関係で補機類はシャフトに
より分離されて作動するようにしている。

ロークエンジンを開発していたが、排気規制の
問題などでこのプロジェクトを中止し、代わっ
て搭載された2TZ-FE型はボア95mm・ストロー
ク86mm、2438ccの直列4気筒エンジンを開発、
エンジンを72度傾けて搭載された。燃焼室形状
や動弁機構などは2000ccの3S-FE型を踏襲したものだが、シリンダーブロックの排
気側に、抱くような感じでオイルパンが装着されている。

　補機類はフロントのフードに収納するために駆動シャフトの先にユニットとして
分離してまとめられている。エンジンは縦置き、カムシャフト駆動は、トヨタでは
例外的なチェーンにしてエンジン全長を詰めている。中低速トルクを大きくして最
高出力は135psに抑えており、最大トルクは21kgm。限られたスペースの中でパワー
アップを図るために、1994年にスーパーチャージャーを装着した25psアップした仕
様も出ている。

　しかし、1999年のモデルチェンジではトヨタの大きいサイズのFF車用エンジン
であるV6の1MZ-FE型エンジンがフロントに搭載され、コンベンショナルなレイア
ウトのミニバンになった。特殊な形式のエンジンを、限られた車種だけに使うこと
によるコスト高が改められた。2代目エスティマの販売が好調だったから、この変
更は正解だったことになるのだろう。

　1990年8月に長らく使用された7M型などの大排気量の直列6気筒エンジンに代
わって登場したのが2500ccの1JZ-GE型である。

　ボア86mm・ストローク71.5mmの2491ccとなっている。バルブ挟み角は45度、吸
気バルブ径33.5mmと大きくしている。カムシャフト駆動用のコッグドベルトは耐久
性を向上させるために水素添加ニトリルゴムをベースにアラミド繊維の心線を採用、

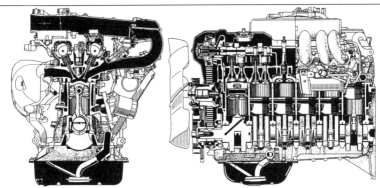

トヨタのFR乗用車用直列6気筒1JZ-GE型エンジン。

可変吸気管長システムAICS付きである。圧縮比10.0、最高出力180ps、最大トルク24kgm。セラミックタービンを持ったツインターボ仕様の1JZ-GTE型は圧縮比8.5、最高出力280ps、最大トルク37kgmを発揮している。

12バランスウエイトの1JZのクランクシャフト。

Vリブドベルトによるサーペンタイン駆動システム。

翌91年にはストロークを14.5mm伸ばして86mmのスクウェアエンジンとした3000ccの2JZ-GE型と同ターボ仕様の2JZ-GTE型がアリストに搭載された。2JZ-GE型は圧縮比10.0、最高出力230ps、最大トルク29kgm、ターボ仕様の2JZ-GTE型は圧縮比8.5、最高出力280ps、最大トルク44kgmである。

最高出力280psというのは自主規制による上限の出力であり、トヨタ乗用車用エンジンとしての最高峰に位置するもので、同じターボエンジンでも1JZ-GTE型よりも2JZ-GTE型の方が2ステージにしてリニアなアクセルレスポンスにするとともに、ビッグトルクにしている。

ツインターボの2JZ-GTE型エンジン。

(2) 新技術・新機構の採用

　2JZ-GTE 型エンジンが 1993 年にスープラに搭載されるに当たって、電子制御ス
ロットルシステムが採用されている。一般にスロットル開度はドライバーのアクセ
ルペダルの踏み込み具合に反応するものだが、このシステムではドライバーの意志
を尊重しながらも運転条件に応じてスロットル開度を電子制御する。つまり、アク
セル開度に対して車両の方で最適と判断するスロットル開度に置き換えて安全性を
高めるもので、パワーが有り余ったことにより、エンジンのみならず車両全体を電
子制御する技術として導入された。スロットルバルブの他にサブスロットルバルブ
がつき、制御コンピューター、各ホイールに装着されたスピードセンサーなどによ
り作動する。サブスロットルバルブがコンピューターからの指令で吸入空気量を調
整し出力をコントロールする。滑りやすい路面でのスリップも防ぐもので、ドライ
バーの技量不足を補う働きをする。

　このほかに注目さ
れる技術としては、
5 バルブエンジンの
採用、レーザーク
ラッドバルブシート
の採用がある。

　4A-GE 型エンジ
ンの5バルブは1991
年に登場している。
レビン／トレノとい
うトヨタの小型ス
ポーツタイプ車用エ
ンジンとして長く使
用されてきた4A 型
エンジンのシリン
ダーヘッドを大幅改
良、吸気バルブを2
本から3本にするこ
とで吸入効率の向上

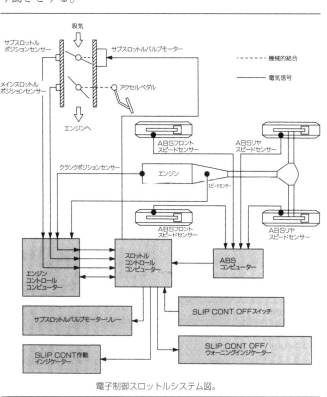

電子制御スロットルシステム図。

が図られた。

　5バルブエンジンは、ヤマハがレース用
エンジンとして開発したのが最初で、三
菱の軽自動車用エンジンに採用例がある
程度の珍しい機構。吸入効率は向上する
が、角度の異なる3本の吸気バルブを1本
のカムで開閉するのはやっかいであり、3
つの吸気ポートに均一に混合気を分配す
る難しさもある。ボア81mm・ストローク
77mmは変わらないが、4連スロットルを

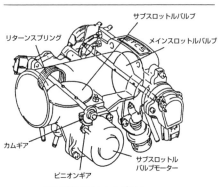
電子制御スロットルボディ。

採用、後述する可変バルブタイミングVVTは2段切り替えのものを採用、出力は20ps
あがって160ps/7400rpmとなり、最大トルク16.5kgm/5200rpmだった。4年後のモデル
チェンジに際して改良が加えられて圧縮
比11、最高出力165ps/7800rpmになってい
る。しかし、その後2000年のカローラの
モデルチェンジにより、後述する新エン
ジンにすべて切り替わり、このエンジン
も役目を終え退いている。

　その後拡大される技術として1994年に
セリカGT-FOUR用の3S-GTE型に採用さ
れたレーザークラッドバルブシートがあ
る。ルマン用レースエンジンのために開
発された技術で、従来シリンダーヘッド
に圧入していた焼結合金
製のバルブシートに代
わって、バルブの当たり
面に銅系の特殊合金の粉
末を噴き付けてレーザー
を利用して合金層を形成
させるもの。バルブシー
ト部が層のみで形成され

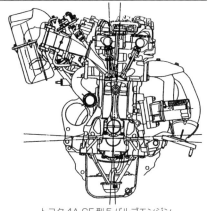
トヨタ4A-GE型5バルブエンジン。

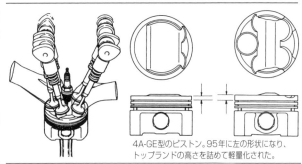
4A-GE型のピストン。95年に左の形状になり、
トップランドの高さを詰めて軽量化された。

258

るので、ポート径が拡大でき、バルブの冷却上も有
利になる。バルブ及びバルブシート部の温度がこの
採用により30度から50度低減できたという。この
エンジンではターボを大型化し水冷インタークー
ラーにすることで出力を30ps向上させて255psにし
たために、熱的に厳しくなったことによる対策とし
て採用された。

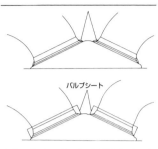

上がレーザークラッドシートで下が圧入バルブシート。

(3) 可変動弁機構の採用

　最初にトヨタが可変バルブタイミングシステムを
採用したのは1991年の5バルブエンジンとした4A-
GE型エンジンである。

　このときは吸気カムシャフト側のみを2段階制御
した可変バルブタイミングである。吸気カムシャフ
トとカムプーリーの間にヘリカルスプラインを設け
て油圧で切り替える方式。カムシャフトの相対角が
変化してオンになると吸気バルブが開くタイミング
が30度早まるように設定されている。エンジン回転

ステム部を細径にした吸気バルブ。

数やスロットル開度、水温などの情報により、コントロールユニットの指令で切り
替える。

　1995年に2JZ-GE型エンジンに採用されたVVT-iといわれる連続可変タイミングに
なると、位相変化も60度と大きくなっている。ヘリカルスプラインにより油圧で変
化させるのは同じだが、オイルコントロールバルブ(OCV)を設置して吸気カムシャ
フトの位相を連続的に変化させている。位相変化を大きくしたことにより、アイド

ル回転時から高回
転時まで最適なタ
イミングにするこ
とで燃費の向上が
図られている。注
目されるのは、部
分負荷時にオー
バーラップを大き

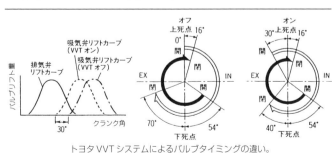

トヨタVVTシステムによるバルブタイミングの違い。

259

くして、本来なら排出されるはずの排気の一部が吹き替えされて燃焼室内に再吸入されるようになっていることだ。これは内部EGRと呼ばれ、燃焼温度を下げてNOxの発生を少なくする効果を狙っている。このVVT-iシステムが主要エンジンに採用され、カムシャフトの可変装置がトヨタエンジンに普及していった。

吸気カムシャフトのバルブタイミングだけでなく、吸排気ともバルブリフト量を変化させるようにしたVVTL-iが採用されるのは1999年の2ZZ-GE型エンジンからである。この新型エンジンについては後に触れるが、可変動弁機構としては最も進化したものである。バルブリフトを可変にするには直動式ではいまのところ不可能で、ロッカーアームが設けられている。カムシャフトにも高速用と低速用のふたつのカムローブが用意されており、電子制御により油圧で切り替えられ

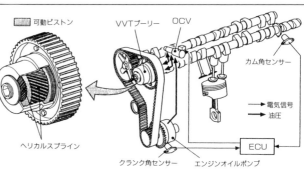

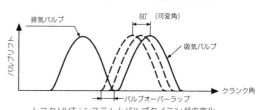

トヨタVVT-iシステムとバルブタイミングの変化。

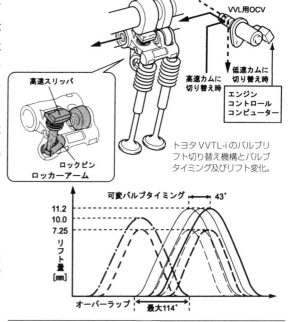

トヨタVVTL-iのバルブリフト切り替え機構とバルブタイミング及びリフト変化。

る。同時にロッカーアーム内に組み込まれた機構によりバルブリフトが変化する。吸気バルブのリフト量は7.25mmから11.2mmになり、排気側も同様に10.0mmに変化する。位相変化は43度である。この方式は後述するホンダVTECのものと基本的に同じ機構である。

（4）実用性を高めたリーンバーンエンジン

　トヨタが実験的に燃費の向上のためにリーンバーンエンジンを出したのは1984年のカリーナに搭載された1600ccOHCの4A-E型だが、まだ実験的な意味合いが強かった。その後もヨーロッパ向けの4A-FE型リーンバーンエンジンがあったが、これもまだ本格的なものではなく、1992年にカリーナに搭載された4A-FE型から実用化の段階に入ったといえる。それ以前から薄い空燃比での燃焼を安定させるためにポート形状を工夫してスワール流を発生させるようにしていたが、このときに開発したスワール制御バルブ付きヘリカル吸気ポートがトヨタのこの種のエンジンの基本になった。

　吸気ポートが従来より立てられてストレートにしてふたつに分岐した吸気ポート部分が長くなり、その一方にスワールコントロールバルブ(SCV)が設けられ、もう一方のポートの燃焼室近くに突起部分があり、これで乱流が起こる。これらを組み合わせることにより勢いの良いスワール流が発生、燃焼を安定させることで低中速域での空燃比を薄くすることを可能にしている。

　この場合、希薄燃焼の際の空燃比の制御を確実にすることが重要で、そのために開発されたのが燃焼圧センサーである。排気規制に対応するために装着されるようになった酸素センサーより精度の良い空燃比センサーが開発されていたが、燃焼圧センサーはさらに精度を高めたもので、燃焼室近くに設置される。燃焼による圧力を測定、所定の空燃比に対して薄いか濃いかを判断しフィードバック制御を確実なものに近づけている。これにより10・15モード走行でMT車で8％、AT車で4％燃費性能が向上した

新世代希薄燃焼エンジンとして登場した4A-FE型エンジン。

という。AT車の方が効果が小
さいのは加速時にアクセルの
踏み込み量が大きく、薄い空
燃比で走る時間が短くなるた
めだ。

　翌1994年には改良が加えら
れたリーンバーンエンジンの
1800cc7A-FE型がカリーナに搭
載された。4A型のストローク
を伸ばしバルブスプリングや

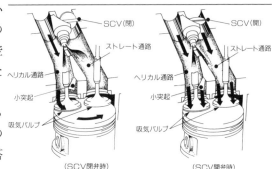

（SCV閉弁時）　　　　　　　　（SCV開弁時）
スワール流を生成するためのリーンバーン
及びD-4エンジン用のヘリカルポート。

ピストンリングの張力を小さくすることでフリクションロスを低減させ、希薄燃焼
エンジンにすることで燃費性能の向上を図っている。

　このエンジンにはNOx吸蔵還元型三元触媒が採用された。希薄燃焼エンジンでは、
リーンで運転された直後に理論空燃比付近で運転すると触媒に吸蔵されたNOxの還
元率が下がることでNOxの排出量が多くなるという問題がある。それまではEGRを
大量に送り込んでいたが、希薄燃焼のできる領域を広げるためには根本的な解決が
必要だった。新開発の触媒は、希薄燃焼時に発生したNOxを吸蔵しておき、濃いめ
の空燃比になったときに還元して排出する方式のもので、従来の三元触媒にナトリ

ウムやカリウムなどを加えて構成されて
いる。還元されないNOxが触媒内で許容
量に達すると、電子制御により一時的に
空燃比を濃くして還元するようになって
いる。これにより、希薄燃焼領域を広く
して7A-FE型ではさらに10・15モードで
2から4％燃費の向上を見たという。

　燃焼圧センサー、ヘリカルポート、
NOx吸蔵還元型三元触媒の組み合わせに
よるリーンバーンエンジンは2000cc以下
のエンジンに拡大していった。

(5) 筒内噴射エンジンD-4の登場

　さらに燃費の向上が図られたエンジン

最初に実用化されたトヨタ3S-FSE型D-4エンジン。

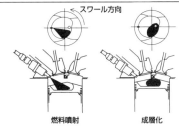

スワール方向

燃料噴射　　　成層化　　　点火

成層燃焼時はピストンが上死点近くで燃料を噴射、プラグ回りに燃えやすい混合気を集める。

ハート型の窪みを持つピストン。

として登場したのが、トヨタD-4エンジンといわれる筒内噴射エンジンである。

　最初にコロナ用として3S-FE型をベースにした3S-FSE型が登場したのは1996年12月だが、三菱の筒内噴射エンジンGDIに先を越されたことに対抗して急いで開発されたもので、当初は月産100台にすぎなかった。とはいえ、三菱に数ヵ月遅れで市販できたのは開発が社内で相当に進んでいたからである。

　空燃比を正確に制御することはむずかしいことで、インジェクターがポートにある場合はポートの壁に一部がへばりついたりして燃焼室に入るのが遅れたり、分岐しているポートに均等に混合気が導入されないという問題がある。シリンダー内に直接燃料を噴射すれば制御が確実になる上に、リーンバーンエンジンより希薄な空燃比にすることが可能になり、燃費性能の向上効果が大きい。

　しかし、リーンバーンエンジン以上に薄い空燃比にして安定した燃焼を確保するためには技術とコストがかかる。従来からのポート噴射では燃料が空気とうまく混合するために燃焼室までの時間的余裕があるが、シリンダーに直接噴射する場合は噴射された時点で燃料が超微粒化されなくてはならない。そのために高圧の燃料ポンプと精巧なインジェクターが必要となり、そのコスト増は小さくない。

　また、空燃比40、場合によっては50という希薄混合気を燃焼させる方法として成層燃焼（層状燃焼）させている。そのために、点火プラグの周囲には濃いめの混合気の層が形成されるようにピストンの頭部に大きな凹みをつくり、この中に混合気を囲い込むようにして点火して燃焼させる。このとき、スワール流などの渦流が発生すれば燃焼を助けるから、トヨタではリーンバーンエンジンと同じヘリカルポートを採用していた。

　高負荷時には理論空燃比近くの均質燃焼になるが、低負荷時の成層燃焼、中間の弱成層燃焼の3段階に切り替わり、それぞれインジェクターの噴射量やタイミング

が制御されている。可変バルブタイミングVVT-iも装備され、全領域でスムーズに効率よく運転されるように総合的に精密に制御される。

　筒内に燃料を直接噴射するので気化熱によりピストンなどの温度を下げる冷却効果もあり、圧縮比を従来エンジンの9.5から10.0にあげた効果と合わせて出力性能の向上も期待できる。10・15モード燃費は従来型の3S-FE型エンジンのリッター当たり13.0kmから17.4kmになり、34%近く向上している。

　希薄燃焼によるNOxの増大に対しては床下に配置されるNOx吸蔵還元型三元触媒と合わせて、EGRの大量導入、排気マニホールドのすぐ下にもう一つ三元触媒を配置、触媒の機能の活発化のために排気熱を利用している。燃費の向上とともに排気のクリーン化は従来より厳しくなってきており、これが達成できなくては新技術の採用は不可能である。

　1999年9月にモデルチェンジされたクラウンに、進化したD-4エンジンとして2JZ-FSE型が登場した。インジェクターが大幅に改良された高圧スリットノズルインジェクターにより燃料の微粒化がさらに進むとともに扇状に大きく広がって噴射される。霧化が大幅に促進されることでスワール流などの助けを不要にし、成層燃焼が可能な領域が広がり空燃比20から40まで、弱成層燃焼は空燃比18から25、均質燃焼は空燃比12から15に設定されている。

　リーンバーンエンジン以来のヘリカルポートはなくなってすっきりとしたストレートの吸気ポートにしてタンブル流が発生するようになっている。ピストンの凹みもやや浅くなりハート型ではなくなっている。VVT-iや吸気管長さを可変にするAICSも採用、同じ3000cc2JZ-GE型エンジンの10・15モード燃費がリッター当たり8.2kmであるのに対し、11.4kmと39%向上

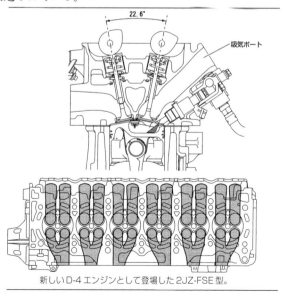

新しいD-4エンジンとして登場した2JZ-FSE型。

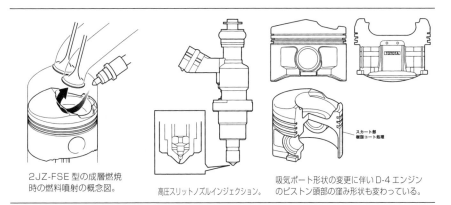

2JZ-FSE 型の成層燃焼
時の燃料噴射の概念図。

高圧スリットノズルインジェクション。

吸気ポート形状の変更に伴い D-4 エンジン
のピストン頭部の窪み形状も変わっている。

しているという。

　また、2000年5月に発表されたワゴンタイプのオーパに搭載された直列4気筒1AZ-FSE型も直噴化されD-4エンジンとなっている。ボア・ストロークとも86mmと直6の2JZ-FSE型と同じで、吸気ポートやインジェクター、ピストンの形状などD-4としての基本的な機構も同様である。

　オーパには後述する1800cc直4の1ZZ-FE型も搭載しており、10・15モード燃費がリッター当たり15kmと良好であるが、D-4エンジンの方は17.8kmに達している。ちなみにこのエンジンはシリンダーブロックもアルミ合金製、カムシャフト駆動はサイレントチェーンを採用、最高出力152ps/6000rpm、最大トルク20.4kgm/4000rpm、圧縮比9.8である。

（6）直列４気筒の21世紀をにらんだ新型エンジンの登場

　1998年の1ZZ-FE型に始まるトヨタの新エンジン群は、それまでの軽量コンパクトエンジンが達成できなかったレベルのエンジンとして、最新の技術を惜しみなく投入して総合性能に優れたものになっている。燃費低減がさらに追求され、排気のクリーン化は当然のことで、その上で室内寸法を大きくするためにエンジンスペースを小さくしようと細部にわたって工夫されている。

　1998年7月にビスタ用として筒内噴射エンジンD-4の3S-FSE型とともに搭載された1ZZ-FE型は、ブレイクスルーしたトヨタの先進技術を備えたエンジンを意味するBeamsという形容が付けられた。

　ボア79mm・ストローク91.5mmのロングストロークにすることで燃費性能のポテンシャルを獲得、シリンダーブロックは鋳鉄製ライナーを鋳ぐるみ構造にしたアル

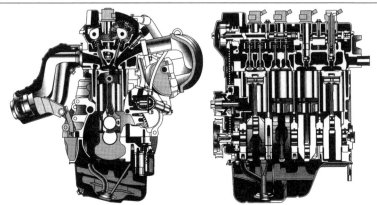

トヨタの新しい設計思想に基づく新エンジンとして登場の1ZZ-FE型エンジン。

ミ合金製、剛性向上のためにラダービームを持つ
ロアケースもアルミ合金製、吸気マニホールドは
樹脂製、排気マニホールドはステンレス製である。
補機類は1本のVベルトですべて駆動させるサーペ
ンタインベルトドライブ式にしてエンジンのコン
パクト化に寄与し、部品の一体化により部品点数
の削減と軽量化が図られた。

　カムシャフトの駆動にサイレントチェーンを用
いたのは、耐久性の確保もさることながらベルト
に比較すると幅が狭くなり、その分エンジン長さ
を短縮できるからで、これ以降のトヨタの新型エ
ンジンにはチェーンが使用されている。

　シリンダーヘッド部分では、バルブシート部を
レーザークラッドシートにすることで吸気ポート
の拡大とバルブリフト量の増大による吸入効率の
向上、ウォータージャケット部を燃焼室に近づけ
ることを可能にして冷却効果を高めている。
DOHC4バルブ燃焼室のスキッシュエリアの拡大と
ピストン頭部にスキッシュを起こす形状にして燃
焼の改善を図り、VVT-iが採用されている。点火装

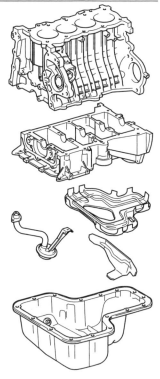

1ZZ-FE型のシリンダーブロック及びロア
ケース、バッフルプレートを持つオイルパン。

266

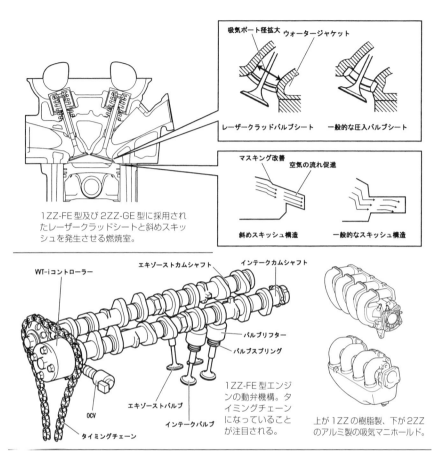

吸気ポート径拡大　ウォータージャケット

レーザークラッドバルブシート　　一般的な圧入バルブシート

1ZZ-FE型及び2ZZ-GE型に採用され
たレーザークラッドシートと斜めスキッ
シュを発生させる燃焼室。

マスキング改善　　空気の流れ促進

斜めスキッシュ構造　　一般的なスキッシュ構造

WT-iコントローラー　　エキゾーストカムシャフト　　インテークカムシャフト

バルブリフター

バルブスプリング

OCV

エキゾーストバルブ

インテークバルブ

タイミングチェーン

1ZZ-FE型エンジ
ンの動弁機構。タ
イミングチェーン
になっていること
が注目される。

上が1ZZの樹脂製、下が2ZZ
のアルミ製の吸気マニホールド。

置は各気筒独立点火S-TDIを採用、クーリングシステムではリザーバータンクも密
閉式にして冷却水はすべて開放されず蒸発による減少や性能劣化をなくしている。
エンジン寸法は全長639mm、全幅586mm、全高632mm、圧縮比10.0、最高出力130ps/
6000rpm、最大トルク 17.4kgm/4000rpm。

　翌1999年9月にセリカ用として登場の2ZZ-GE型は、1ZZ-FE型をハイメカツイン
カムとすればスポーツツインカムという位置づけである。

　排気量は同じだが、ボア82mm・ストローク85mmとボアが大きいエンジンとして
いる。MMC(Metal Matrix Composites)という複合素材を使用してライナーレスとして
ボア間を5.5mmという最小幅に抑えて軽量コンパクトなエンジンにしている。吸入
効率を向上させ、可変バルブタイミングと可変バルブリフトにしたVVLT-iの採用で

高速性能の向上が図られた。なお、従来のFF車
用横置きのクロスフロータイプのエンジンでは
排気が前方にきていたが、1ZZ及び2ZZ型では
逆に排気が後方になり、床下にある触媒までの
距離を縮めて暖められるようにして触媒の機能
を発揮させている。

　ちなみに、平成12年排気規制はCO、HC、NOx
とも53年規制より70%排出量を削減する規制に
なっているが、規制前の時点で、これらのエン
ジンは新しい規制をクリアしていた。以下の新
エンジンについても同様である。

　スターレットやターセル／コルサといった大

2ZZ-GE型エンジンのVVTL-i
採用のシリンダーヘッド。

衆車に代わるヴィッツやプラッツ、ファンカーゴに搭載された1000ccの1SZ型や1NZ
型もブレークスルーしたエンジンである。

　目立った新技術の投入はないものの、従来より踏み込んだ軽量化や実用性能を高
めることに成功している。

　1SZ-FE型は1000ccという小型乗用車用エンジンとしては小排気量であるが、それ
でも充分な動力性能を確保して、従来以上の軽量コンパクト化を図っている。ボ

ア69mm・ストロ
ーク66.7mmの
997cc、バルブ挟み
角を小さくしてコ
ンパクトな燃焼室
にし、カムシャフ
ト駆動のチェーン
の幅も6.35mmと
コッグドベルトの
3分の1以下に縮
小され、チェーン
ピッチも小さく、
カムスプロケット

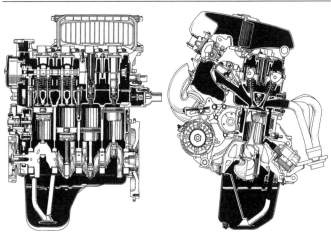

軽量コンパクトの粋を極めた1SZ-FE型エンジ

268

を小型化してシリンダーヘッドのコンパクト化を達成、エンジン全長も大幅に小さくしている。軽量化のためアルミブロックの採用が増えているなかで薄肉の鋳鉄

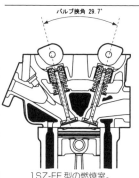

バルブ挟角 29.7°

1SZ-FE型の燃焼室。

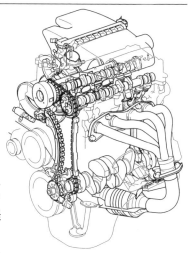

触媒をオイルパンの横に配置し全体をコンパクトにまとめている。

を使用、ブロック自体をコンパクトに成形することでリブなどの補強部材を最小限に抑えて軽量化している。

　燃焼室は斜めのスキッシュが発生する構造にして吸気流速を速め、強いスワールの発生によって燃焼をよくしている。クランクシャフト中心をシリンダーの中心に対し吸気側に8mmオフセットさせてピストンの側圧を小さくしてフリクションロスを減らしている。

　吸気マニホールドは樹脂製にして軽量化を図るとともに等長にして各シリンダーへの混合気の均等な流入を図り、ステンレス製の排気マニ

樹脂製の等長吸気マニホールド。

ホールドも吸気同様に長めとして中低速のトルクの向上を図っている。可変バルブタイミングVVT-iの採用、小型高微粒化インジェクターの採用など、低燃費と実用性、動力性能の確保に貢献している。圧縮比、最高出力70ps/6000rpm、最大トルク9.7kgm/4000rpm。

　プラッツやファンカーゴには1500ccの1NZ-FE型と1300ccの2NZ-FE型が搭載されている。基本的な開発コンセプトは1SZ-FE型と同じであるが、シリンダーブロックがアルミ合金製である。

　1SZ-FE型エンジン重量が69kgであるのに対し1500ccの1NZ-FE型は78kgと重量増はわずかである。1NZ-FE型はボア75mm・ストローク84.7mmで、2NZ-FE型はストロークを縮小して73.5mmにしている。1NZ-FE型は圧縮比10.5、最高出力110ps/

1NZ-FE型のアルミシリンダーブロック。

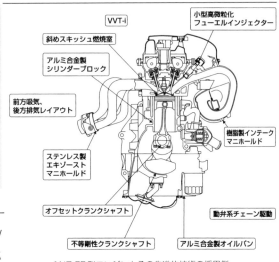

VVT-i

小型高微粒化
フューエルインジェクター

斜めスキッシュ燃焼室

アルミ合金製
シリンダーブロック

前方吸気、
後方排気レイアウト

樹脂製インテーク
マニホールド

ステンレス製
エキゾースト
マニホールド

オフセットクランクシャフト

動弁系チェーン駆動

不等剛性クランクシャフト

アルミ合金製オイルパン

1NZ-FE型エンジンとその先進的技術の採用例。

6000rpm、最大トルク14.6kgm/4200rpm、2NZ-FE型は圧縮比10.5、最高出力88ps/6000rpm、最大トルク12.5kgm/4400rpmである。ちなみにプラッツに搭載された時の10・15燃費は1SZ-FE型がMT仕様でリッター当たり21.5km(AT仕様19.6km)、2NZ-FE型は同様に18.2km(16.6km)、1NZ-FE型は20.0km(17.6km)となっている。エンジン自体による低燃費の達成だけでなく、車両側でも同様に細部にわたる努力の結果の数字である。ただし、2NZ-FE型の燃費が1NZ-FE型より排気量が小さいにも関わらず下まわっているのは4WD車用だからである。このエンジンは2000年にモデルチェンジされたカローラに2ZZ型などとともに搭載された。

15-3. 日産の新型エンジンの登場と新技術の採用

　1980年の初めから始まった日産の新エンジンへの切り替えが一段落し、それらがさらに進化した新型に取って代わるのは1980年代の後半から90年代にかけてである。1994年登場のVQエンジンについてはすでに触れているから、ここでは新型になった直列4気筒エンジンと新技術について見ることにする。残念ながら1990年代の日産は、VQエンジンの登場以外ではエンジン技術でリードすることなく、遅れないようにすることに勢力を注がなくてはならなかった。

(1) FF車用の新エンジン

　E15型に代わる新型のGA15型が登場したのは1987年、このときはボア73.6mm・

ストローク88mm、1497ccのOHC3バルブで、日産の吸気系研究の成果を織り込んだエアロダイナミック吸気ポートを採用、ロングストロークの中低速域での高トルクと低燃費の実現を図っていたが、このクラスのエンジンが次々にDOHC化されることで、時代遅れの印象になるのが早く、1990年のサニーのモデルチェンジに際してDOHC4バルブのGA16DE、GA15DS、GA13DS型として再び新型になった。Eは電子制御燃料噴射装置付きで、Sは電子制御キャブレター仕様である。この時代、トヨタやホンダなどはタイミングベルトを使用していたが、日産は2段掛けのチェーンにして燃焼室のコンパクト化を図っている。チェーンは耐久性で有利だが騒音の問題があるためにハーフラチェット式テンショナー構造にしている。

OHC3バルブのGA15型はキャブ仕様が最高出力94ps/6000rpm、燃料噴射装置仕様最高出力97ps/6000rpm、DOHCとなったGA16DE型は110ps/6000rpm、GA16DS型は82ps/5600rpm、GA13DS型は79ps/6000rpmである。

1989年にブルーバードに搭載されて登場したSR型はCA型の後継で、最初からDOHC4バルブとなっていた。シリンダーブロックもアルミ合金製である。1800ccのシングルポイント式電子制御燃料噴射装置付きSR18Di型、マルチポイント式の

DOHC4バルブとなったGA15DS型エンジン。

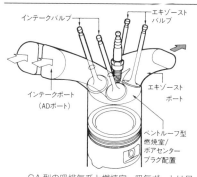

GA型の吸排気系と燃焼室。吸気ポートは日産エンジンに共通するADポートを採用。

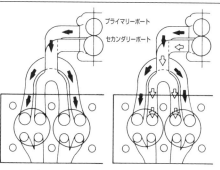

ツインブランチ吸気マニホールド作動概念図。左が低速・中低負荷時で、右が高速高負荷及び低速・高負荷時。

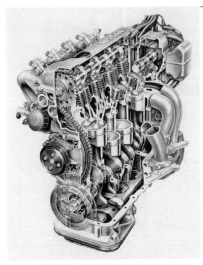

Ｙ字型ローラーロッカーアームを持つ動弁機構と吸排気系。これは２本ピストンリングタイプ。

CA型の後継として登場したSR18DE型エンジン。

アルミ合金製シリンダーブロック、オイルパンもアルミ製である。

1800ccSR18DE型、2000ccSR20DE型とそのターボ仕様がある。2000ccはボア86mm・ストローク86mm、1800ccはボアを3.5mm縮小している。特徴的なのは各気筒ひとつの油圧ラッシュアジャスターにして2本のバルブをひとつのカムノーズで押すためにロッカーアームがY字型になっていることだ。カムシャフトだけみるとシングルOHCエンジンのようである。カムシャフト駆動はチェーン、1800ccには2本ピストンリング仕様もある。ナトリウム封入式排気バルブ採用のSR20型ターボは205ps、ノンターボのSR20DE型は140ps/6400rpm、SR18Di型は110ps/6000rpmだった。

　マーチにMA10型に代わるCG10&13DE型が登場するのは1992年、1000ccのCG10DE型は、ボア71mm・ストローク63mm、1300ccのCG13DE型はストロークを17.5mm伸ばしている。バルブ挟み角を狭くし2段掛けのタイミングチェーンの採用など基本的機構はGA型と同じ。シリンダーブロックはアルミ合金製、燃料噴射装置をきめ細かい制御を可能にした新タイプとし、軽量化とともにフリクションロスの低減により燃費性能の向上とレスポンスの向上を図っている。CG10DE型は58ps、8.1kgm、CG13DE型は79ps、10.8kgmとなっている。

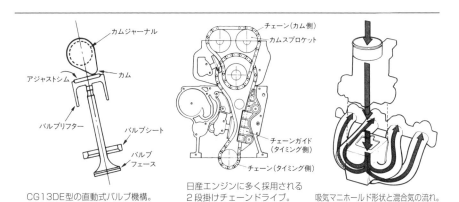

CG13DE型の直動式バルブ機構。

日産エンジンに多く採用される2段掛けチェーンドライブ。

吸気マニホールド形状と混合気の流れ。

（2）新技術の導入

　GA15型エンジンにリーンバーン仕様が追加されたのは1994年、その後これをベースにSR18DE型にもリーンバーン仕様が登場している。GA15型では吸気ポートにスワールコントロールバルブを設け、スワール流を活発にすることで、空燃比

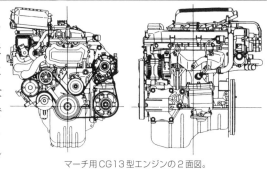

マーチ用CG13型エンジンの2面図。

22から23での希薄燃焼を可能にしている。空燃比制御に関しては広域空燃比センサーを開発して装備している。運転状態により大きく変化する空燃比を制御して燃料の噴射量変化に素早く対応できるように日産ではSOFIS(Sophiscated and Optimized Fuel InjectionSystem)制御と名付けて採用。吸気ポートで噴射される燃料が燃焼室に入

るまでに一部がポート壁に付着したり、エアフローメーターで計測した空気量と実際に燃焼室に入るまでの遅れなどを演算により補正して燃料噴射量を決めるように制御するものである。具体的には巡航走行から加速する場合は所定の空燃比より最初は濃いめに燃料を供給し、徐々に所定の空燃比に落ち着かせていく。逆に加速から一定の速度になる走り方の場合は薄めから徐々に所定の空燃比

スワールコントロールバルブの採用により、ADポートの効果でスワールを発生させる。

273

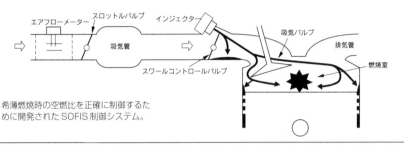

希薄燃焼時の空燃比を正確に制御するために開発されたSOFIS制御システム。

SR18DE型リーンバーンエンジンのシステム図。学習効果により空燃比を制御する。

にしていく方式である。

　1996年に登場したSR18DE型リーンバーンエンジンでは、希薄空燃比学習制御を追加している。電子制御されているとはいえ、燃料の噴射量や計測される吸入空気量には誤差が生じており、そのばらつきにより空燃比を所定の数値どおりに制御することができないことがある。この状態をゼロに近づけるために実際の空燃比の状態と本来あるべき空燃比の違いを検知し、その差をもとに学習により補正して、正確さを期している。また、希薄燃焼時の着火性をよくするために放電時間を長くできる長放電コイルを採用。エンジンの本体部分でもクランクシャフトの表面のマイクロフィニッシュ化や2本ピストンリングの採用などでフリクションロスの低減を図り、10・15モード燃費でGA15型は12.6%の改善が図られている。

　可変動弁機構に関しては、我が国で最初に日産が採用、1989年に開発されたV8のVH45型にも採用されており、これと同じ方式のシステムが1993年にローレル用のRB25DE型にも装着された。吸気バルブの開閉を20度だけ位相変化させている。

　その後、1997年にはプリメーラ用にSR20VE&16VE型として吸気側だけでなく排

気側も可変にし、低速用と高速用の異なる
カムにして、それらを切り替えてバルブタ
イミングとリフト量を変化させるシステム
を採用している。

(3) 2種類の筒内噴射エンジンの開発

　三菱、トヨタに次いで筒内直接噴射エン
ジンを市販したのは1997年で、VQ30DD型
としてレパードに搭載された。リーンバー
ン用と同じスワールコントロールバルブを
利用してスワール流を起こし成層燃焼させ
る。ピストン頭部の凹みがトヨタや三菱よ

NEO Di エンジンとして登場した VQ30DD 型。

り浅い形状になっているのは、均質燃焼時の性能
低下を起こさせないためだという。希薄燃焼と均
質燃焼の2段切り替えで、切り替え時にショックが
ないようにスロットルバルブが電子制御されてい
る。燃費で20%ほどの向上が見られ、中低速トル
クが5から7%増大しているという。

　1998年にはブルーバードとプリメーラに直4の
1800ccQG18DD型の筒内噴射エンジンが搭載された
が、このエンジンはGA型をベースにして改良が加
えられたもので、ピストン形状やスワールのつくり
方など、VQ30DD型と基本的には同じである。違い
は均質燃焼時の動力性能を向上させるために吸気
ポートをストレートにし、着火性をよくするために
プラグの燃焼室への突き出し度合いをわずかに大き
くしていることなどだ。

上図の成層燃焼ではスワール流、下図の
均質燃焼ではタンブル流を生成する。

　1999年には新排気規制に対応して、LEV(Low Emis-
sion Vehicle)を設定、三元触媒として使用する貴金属材
料の変更と量的拡大を図り、さらにHCトラップ型三
元触媒を開発して装着した。排ガス温度が低いときに
増大するHCをゼオライトで吸着し高温時に酸化させ

NEO Di エンジン用の浅皿型ピストン。

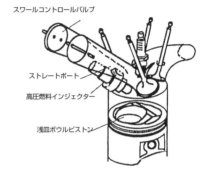

スワールコントロールバルブ

ストレートポート

高圧燃料インジェクター

浅皿ボウルピストン

日産の直噴ガソリンエンジンの第2弾として登場の
直4QG18DD型エンジン。基本構成は変わらない。

るもので、これらとともに電子制御を進化させて成立させている。

(4) SR型の後継エンジンQR型の登場

　2000年8月にブルーバードのモデルチェンジに合わせて新型エンジンが搭載された。旧モデルから引き継いだQG型エンジンとともに高性能エンジンとしての役割を担っての登場である。日産の21世紀に使用する新世代エンジンとしての第一弾であり、QR型については、2000cc直噴エンジンが最初に姿を現したということになる。ボア89mm・ストローク80.3mmとSR型に比較するとショートストロークになっているのは、次に登場する2500ccのQR25DD及びQR25DE型とシリンダーブロックを共用するためでもある。2500ccにするためにはストロークを100mmにしなくては

ならないから、ある程度ボアを大きくする必要があったということだ。コンパクトサイズの2500ccエンジンをラインアップに加える意義が大きいという判断と大物部品の共用によるコスト低減が狙いでもある。後に直噴仕様ではないQR20DE、QR25DE型も登場している。

　SR型の後継として当然DOHC4バルブであるが、動弁系などはオーソドックスな機構になっている。バル

日産の新世紀を見据えたQR20DD型エンジン。

ブ挟み角は24度と日産エンジンのなかで
は最小という狭さになっているのは、燃
焼室をコンパクトにする狙いだけでなく、
インジェクターの取り付け位置に余裕を
持たせるためで、吸気バルブ側が排気バ
ルブ側より垂直に近くなっているのはそ
のためである。つまり、設計の段階から直
噴エンジンにすることを前提にしていた
ことを意味する。

　直噴エンジンとしての機構はVQ型や
QG型エンジンの場合と基本的には同じ、
スワールコントロールバルブをもつスト
レートポートによるスワール流を利用す
る。従来の直噴エンジンよりも成層燃焼

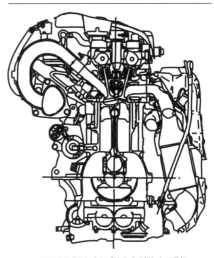

QR20DD型はバルブ挟み角が狭く、吸気
バルブの角度が特に狭くなっている。

する領域を広げるためにピストンの窪みが従来より深めになっている。それでも他
社との違いを強調するように浅皿型ピストンと称している。成層燃焼領域を広げる
ことで燃費性能の向上を図っている。

　直動式のシムレスバルブリフターを採用、また可変バルブタイミングを採用して、
一般に使用頻度の高いといわれる2000rpm付近のトルクを向上させている。アルミ
合金製のシリンダーブロックは軽量化が図られ、SR型より約15%軽くなっている。
シリンダーブロックは高い圧力で金型に注入する高圧アルミ鋳造法により肉厚を薄

くすることが可能に
なり、細部にわたる
形状の工夫で剛性の

QR型用浅皿ピストン。

左がSR型のもので右がQR型のシリンダーブロック。
軽量化を達成するために形状がかなり異なっている。

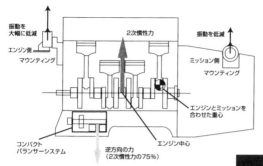

振動を
大幅に低減

エンジン側
マウンティング

2次慣性力

振動を低減

ミッション側
マウンティング

エンジンとミッションを
合わせた重心

コンパクト
バランサーシステム

逆方向の力
(2次慣性力の75%)

エンジン中心

コンパクトバランサーシステム。

改良されたサイレントチェーン。

確保と軽量化の両立が図られた。シリンダーブロックだけでなくヘッドも 2500cc と共通。ボア間は 8mm(SR 型は 9.7mm)、鋳ぐるみの鋳鉄製ドライライナーを採用、剛性の向上のため従来のベアリングキャップのみから、ラダービームに変えられている。

クーリングシステムでは可変2系統冷却システムとしている。冷却水の流れをシリンダーヘッドとシリンダーブロックの2系統に分け、通常走行では熱的に厳しいヘッドのみを循環し、高負荷時などにはブロック側にも循環させる方式である。

静粛性のために、コンパクトバランサーシステムを採用、2次慣性力の逆方向の力を発生させて振動を低減するのは他のメーカーのものと同じだが、コンパクトにしてエンジンマウントに近い位置に配置することで、さらに効果を発揮させているという。カムシャフト駆動用のサイレントチェーンも改良が加えられて、チェーンとスプロケットが噛み合うときの衝撃を緩和する形状にして騒音の低減が図られている。補機駆動方式もサーペンタイン式にしてエアコンのコンプレッサーやパワーステアリングポンプやオルタネーターを1本のベルトで駆動、エンジン全長を短くし、補機ブラケットや留め金の削減などで部品点数を減らし、軽量化に貢献している。このエンジンは CVT と組み合わされている。

QR20DD 型エンジンは圧縮比 10.5、最高出力 150ps/6000rpm、最大トルク 20.4kgm/4400rpm、10・15 モード燃費はリッター当たり 16.4km となっている。

15-4. ホンダの VTEC エンジンと個性的な新型エンジン

エンジン技術に関してホンダは独自性を発揮しており、登場する新型エンジンも

トヨタのツインカム路線を標準とすれば、それからはずれたものもある。低燃費と排気性能の向上を重視し、高性能を達成しながら中低速域のトルクのある使いやすいエンジンにするという、1990年代のエンジンの課題をクリアしている点で成果をあげている。可変動弁システムVTEC(Variable valve timing & lift electronic control system)は1988年に機構が発表され、改良が加えられてきている。早くからバルブタイミングだけでなく、バルブリフトも可変機構として採用できたのは4バルブエンジンでありながら直動式でなく、ロッカーアームを使用していたから可能になったことだ。

（1）ホンダVTECの進化

　VTECには二つの流れがある。ひとつは高性能エンジンにも実用性能を持たせるもので、もうひとつはリーンバーンエンジンとして燃費性能を優先させた上で性能の向上を図るものである。出発点が異なるが目指すゴールは同じだ。前者のVTECは、洗練されたエンジンが求められる時代に対応するホンダの高性能追求の姿勢を示すもので、ホンダ本来の行き方のエンジンである。

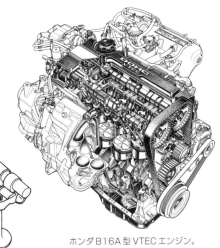

ホンダB16A型VTECエンジン。

　最初に採用されたのは1989年4月にインテグラのモデルチェンジに際して搭載された直列4気筒DOHC4バルブ1600ccB16A型エンジンである。徹底して高速性能を追求したエンジンにしたために、中低速域で使いづらくならないようにカバーするために採用された。ボア81mm・ストローク77.4mmとショートストロークで圧縮比10.2、吸排気効率を最大限に

VTEC機構のカット部分。

VTECの主要部品。

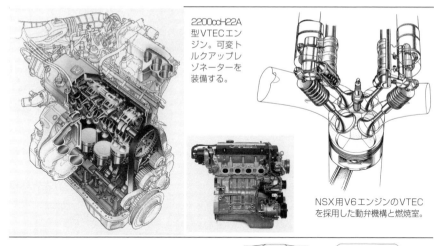

2200ccH22A型VTECエンジン。可変トルクアップレゾネーターを装備する。

NSX用V6エンジンのVTECを採用した動弁機構と燃焼室。

上げ、クランクシャフトを精密鏡面仕上げにしてフリクションの低減を図り、また運動部品の軽量化を図るなど、レース用エンジンに近い高性能を追求したエンジンとして開発された。

シビックR用B16B98用の高性能仕様の吸気バルブ(右)と従来型バルブ。

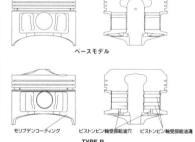

ベースモデル

モリブデンコーティング　ピストンピン軸受部給油穴　ピストンピン軸受部給油溝

TYPE R

高圧縮比にするために改良されたピストン(下)とそのベース用との比較。

そのために160ps/7600rpmと、量産の自然吸気エンジンで初めてリッター当たり100psを達成した。

　低速では二つある低速用カムノーズによりバルブを開くが、高速では一つのカムが油圧を利用してふたつのロッカーアームにより高速用カムが作動してバルブが開く。中央に高速カムがありそれを挟んで低速カムが二つ、各気筒に三つのカムが付いたカムシャフトである。吸排気ともバルブタイミングだけでなくバルブリフトも可変になることで、全域で好ましい性能を得ることができる。高速と低速の切り替えはエンジン回転や負荷、車速などの情報をもとにコントロールユニットからオンオフ信号が送られて油圧ピストンが作動する方式である。高級車やスポーツタイプ車などのエンジン用に次々とVTECは採用されていった。

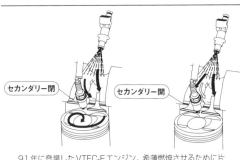

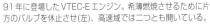

91年に登場したVTEC-Eエンジン。希薄燃焼させるために片方のバルブを休止させ(左)、高速域では二つとも開いている。

　次に登場したVTEC-Eはリーンバーンエンジンで、1991年9月シビックのモデルチェンジの際に登場している。シングルOHC4バルブの1500ccD15B型(75×84.5mm)の吸気バルブのうちひとつを開かなくすることでスワール流を発生させ、空燃比22ほどで希薄燃焼させるもの。吸気バルブ用のカムがふたつあり、油圧ピストンを内蔵した二つのロッカーアームがあるのはVTECと同じ、これによりバルブの開閉を切り替える。最高出力94ps、最大トルク13.4kgm、OHCの高性能型VTEC仕様のD15B型もあり、こちらは最高出力130ps、最大トルク14.1kgm、また1600ccのB16Λ型VTEC仕様は170psに性能向上している。

３ステージVTECとなったシビック用D15B型エンジン。

　ちなみに10モード燃費は、リッター当たりD15B型は20.5km、D15B型VTEC仕様は16.4km、B16A型VTEC仕様は13.4kmである。

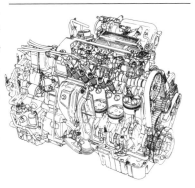

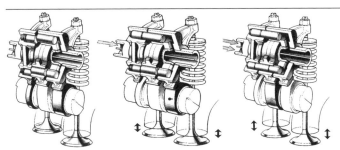

３ステージVTECエンジン。左の低回転時では片側バルブがリフトせずに、中央の中速時には低いリフトになり、高回転時には二つとも大きなリフトになる。

1993年9月に登場したアコードに新VTECエンジンが搭載された。2200ccシングルOHC4バルブのF22B型(85×95mm)で、VTEC-Eと違うのは低速時にひとつのバルブが1.8mmとわずかに開いてスワールを発生させるようになっており、高速時には2本とも10mmのリフト量に切り替わる。吸気通路に可変トルクアップレゾネーターを採用して中速域で開いてトルクをふくらませ、高速域で閉じることで吸気慣性効果を得て、VTECと連動してトルクの谷をなくしている。最高出力145ps、最大トルク20.2kgmである。DOHC2200ccのH22A型のVTEC仕様は最高出力190ps、最大トルク21.0kgm。10・15モード燃費はF22B型がリッター当たり11.8km、H22A型が10.6kmである。

　1995年のシビックのモデルチェンジで3ステージVTECのD15B型が登場、リーンバーンエンジンでありながら高速性能も追求したエンジンといえる。吸気バルブの開き方を3段階にわけて全域で性能を良くしようとするもので、低速では片側を閉じもう一方のリフトを小さくして、中速では両方とも小さいリフトで開き、高速では両方とも大きく開く。これにより、最高出力1500ccで130psを発揮しながら10・15mモード燃費はリッター当たり17.2kmである。可変動弁機構を利用した希薄燃焼エンジンとして、本来の性能追求型のVTECに一歩近づいたエンジンである。

FRMアルミシリンダー。

(2) シリンダーブロックに関する技術

　高性能なバイク用エンジン開発の経験を持つホンダはシリンダーブロックのアルミ合金化には早くから取り組み、乗用車用エンジンはアルミ製になり、NSXやインサイトのボディにも使用されている。さらに、アルミ製ブロックのライナーとしてFRMという複合素材を使用することで軽量化が図られている。シリンダー内面にアルミナとカーボンのセラミックス繊維を分散させて加圧成形して層をつくりだすものでライナーレスブロックに

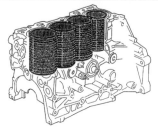

ボア間を縮小して排気量を大きくした4連スリーブブロック。

なる。これによりシリンダーブロックを変えることなくボアを拡大することが可能になった。FRMアルミシリンダーブロックのエンジンは、1989年にアメリカで先に実用化され、1991年にプレリュードにH22A型VTEC(87×90.7mm、200ps)として搭載されて日本でも発売され、1993年にはアコードの最高級仕様にも搭載された。

　もうひとつは4連スリーブ（ライナー）ブロックの登場である。ポピュラーなエンジンには鋳鉄製ライナーを使用しているが、シリンダーブロックの大きさを変えることなくボアを拡大する手段として誕生させたもの。個別につくられるシリンダーライナーを4気筒分を一体構造にしている。これにより1600ccサイズのブロックでありながら2000ccに拡大することを可能にした。ボア間の幅は9mmから6mmに短縮され、ボアを3mmアップ、軽量コンパクトなエンジンとしてB20B型(84×89mm)がRVのCR-Vに搭載され、その後各車にも搭載されていった。

(3) ユニークな新型エンジン

　ホンダの主流エンジンはVTECであるが、その

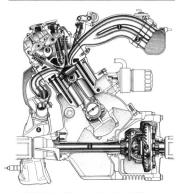

縦置きエンジンとしてドライブシャフトはクランクケースを貫通している。

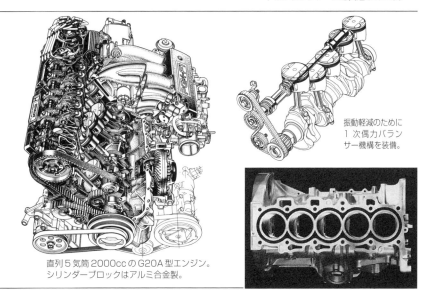

直列5気筒2000ccのG20A型エンジン。シリンダーブロックはアルミ合金製。

振動軽減のために1次偶力バランサー機構を装備。

ほかにも個性的なエンジンを開発してエ
ンジンラインアップの幅を広げている。

　FF車でありながらエンジンを縦置きに
して搭載したのは1989年のインスパイ
ア/ビガー、シングルOHC4バルブの直列
5気筒という変わり種である。一般にひ
とつのシリンダーの大きさは300ccから
500ccほどが適当といわれている。つまり
2000cc以上になると4気筒では性能的に
満足できず2000ccから2500ccでは5気筒
が適当ということになるが、バランス上
の問題で採用例は少なかった。小型車ク

ロゴ用シングルOHC2バルブD13B型エンジン。

ラスでもアメリカでは2000cc以下の排気量ではもの足りないということで開発され、
日本でも発売された。89年の段階では2000ccの小型車枠に入る直5エンジンが搭載
されたが、92年に2500ccエンジンが追加されている。2000ccG20型はボア82mm・ス
トローク75.6mm、1996cc、圧縮比9.7、最高出力160ps/6700rpm、最大トルク19.0kgm/
4000rpm、2500ccG25型はボア85mm・ストローク86.4mm、圧縮比9.3、最高出力190ps/
6500rpm、最大トルク24.2kgm/3800rpmである。エンジン全長を小さくするためにシ

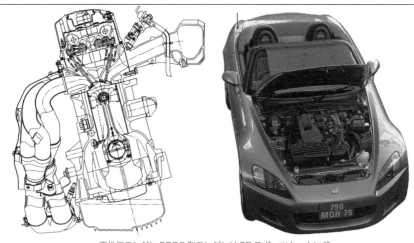

高性能エンジンF20C型エンジンはFRスポーツカーホンダ
S2000用として開発された2000ccで250psを発揮する。

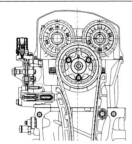

シリンダーヘッドをコンパクトにするために2ステージのカムドライブを採用。

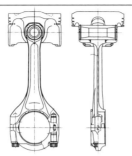

アルミ鍛造ピストンと浸炭素コンロッド。

ローラー同軸VTECロッカーアーム式のVTEC。

リンダーライナーはサイアミーズ式にし、ボア間を詰めており、重心を低くするために35度傾斜させて搭載、前輪の車軸よりわずかに後方にエンジンの重心があり、フロントミッドと称している。バルブの開閉機構は他のエンジン同様ロッカーアーム方式、振動を低減するためにバランサーを装備、排気管は5-3-1というまとめ方である。

　次に登場したのがシングルOHC2バルブという旧来の機構とも思えるD13B型エンジン。ボア75mm・ストローク76mmの1343cc、圧縮比9.2、最高出力66ps/5000rpm、最大トルク11.3kgm/2500rpmという実用性を重視したエンジンになっているのは、シティに代わるホンダのスモールサイズの小型車として1996年にデビューしたロゴ用として割り切ったものだからだ。コストを抑え、燃費をよくし、使いやすいエンジンとして中低速域の性能を優先している。10・15モードによる燃費は5速MTでリッター当たり19.8km、3速ATで17.2kmというデータである。ツインカム4バルブエンジンの時代にあえて挑戦的に開発されたが、エンジン進化の流れの中では新鮮味を出すには至らなかった。

　D13B型と対照的にひたすら高性能を追求したのがオープンスポーツカーホンダS2000用2000ccのF20C型である。NSXに次ぐ本格スポーツカーとして1960年代のホンダS以来のFR車用で、直列4気筒縦置き、250psのパワーを8300rpmで発生するという市販車のレベルでは考えられない性能を発揮、ボア87mm・ストローク84mm、圧縮比11.7、カム駆動はホンダとしては例外的な2段掛けのチェーン、VTECはローラーロッカーアーム式になっている。ローラー内部にVTEC切り替えピンを内蔵させフリクションを減らしている。FRMアルミブロックとし、燃焼圧力に耐えられるアルミ鍛造ピストンを採用、鍛造コンロッドは浸炭処理して強度を高め、軽

量化を図り慣性質量を減らしている。
ホンダの高性能エンジンのノウハウを
結集したエンジンである。ここまでの
高性能エンジンは、他の車両に搭載す
ることができないから、トヨタのよう
な手堅いメーカーでは、こうしたエン
ジンが姿を現す可能性が少なく、ホン
ダならではのものであろう。

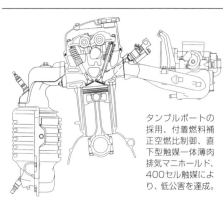

タンブルポートの
採用、付着燃料補
正空燃比制御、直
下型触媒一体薄肉
排気マニホールド、
400セル触媒によ
り、低公害を達成。

(4) 排気クリーン化への取り組み

　排気規制をクリアするだけでなく、
LEVエンジンの開発ではホンダが先頭を切った実績がある。平成12年規制の数年前
からホンダは従来の有害物質の排出量を従来の10分の1以下にするという目標を設
定しており、高性能エンジンのF20C型の場合も例外にしていない。

　クリーン化の方法として挙げているのは、効率の良い安定燃焼の実現、付着燃料
補正空燃比制御、直下型触媒による活性化、触媒性能の向上である。安定燃焼に関
しては、タンブル流を発生するポート形状にすることで暖機前にも燃焼が悪くなら
ないようにしている。空燃比制御に関しては燃料の噴射後に吸気ポートに付着する
量を予測することで正確を期そうという考えで、その他のフィードバック制御と合
わせて実施している。触媒の活性化のために薄肉排気マニホールドと一体にして熱
を常に受けるようにしており、触媒の反応面積を広くすることで機能の向上を図っ
ている。燃費性能と排気の清浄化はホンダにとって高性能化とともに重要課題であ
り、この面でも意欲的である。

15-5. 直噴の GDI エンジンに行き着いた三菱

　1996年8月にトヨタに先駆けて筒内直接燃料噴射エンジンの実用化に成功した三
菱は、これをGDIエンジンとして搭載車種を大幅に増やし、このエンジンに賭けて
いた印象がある。したがって、三菱の1990年代のエンジン開発は、このエンジンに
行き着くまでの道程として捉えることができる。

(1) リーンバーンエンジンMVV

　1992年に1468cc シングル OHC3 バルブの 4G15 型(75.5 × 82mm)エンジンが MVV
（Mitsubishi Vertical Vortex）エンジンとして登場、縦の旋回流であるタンブル流を発

生させて燃焼を安
定させ希薄燃焼を
可能にしている。低
中速域では二つの
吸気ポートのうち
片側だけ燃料を噴
射させ、もう一方は
空気だけとして希
薄空燃比とし、高速
域では両方のポー

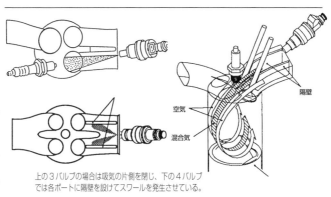

隔壁
空気
混合気

上の3バルブの場合は吸気の片側を閉じ、下の4バルブ
では各ポートに隔壁を設けてスワールを発生させている。

トに燃料が噴射され均質燃焼となる。2本のポートは従来型
より分岐された部分が長くなっており、ポートの断面は三角
形に近い形状になっている。空燃比を正確に制御するために
酸素センサーに代わって全域空燃比センサーを開発して使用、
広い空燃比範囲にわたって精密な制御をし、学習能力も備え
られている。急加速や全開時には理論空燃比よりやや濃いめ
に設定されている。従来エンジンより10モード燃費で20%強
改善されている。

MVV用タンブル制御ピストン。

　次いで1800cc直4の4G93型と2500ccV6の6G73型もMVVエンジンとなった。い
ずれもシングルOHC4バルブで、二つの
ポートには隔壁が設けられて混合気は燃焼
室の中央付近に集められる。タンブル流を
利用するのは同じだが、点火直前に混合気
の拡散を防ぐためにピストン頭部が特殊形
状をしている。タンブル制御ピストンと称
され、乱れを制御することで燃焼を安定さ
せている。V6のMVVでは希薄燃焼限界で
のクランクシャフト回転速度の変動量を設
定しておくことで、この変動量になるよう
空燃比をフィードバック制御する方式を採
用。回転変動速度がこれより小さければ薄

MIVECエンジンとなった4G92型。

く、大きければ濃いめ
にすることで空燃比を
常に限界に制御するよ
うにしている。V6の
6G73型MVVでは従来
型に比して10・15モー
ド燃費で16%よくなっ
ている。

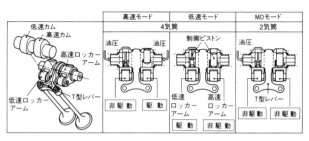

高速モード	低速モード	MDモード
4気筒		2気筒
油圧　油圧	制御ピストン　油圧	油圧
非駆動　駆動	低速ロッカーアーム　高速ロッカーアーム	非駆動　非駆動
	駆動　非駆動	

低速カム
高速カム
高速ロッカーアーム
T型レバー
低速ロッカーアーム

MIVECエンジンのバルブ機構とその切り替え。

(2) 可変動弁機構のMIVECエンジン

　ホンダVTECと基本的には同じ可変バルブタイミングと可変バルブリフトを採用
したエンジン。異なるのは低速域で2気筒分の吸排気バルブの作動を休止すること
で燃費の節減を狙った可変排気量機構もあることだが、この機構のないのが主流で
ある。採用されたのは1600cc直4の4G92型（81mm×77.5mm）及び2000ccV6の6A12
型（78.4×69mm）を初めとしてDOHC4バルブエンジンに拡大していった。MVV
と同様にタンブル流を利用して燃焼を安定させて低燃費も実現させようとしており、
一方で吸排気抵抗を減らして高性能を狙っている。可変機構は、高速カムと低速カ
ムに対応したロッカーアームが用意されていて、それぞれにバルブの開閉を直接行
うT型レバーを押すことで切り替えられる。T型ピストンに内蔵されている油圧制
御ピストンにより5000rpm時に切り替えられ
る。ちなみに、4G92型の場合は最高出力175ps/
7500rpmで従来型より30psアップが見られ、
燃費でも10・15モード走行で16%改善されて
いるという。

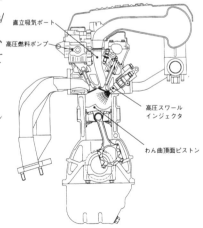

直立吸気ポート
高圧燃料ポンプ
高圧スワールインジェクタ
わん曲頂面ピストン

最初のGDIエンジンである4G93型。

(3) 本命のGDIエンジン

　過去に性能向上のためにベンツがシリン

左がGDIエンジンのタンブル流、右の
MVVエンジンと逆向きになっている。

ダー内に燃料を直接噴射させたエンジンを市販した例はあるが、現在の電子制御された量産エンジンでは三菱のGDIエンジンが世界で最初である。1996年8月にギャラン/レグナムに搭載され、燃費性能の向上と高出力化の両立が図られたとアピールした。燃費をよくするための希薄燃焼は空燃比30か

成層燃焼時の燃料噴射。

成層燃焼のための湾曲ピストン。

ら40という領域で燃やすために成層燃焼となるが、そのためにタンブル流を利用し、ピストン頭部が湾曲していてプラグのまわりに濃いめの混合気を集めることで安定

した燃焼を可能にしている。燃料をシリンダー内に噴射することで吸気温度の低下による充填効率の向上と高圧縮比にすることで性能向上が見込まれる。直噴エンジンでは燃料の微粒化が燃焼を安定させる鍵になるが、三菱では高圧スワールインジェクターを開発、ノズル先端形状などミクロの精密さにより、噴霧された燃料が回転を与えられて空気との混合を素早く確実なものにしている。このため、燃料の噴射のための高圧ポンプの圧力をそれほど高いものにしないですんでいる。このあたりも、GDIエンジンの量産を可能にした要素である。

RVRに搭載された4G64型GDIエンジン。

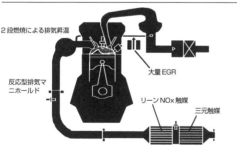
GDIエンジンの排気清浄化対策。

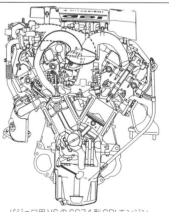
パジェロ用V6の6G74型GDIエンジン。

1834cc4G93型（81×89mm）GDIエンジンの場合、圧縮比は従来型の10.5に対して12.0とし、最高出力150ps/6500rpm、最大トルク18.2kgm/5000rpm、リッター当たりの燃費は10・15モード走行で従来型より30％向上、出力で10％、0-100m加速でも10％向上しているという。

排気の清浄化に関しては燃焼が安定していることを利用して大量のEGRをかけ、触媒の温度の上昇を促し、さらに触媒の改良で対処している。触媒は内部温度が250度以上にならないと機能しないことから、冷機状態のアイドリング時の排気性能悪化が問題になるが、その解決のために2段階燃焼方式を採っている。まず成層燃焼モードで圧縮の終了近くに点火したのち、膨張行程の後半にも燃料を噴射してシリンダー内の熱で自然着火させるもので、成層燃焼では燃え残った酸素があるからできることだ。さらに、排気マニホールドの中に排気を滞留時間を長くとって反応を促進させる反応型排気マニホールドの使用により、触媒の温度上昇による活性化を早めることができる。

これまで見てきた筒内直接噴射エンジンは、リーンバーンエンジンから発展してきたもので高速域での出力アップが望めるのは余禄としてであり、高性能エンジンを目指す方向のものではない。したがって、ランサーGSRのように伝統的な高性能セダンとして存在する車両用にはターボエンジンを搭載している。燃費性能を優先するエンジンの進化はおろそかにできないが、幅広い性格のエンジンを持つこともメーカーにとっては重要であろう。

15-6. そのほかのメーカーの動き

このほかのメーカーに関しても、基本的なエンジン技術の採用では大きな流れのなかでDOHC4バルブエンジンが主流であることに変わりはない。ここでは特徴的なエンジンなどについて触れることにとどめておきたい。

（1）マツダのミラーサイクルエンジン

1993年10月にマツダがユーノス800用に開発して4サイクルの一般的なオットーサイクルとはちょっと異なるミラーサイクル（アトキンソンサイクルともいう）エンジンが搭載された。吸入・圧縮・膨張・排気の4行程が同じ長さになるオットーサイクルでは圧縮比と膨張比が同じになるが、ミラーサイクルでは吸気バルブの閉じるタイミングを遅らせて実質的な圧縮行程を短くして、圧縮比を小さく膨張比を大きくする。これによりエネルギー効率を高め、燃費をよくすることが可能になる。

しかし、排気量に比して出力は低くならざるを得ないために、これを補うためにマツダではリショルムコンプレッサーを採用、過給することで吸入空気量を増やし、高トルクを実現している。

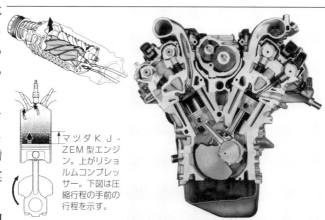

マツダKJ-ZEM型エンジン。上がリショルムコンプレッサー。下図は圧縮行程の手前の行程を示す。

DOHC の KJ-ZEM

型エンジン（80.3×74.2mm、2254cc）は最高出力 220ps/5500rpm、最大トルク 30kgm/3500rpm、同じユーノスに搭載された 2500ccKL-ZE 型の 200ps、22.8kgm を大きく上回る性能となり、車両重量 1490kg、MC 仕様の場合の 10・15 モード燃費はリッター当たり 10.6km となっている。

　これと同じ仕組みのエンジンがプリウスに搭載されたハイブリッドエンジンにも採用されているが、この場合は効率の良さに目を付けて、出力の低下分を排気量の増大で補い、なおかつモーターによるアシストを受ける機構であり、使われ方が異なるといえる。マツダの場合、性能を追求したことにより、過給装置などコストのかかるエンジンになり、車両価格に跳ね返ったことで評価を得ることができなかった。

(2) スバルの水平対向エンジン

　水平対向エンジンと 4WD が富士重工業のキーテクノロジーといえる。これをアピールするために高性能 RV としての性格を強めたレガシィと WRC で活躍するインプレッサの高性能がスバルの特徴である。

　したがって、高性能セダンで特徴を出した三菱が GDI エンジン路線による実用性能を中心にしたエンジン開発の方向へ進んだのとは対照的になっている。ボアの大きい水平対向エンジン

インプレッサ用 EJ20 型エンジン。

の機構的な特性を生かして動力性能を発揮、さらにはターボ化による最高出力のさらなる向上による他のメーカーとの差別化を図っている。したがって、燃費性能という点でみればいささかつらいところもあるが、可変吸気制御TGVや可変バルブタイミングAVCSの採用などで、低速時の性能向上と燃費の低減を図っている。

　以上、20世紀後半における国産ガソリンエンジンの変遷を見てきたが、ここまで洗練されクルマの進化に寄与してきたガソリンエンジンは、さらに進化を続けることでハイブリッドカーや電気自動車、燃料電池車が増加するにしても、主流の座は当分の間揺るがないと思われる。

　機構的に複雑になりながら洗練され、性能向上に効果的な新技術の導入や材料の進化、燃料の改善など将来的にはまだまだガソリンエンジンは進化を続け、さまざまな要求にさらに高いレベルで応えていく可能性が残されている。技術者たちの努力によって、それが実現されることになれば、今日予想されている以上に今後もガソリンエンジンは長く使用されていくことになるだろう。

自動車用エンジン半世紀の記録
国産乗用車用ガソリンエンジンの系譜　1946-2000

編　者	GP企画センター
発行者	山田国光

発行所	**株式会社グランプリ出版** 〒101-0051　東京都千代田区神田神保町1-32 電話03-3295-0005代　FAX 03-3291-4418

印刷・製本	モリモト印刷株式会社